정보통신실습

전자·통신연구회 편

도서출판 상 학 당

머 리 말

지식 정보화와 더불어 창조화 시대에 사는 우리들에게는 급변하는 첨단사회에 적응하기 위하여 더욱 많은 고도의 전문지식이 요구되고 있다.

오늘날 전자정보 기술은 갈수록 전공분야가 세분화되어가고 있고, 수준 또한 나날이 첨단기술의 비약적인 발전과, 정보기술을 실행시키는 중추적인 역할을 하는 전자정보 분야는 회로의 특성을 이해하고 응용하는 실기능력을 요구하고 있다.

이 실험실습책은 인터넷 전자정보계열 학생이 기초실험실습 과정을 이수한 후 전자회로실험, 전자정보실험, 정보통신실험 등의 교재로 사용할 수 있도록 집필하였으므로 과목별 수준과 이수시간에 적합하도록 내용 중에서 실험테마를 선별하면 될 것이다.

특히 비공업계 고교 졸업생은 실험에 기초가 부족하고, 실기실습을 등한히하는 경향이 있다는 점을 고려하여 흥미를 갖고 쉽게 실습에 임할 수 있도록 배려하였으며, 실기과정에서 반드시 숙지해야 할 예비지식과 측정기 사용법 및 과거 실험실습 지도시의 경험을 바탕으로 과년도 기술자격실기 출제문제 중에서 기본고 핵심에 해당되는 과제를 엄선하여 수록하였다.

부록에는 실기작업에 참고할 반도체 매뉴얼(규격)을 수록하여 응용능력을 배양하고 실무작업에도 활용할 수 있게 하였다.

급속한 정보화사회의 발전을 주도하는 전자정보는 그 발전속도가 빠르고. 응용분야의 방향과 범위가 급변하고 있으므로 교재내용도 주변환경에 맞추어 수시로 보완개정할 필요가 있다.

그러나 관련분야의 정보가 방대하고 잦은 교재개정에 어려운 점이 있으므로 우선 산업체에서 요구하는 실기능력 수준과 기술자격시험 실기작업 연습으로 적합한 과제를 중심으로 내용을 연차적으로 개정하고자 한다.

저 자 씀

차 례

제 1 장 • 실기기초 • 7

제 2 장 • 측정기 • 45

제 3 장 • 전자기초 실험실습과제 • 133

제 4 장 • 정보통신 실험실습과제 • 203

• 제 1 장 •

실기기초

1-1. 전자회로기호(1)

명칭	기호(symbol)	참고
직류 (DC)	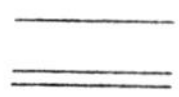	 직류전류계
교류 (AC)		 교류전류계
도선접속 (connection)		
교차도선 (intersection)	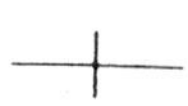	분리교차선 (jumper)
접지 (GND)	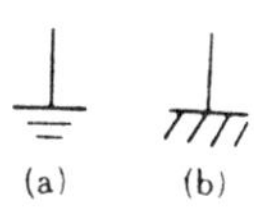	(a)earth접지 (b)case접지
가변표시 (variable)		 preset (반고정)
연동표시 (sychronize)	----	 preset-step
저항기 (R)	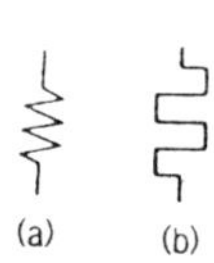	(b)무유도저항

명칭	기호(symbol)	참고
인덕터(L) (inductance)	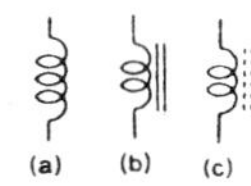	(a)공심 (b)철심 (c)압분철심
가변인덕터	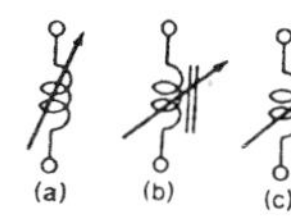	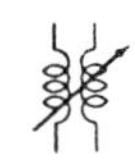 가변상호인덕턴스
상호 인덕턴스 (M)	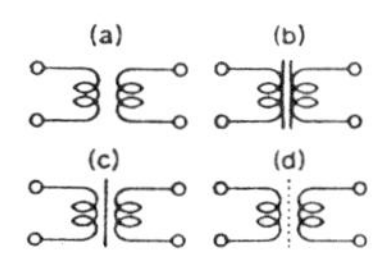	(a)공심 (b)철심 (c)변압기 (d)차폐
콘덴서 (condenser)	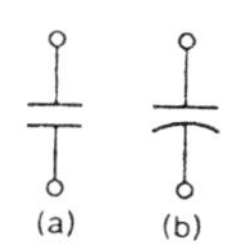	원호표시(b) 저전위
가변콘덴서 (VC)	 가변	 반고정
전해콘덴서 (electro-C)	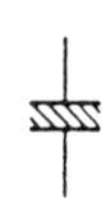	무극성
유극성 전해콘덴서	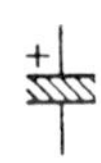	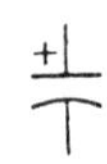 탄탈
 가변저항 (VR)	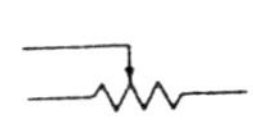 가변저항	 반고정저항

명칭	기호(symbol)	비고
직류전원 (battery) 전지 (drycell)	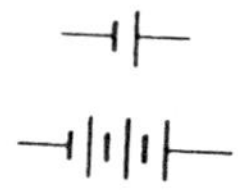	 가변전압
교류전원 (AC)		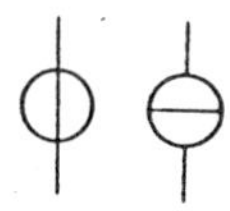 전압원 전류원
정류기 (rectifier Diode)		화살표전류방향
퓨즈 (fuse)	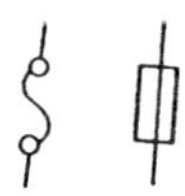 개방 포장	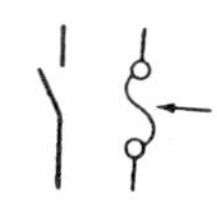 경보퓨즈
개폐기 (SW)	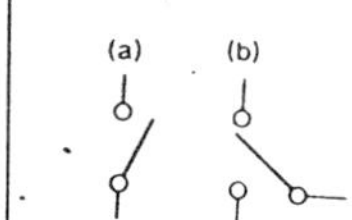 단극(1P) 2극(2P)	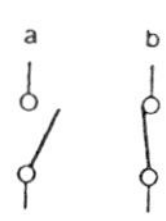
전원프러그 (plug)	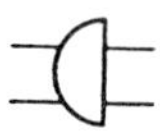 단상	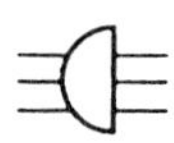 삼상
수정편 (quartz)	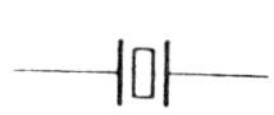	x-tal 수정진동자
램프 '(lamp)	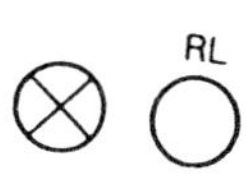	RL적색 GL적황 YL황색 GL녹색 BL청색 WL백색 TL투명

명칭	기호(symbol)	비고
회전개폐기 (rotary SW)	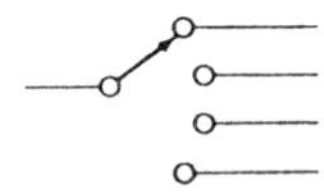	 릴레이접접
안테나 (antenna)	 일반안테나	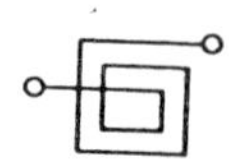 루푸안테나
스피커 (speaker)	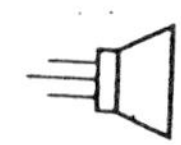	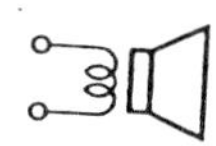 다이나믹스피커
수화기 (headphone)	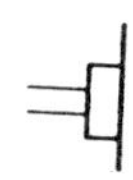	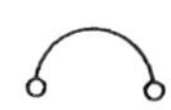 헤드폰
토글스위치	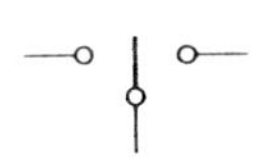	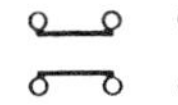 스라이드스위치
푸쉬버튼 스위치	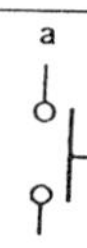 ⓐ접점(NO)	 ⓑ접점(NC)
고주파 가변코일	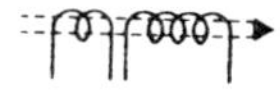	 안테나코일
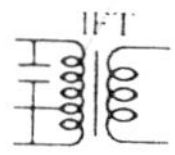 중간주파트랜스	 발진코일	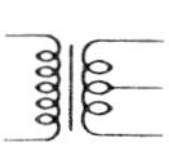 전원트랜스

1-2. 반도체소자 기호

명 칭	symbol	참 고	명 칭	symbol	참 고
다이오드 (diode)		정류 검파 스위칭	SCR	 N Gate	 LASCR
제너 다이오드		zenner diode (정전압 다이오드)	DIAC	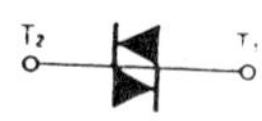	다이액 (트리거소자)
터널 다이오드		tunnel diode	TRIAC	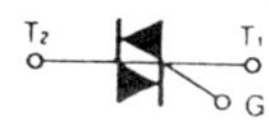	트라이액 (쌍방향전력 제어소자)
발광 다이오드	 LED	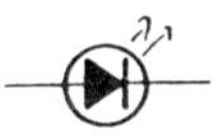	Cds (황화카드뮴)	 photo-coductive cell	 더미스터 thermistor
가변용량 다이오드	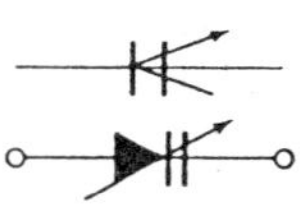	varactor	UJT	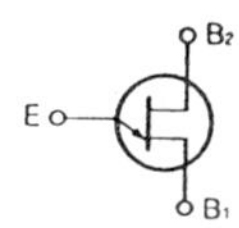	uni-juction transistor (단접합 트랜지스터)
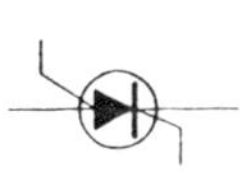 SCS	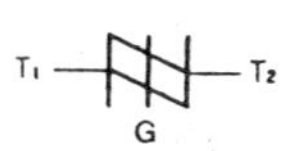 SBS	 SSS	바리스터 varistor	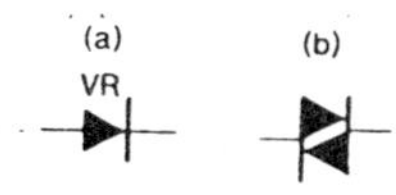 a: 비대칭형	 b: 대칭형
전파브리지 정류기	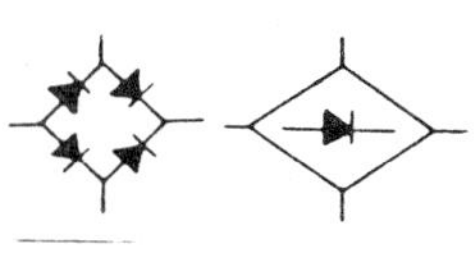	bridge diode	PUT	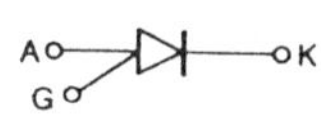	programmable -UJT
트랜지스터 (transistor)	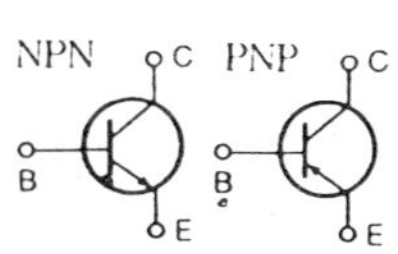	B:base E:emitter C:collect	광전 트랜지스터	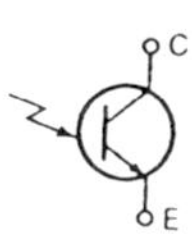 photo-TR	 광전다이오드 photo-diode
J(접합형) FET	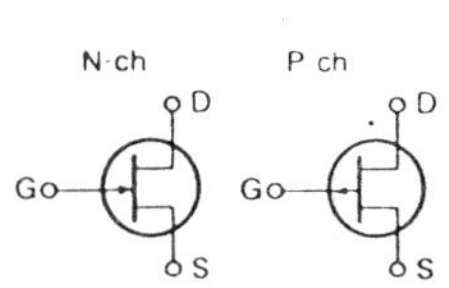	G:gate S:source D:drain	MOS FET	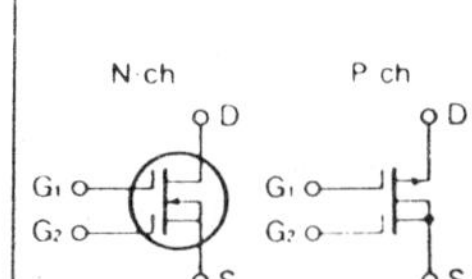	G₁:gate1 D:drain S:source G₂:gage2

1-3. 논리소자기호(Logic-gate op-amp timer)

명 칭	symbol	참 고	명 칭	symbol	참 고
AND	 $Y = A \cdot B$	논리곱	NAND	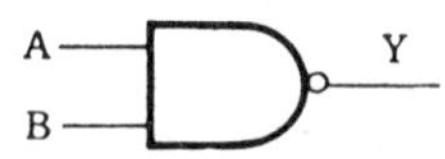 $Y = \overline{A \cdot B} = \overline{A} + \overline{B}$	논리곱 부정
OR	 $Y = A + B$	논리합	NOR	 $Y = \overline{A + B} = \overline{A} \cdot \overline{B}$	논리합 부정
Buffer	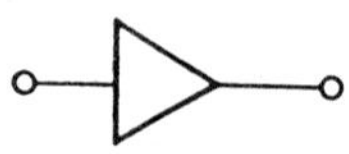	버퍼	NOT	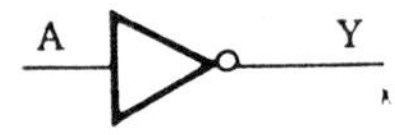 $Y = \overline{A}$	inverter (부정)
Exclusive OR	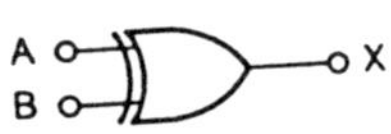	(E-OR) 배타적 논리합	Exclusive NOR	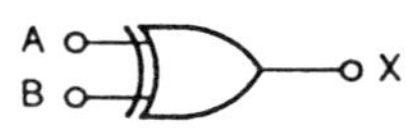	(E-NOR) 배타적 논리합부정
RS-FF	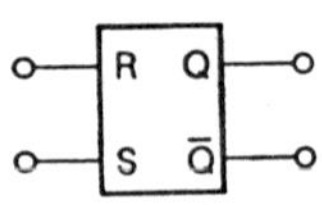	reset flip-flop	JK-FF	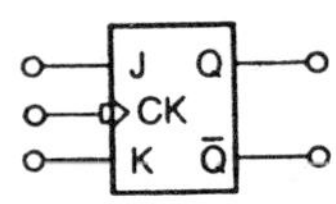	jack king flip-flop
T-FF	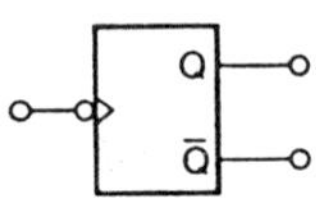	toggle flip-flop	D-FF	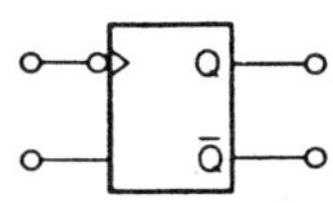	delay(data) Flip-Flop
HA	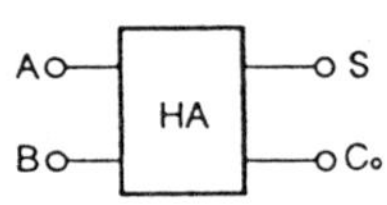	half adder (반가산기)	FA	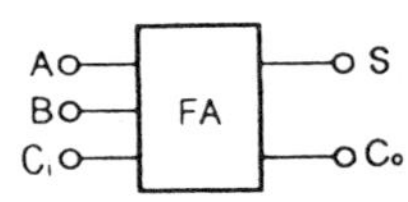	full adder (전가산기)
HS	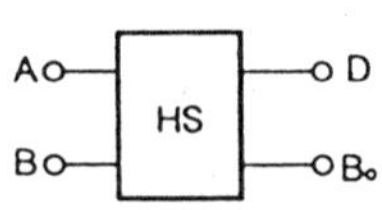	half subtract (반감산기)	FS	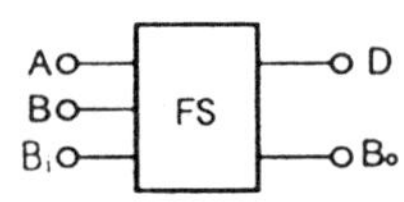	full subtract (전감산기)
OP AMP (연산증폭기)	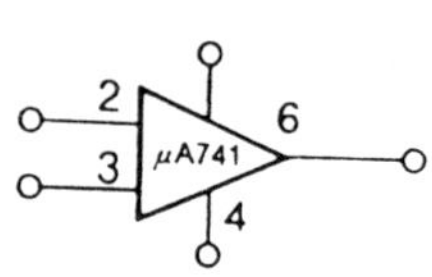		IC(DIP)	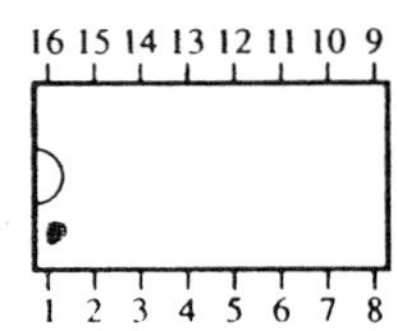	

1-4. 전자부품의 구조

1. 저항(resistor)

저항은 전기, 전자회로의 전류를 제한하고 전압을 낮추기 위하여 전자회로에서 가장 많이 사용하는 소자로서 용도와 모양과 저항값으로 분류한다.

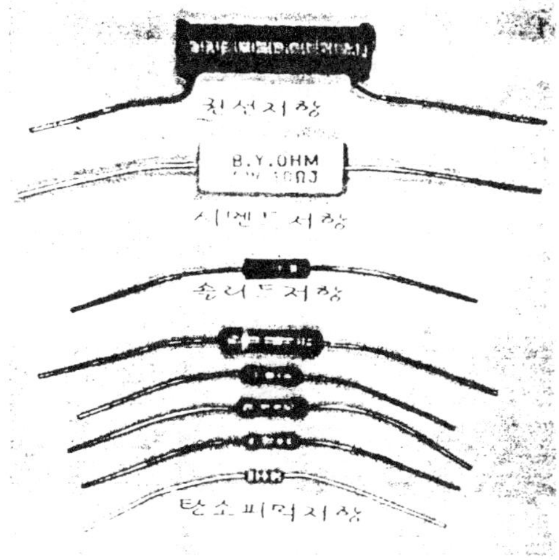

그림 4.1. 저항종류

1. 고정저항

저항값이 고정되어 있는 것으로, 탄소피막(카본)저항, 솔리드저항, 권선저항, 금속피막저항, 시멘트저항, chip저항, array저항, 등이 있다.

1) 탄소피막저항

카본저항이라 하며 자기(ceramic)의 원통이나 막대(또는 파이프)에 탄소(카본)의 얇은 막을 구어 붙인 것으로 피막보호와 절연을 위해 전면에 도료가 칠해져 있다. 가격 저렴하여 일반적으로 가장 많이 사용한다. 주변환경에 따라 저항값이 변하므로 정밀회로에는 부적당하다.

2) 솔리드저항

저항체를 막대 모양으로 만들어 그 양단에 리드선을 달고, 절연성 합성수지 등의 보호용 케이스에 넣은 다음 케이스와 저항체 사이에 절연물을 채운 것으로 몰드저항 이라고도 한다. 오차가 커서 사용하지 않는다.

(3) 권선저항

전류가 많이 흐르는 부분에 사용되는 것으로 자기 등의 절연물 위에 저항선이 감겨 있다. 이 저항은 권선 간의 분포 용량 때문에 고수파용으로는 부적당하다.
전력소모(발열)가 많거나 정밀한 회로에 사용한다.

4) 시멘트저항

세라믹(자기)저항이다. 절연과 발열 때문에 권선저항기 위에 세라믹 케이스를 넣고 굳혔다. 소비전력이 큰 회로에 많이 사용한다.

5) 금속피막저항

자기막대 파이프 외부에 금속의 얇은 막을 입히고 피막보호와 절연을 위해 전면에 도료를 칠하였다. 주변환경에 의한 변화가 적어 정밀저항으로 사용한다..

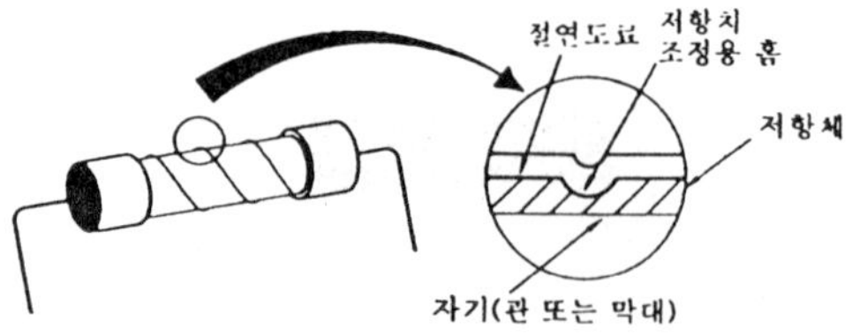

그림 4.2. 카본(탄소피막)저항

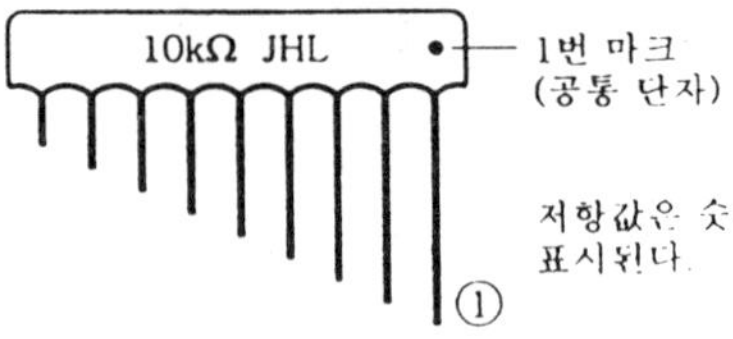

그림 4.3. array저항

6) 어레이(array)저항

디지털 회로 등에 동일한 저항값의 저항을 대량으로 사용하는 경우에 많이 사용한다. 동일저항을 공통 접속되는 경우와 각각 다른 저항값으로 독립되어 있는 것도 있다.

7) 칩(chip)저항

길이 1.0~6.3㎜, 폭0.5~3.15㎜, 두께0.35~0.55㎜ 박막(thick film)으로 된 저항기로 SMT(surface mounted technology;표면실장기술)에 사용한다.

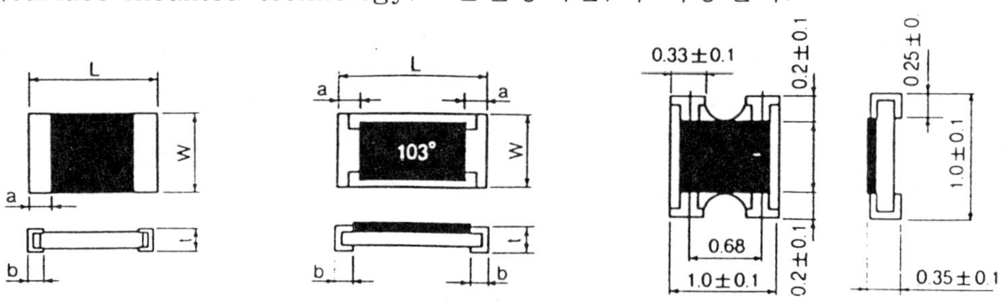

그림 4.4. 칩저항

표 1 칩저항기의 규격

size code	L	W	t	a	b
1005(0402)	1.0±0.05	0.5±0.05	0.35±0.05	0.20±0.10	0.25±0.10
1608(0603)	1.6±0.10	0.80±0.10	0.45±0.05	0.30±0.20	0.30±0.20
2012(0805)	2.0±0.10	1.25±0.10	0.55±0.10	0.40±0.20	0.40±0.20
3216(1210)	3.2±0.15	1.60±0.15	0.55±0.10	0.50±0.25	0.50±0.25
3235(1210)	3.2±0.20	2.60±0.20	0.55±0.10	0.50±0.20	0.50±0.20
5025(2010)	5.00±0.20	2.50±0.20	0.55±0.10	0.60±0.20	0.60±0.20
6432(2512)	6.30±0.20	3.15±0.20	0.55±0.10	0.60±0.20	0.60±0.20

2. 저항의 컬러코드

저항의 저항값 및 그 허용오차 등은 형체가 큰 경우에는 문자로 값을 표시하고 소형의 경우에는 컬러코드(색띠)로 표시한다.

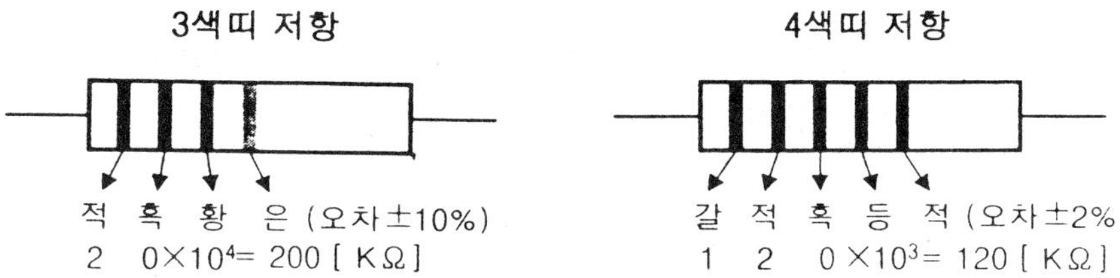

그림 4.5. 저항의 색띠(컬러코드)에 의한 표시법

3. 저항색분류표 (단위Ω; 1Ω =10^3kΩ=10^6MΩ) 표 2

색상(color)	제1색(첫째수)	제2색(둘째수)	제3색(배수)	제4색(오차)
흑(black)	0	0	10^0(=1)	
갈(brown)	1	1	10^1(=10)	
적(red)	2	2	10^2	±1%
등(orange)	3	3	10^3	±2%
황(yellow)	4	4	10^4	
녹(green)	5	5	10^5	
청(blue)	6	6	10^6	
자(violet)	7	7	10^7	
회(gray)	8	8	10^8	
백(white)	9	9	10^9	
금(gold)	-	-	10^{-1}(=0.1)	±5%
은(silver)	-	-	10^{-2}(=0.01)	±10%
무(noncolour)	-	-		±20%

4. 저항특성범위 표 3

저항명칭	저항값(Ω)	정격전력(w)	온도계수(ppm/℃)	허용오차(%)
탄소피막저항	10～수십M	1/16～2	-1300～+350	±1～5
금속피막저항	1～22	1/8～1	-100～+25	±1～5
산화금속저항	1～수백K	1/2～수	-350～+250	±2～5
권선저항(시멘트)	0.1～수십K	1/2～수백	-450～+50	±1～10
정밀용권선저항	1～수백K	1/8～수	-50～+5	±0.01～1

5. 가변저항

저항에 의한 전압 강하나 전류 등을 분배할 때 사용하는 것으로, 음량조정 등에 많이 사용되어 볼륨(volume)이라 한다.

6. 반고정저항

가변저항(VR)의 일종으로 한번 조정하면 다시 조정하지 않는 것으로 사용된 회로의 특성변동이나 경년 변화시 다시 조정할 수 있도록 한(preset) 저항이다.

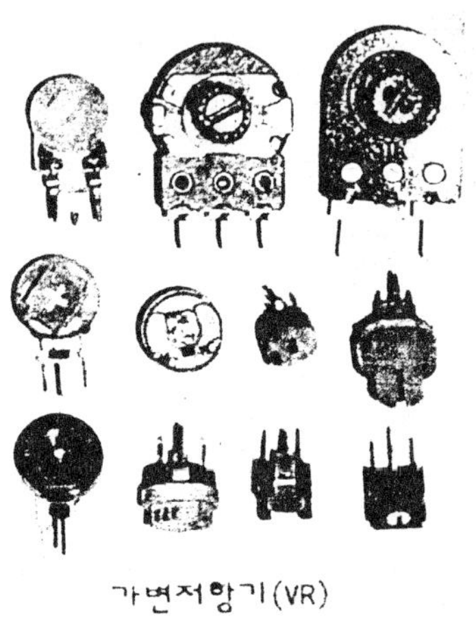

그림 4.6. 가변저항기

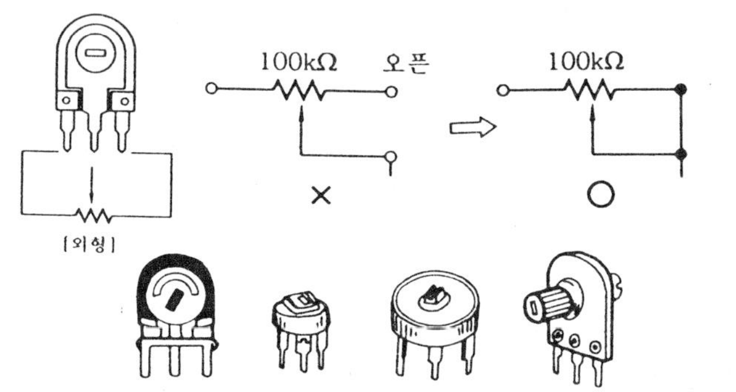

그림 4.7. 반고정 저항기의 구조와 단자접속

7. 가변저항의 특성

가변저항의 축의 회전각(이동위치)에 의한 저항값의 변화특성을 아래 그림(4.8)의 곡선과 같이 규정되어 있다. A형과 D형은 음량조정(Volume control)에 B형은 음질, 감도조정(tone control), C는 이득조정에 쓰이는 등 용도에 따라 구별해서 사용된다.

저항체에 따라 탄소계 가변저항은 RV30N, RV24N 등으로, 권선형 가변저항은 RA30Y등의 규격이 정해져 있다.

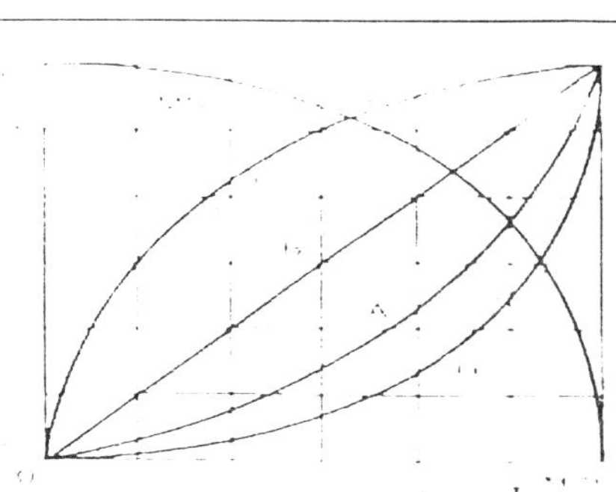

그림 4.8. 가변 저항의 특성

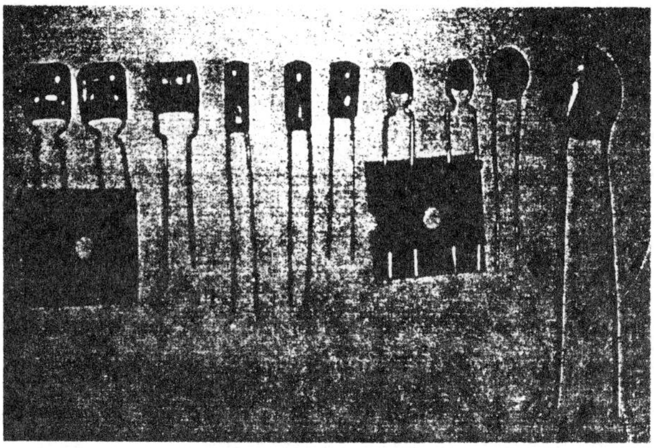

그림 4.9. 마일러 세라믹콘덴서

2. 콘덴서

콘덴서(capacitor)는 충전과 방전의 작용으로 직류를 저지하고 교류신호 전류를 흐르게 하며, 공진회로에 특정주파수를 응용하는 곳 등에 쓰이며 용량값에 따라 고정콘덴서 반고정콘덴서 및 가변콘덴서로 분류한다.

1. 고정콘덴서

고정콘덴서는 유극성과 무극성이 있으며, 유전체 용도 특성 등에 따라 여러 종류가 있으나 대체로 유전체의 종류에 의하여 분류된다.

1) 마일러(Mylar) 콘덴서

마일러 플라스틱 필름을 유전체로 한 것으로 기계적으로 강하고, 내열성도 우수하여 많이 사용되고 있으며 고주파용으로도 사용한다.

그림 4.10. 마일라콘덴서

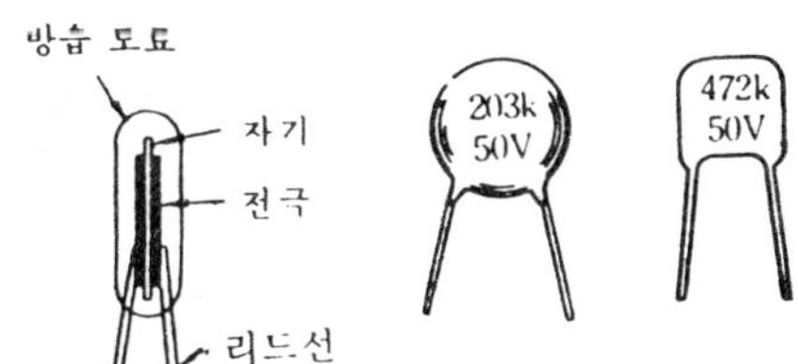

그림 4.11. 세라믹 콘덴서

2) 세라믹(ceramic)콘덴서

유전체로서 세라믹(자기)을 사용하고, 유전체의 양면에는 리드선을 납땜하여 방습 도장을 한 것이다. 고주파용에 많이 사용한다. 머리부분의 색깔은 온도특성을 나타내는데, 흑색은 ±60, 무색은 -100~+300 PPM/℃의 온도편차가 있다.

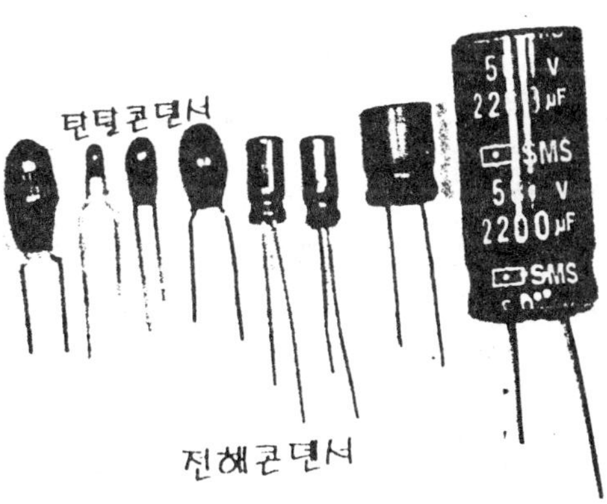

그림 4.12. 전해콘덴서

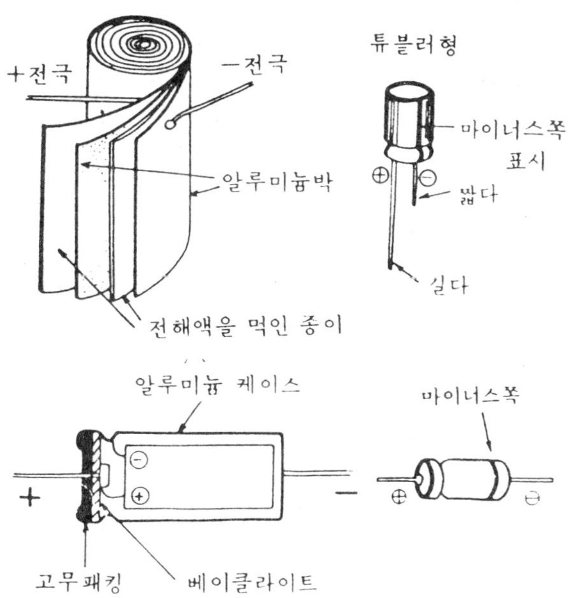

그림 4.13. 전해 콘덴서

3) 전해(electrolytic)콘덴서

전해콘덴서는 알루미늄박을 마주보고, 그 중간에 전해액을 넣은 구조로 되어 있으며 산화피막을 (+), 전해질의 종이를 (−)로 하여 사용하는 유극성의 콘덴서이다. 전해콘덴서는 소형으로 대용량을 만들 수 있지만, 사용 시에는 극성과 같은 방향의 전압을 걸어 주어야 한다. 또한 무극성의 전해콘덴서는 전해질 종이에 전극을 만든 것으로 교류용으로 사용 할 수 있다. 탄탈 전해콘덴서는 탄탈산화막을 유전체로 한 것으로 정격전압은 비교적 낮지만 누설전류가 매우 적고, 주파수 온도특성이 좋아 소형 대용량의 정밀급으로 많이 사용한다.

2) 콘덴서의 정전용량 표시

∗ 단위F; $1F = 10^{6}\mu F = 10^{12}pF$ ∗

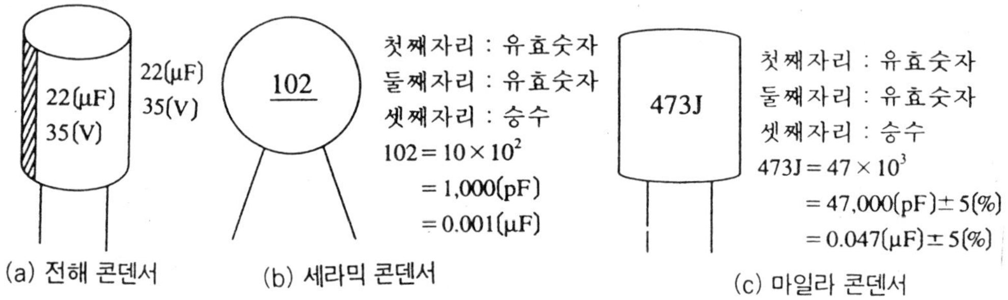

그림 4.14. 콘덴서의 용량표시

3) 정격값표시

(1) 용량표시; 유효숫자의 제1, 제2숫자는 그대로 읽고 제3숫자는 곱수를 나타낸다.
(2) 오차표시; 제3숫자 다음의 문자는 오차를 표시한다.
(3) 정격전압표시; 1H는 사용 정격전압을 표시한다.

오차표시

표 4

문자	B	C	D	F	G	J	K	M	N	V	X	Z	P
오차(%)	±0.1	±0.25	±0.5	±1	±2	±5	±10	±20	±30	+20−10	+40−10	+80−20	+100−0
오차(pF)	±0.1	±0.25	±0.5	±1	±2	—	—	—	—	—	—	—	—

정격전압표시(단위;V)

표 5

	A	B	C	D	E	F	G	H	J	K
0	1	1.25	1.6	2.0	2.5	3.15	4.0	5.0	6.3	8.0
1	10	12.5	16	20	25	31.5	40	50	63	80
2	100	125	160	200	250	315	400	500	630	800
3	1000	1,250	1600	2000.	2,500	3150	4,000	5,000	6,300	8,000

2 가변콘덴서

가변콘덴서(variable condenser)는 서로 마주 보고 있는 고정판과 회전판의 대향면적을 바꿈으로써 정전용량을 연속적으로 변화시키는 바리콘으로 송수신기나 발진기의 동조회로 등에 사용되는데, 양 전극간에 폴리에틸렌을 넣은 폴리(poly)바리콘이 사용되고 있다. 최근에는 VCD(가변용량다이오드)로 대치되고 있다.

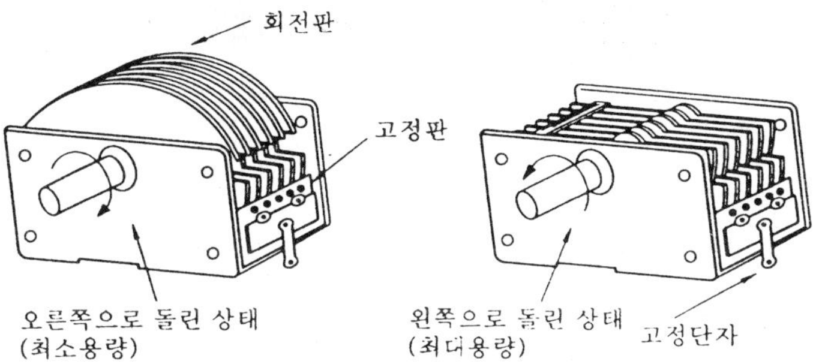

그림 4.15. 에어바리콘

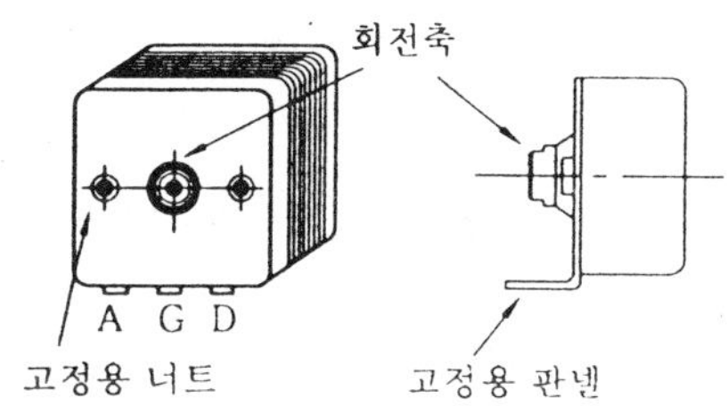

그림 4.16. 폴리바리콘

3. 반고정콘덴서

전자, 정보 통신기기에 고주파 회로나 발진회로의 주파수를 세밀하게 조정한다.
유전체로서 마이카나 폴리스티롤 등을 사용한 트리머(TC)와 패딩콘덴서(PC)가 있다. 나사의 조임으로 정전용량을 조정한다.

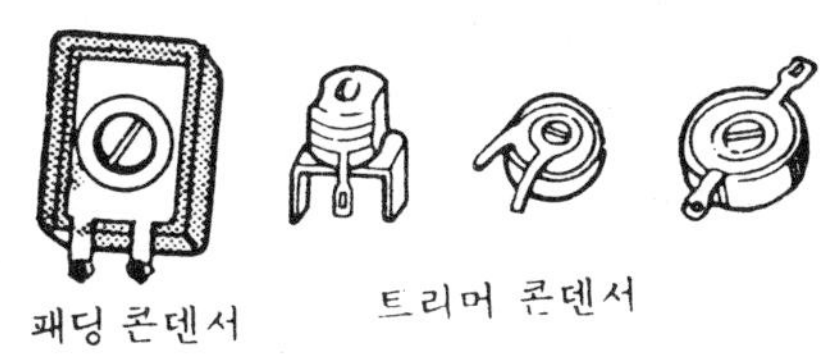

그림 4.17. 반고정 콘덴서

3. 인덕터(inducter)

인덕턴스(L, 단위H)를 가지고 교류저항(유도성리액턴스, X_L)을 갖는 코일(coil)이다. 자기인덕턴스는 콘덴서와 결합하여 공진회로를 구성하고 상호인덕턴스는 트랜스 등에 적용된다.

1. 공진(동조)코일

안테나의 중파방송 수신용 동조코일은 페라이트 코어에 300~430 μH 인덕턴스를 갖는 리츠선을 감은 바 안테나를 사용한다.
여파기(filter), 발진(osc), 고주파(RF)증폭 회로에 공진코일을 사용한다.

2. 초크코일

초크(choke)코일은 고주파(RF)신호 전류를 저지하는 고주파초크가 있고 저주파에서 큰 교류저항(임피던스)를 갖는 저주파 초크코일은 정류회로에서 교류 ripple (맥동)성분은 억제하고 직류는 통과시킨다. 전원부와 전송선에 잡음방지용 코일로 사용된다.

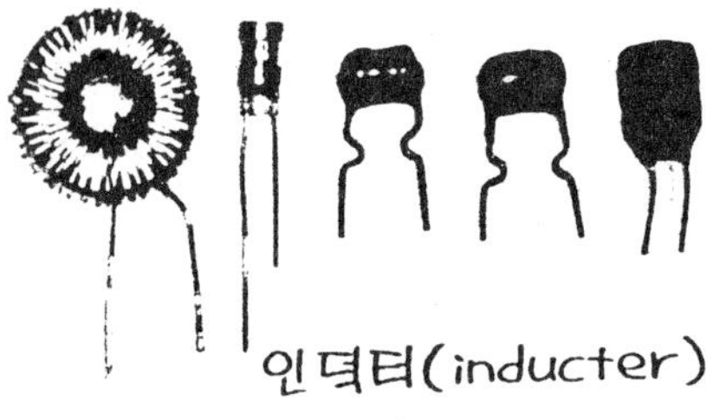

그림 4.18. 인덕터

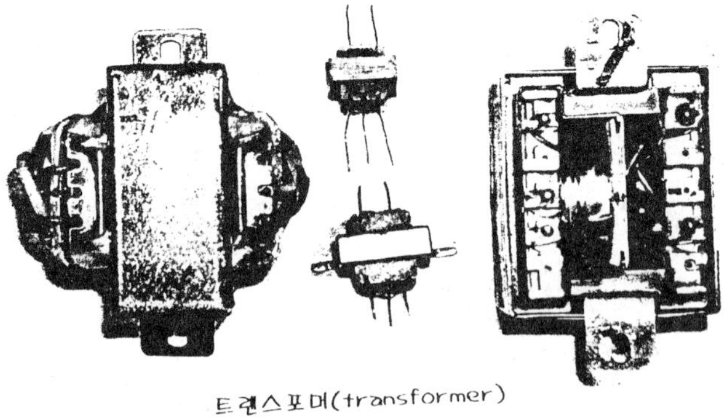

그림 4.19. 트랜스

3. 트랜스포머(변성기, 변압기)

전원트랜스(power transformer)는 전원전압을 낮추거나 높이는 전원과 정류회로에 사용한다. IFT(intermediate frequency transformer; 중간주파트랜스)는 수신기의 중간주파수(AM경우455㎑)를 선택하여 증폭회로에 정합(matching)연결하는 역할을 하며, 보통 황, 백, 흑색 3개 1조로 되어있다. IPT(in put transformer;입력트랜스)는 증폭기 입력측 정합(impedance matching)을 시키고, OPT(out put transformer; 출력트랜스)는 전력증폭기 출력측과 스피커를 정합 시킨다.

4. 릴레이(relay)

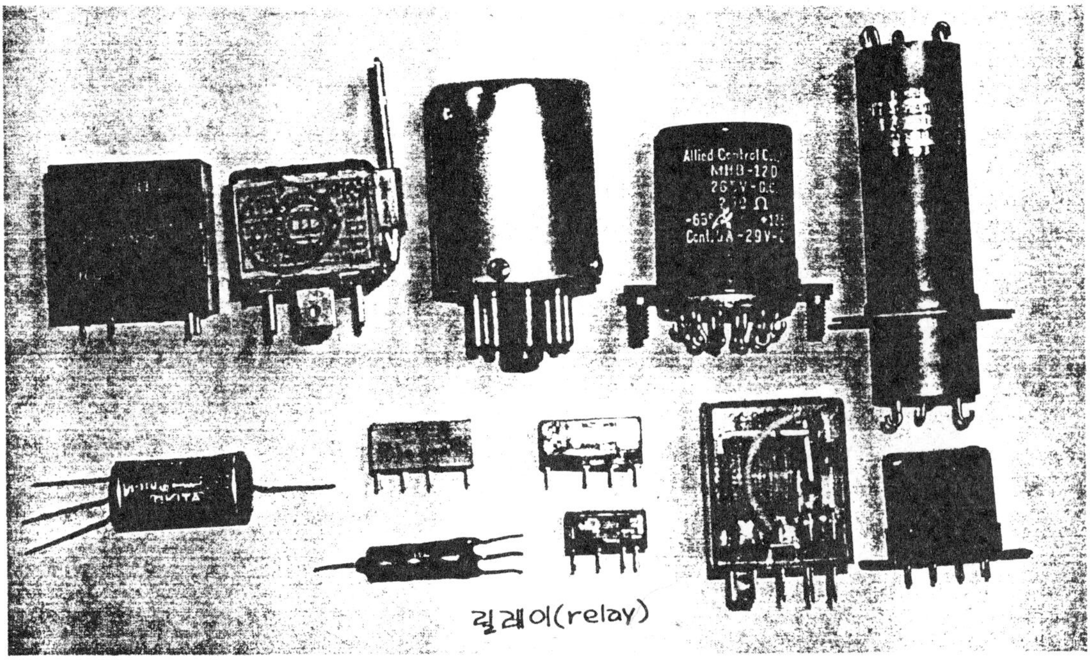

그림 4.20. 릴레이종류

코일에 전류가 흐르면 가동철편 접점이 ON/OFF되어 회로를 단락 단선한다.

소비전력 응답속도 역기전력 잡음발생 부피 무게 수명 등은 반도체 제어소자(SCR, TRIAC 등)에 불리하나 큰 전력제어나 극한상태에서 동작이 양호함으로 대형제어, 자동차 등에 사용이 되며, coil이 없는 반도체 MOS릴레이가 개발되어 사용된다.

5. 코일의 인덕턴스 표시

3자리 숫자로 표시하거나 저항색별과 같이 색상으로 표시한다.

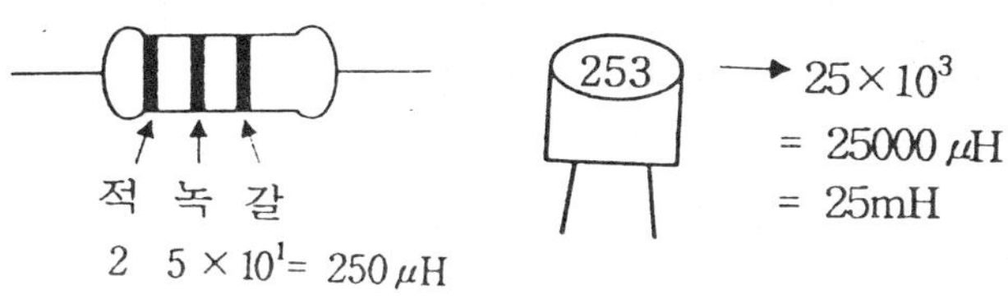

그림 4.21. 코일의 인덕턴스표시

그림4.22. 초크코일

4. 스피커(speaker)

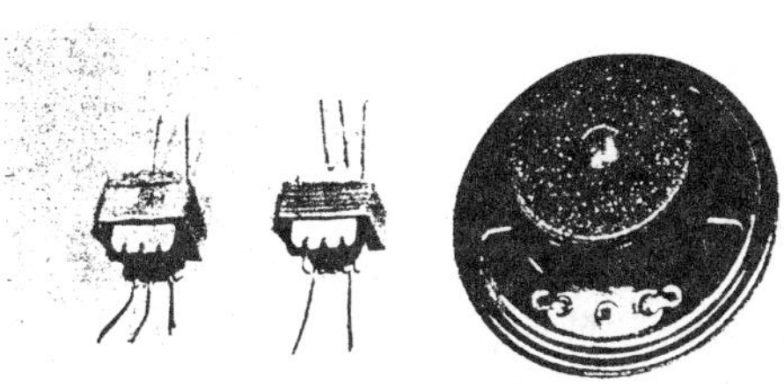

(a)IPT (b)OPT (c)SP

그림 4.23. 스피커와 OPT

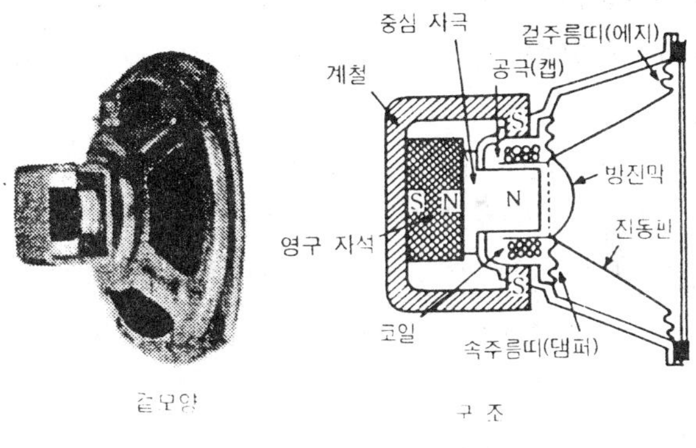

그림 4.24. 스피커의 구조

가청주파수의 전압(전류)을 소리(음파)로 만드는 스피커는 영구자석 안에 음성전류에 비례해서 자유롭게 움직일 수 있는 보이스코일(voice coil)을 넣은 것이다

전력증폭회로에 연결할 때 임피던스 정합(matching)을 위하여 출력트랜스(OPT:적색)를 사용한다.(IPT:녹색) 고급스피커는 주파수 영역에 따라 저음용(wofer), 중음용(squaker) 및 고음용(twetter)으로 분류하여 네트워크에 접속하여 사용한다.

5. 스위치(switch)

한번 움직이면 ON또는 OFF 상태가 계속되는 토글 스위치, 슬라이드 스위치와 한번 움직이게 한 후 손을 떼면 원상태로 되돌아가는 푸시버튼 스위치, 접속회로 전환에 사용되는 로터리 스위치 등이 있다.

1. 토글(toggle)스위치

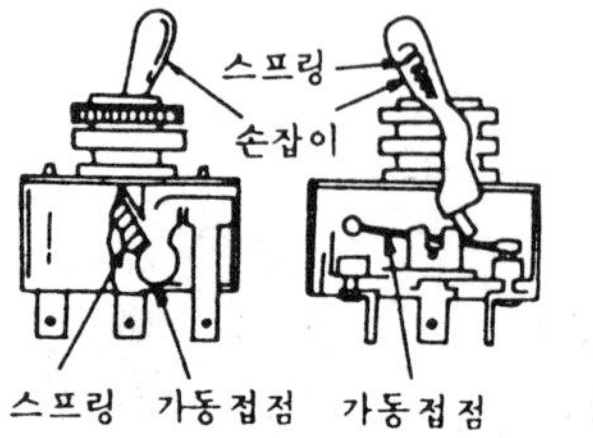

그림 4.25. 토글 스위치

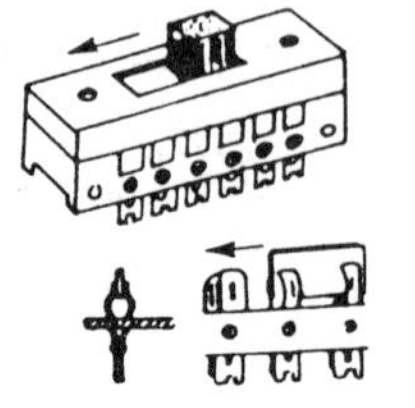

그림4.26.
슬리이드 스위치

그림4.27.
푸시버튼 스위치

스냅(snap) 스위치라고도 하는 것으로 손잡이 (knob)를 밀면 스프링의 힘으로 가동접점이 움직여서 ON, OFF가 된다. 허용용량은 케이스에 표시되어 있다.

2. 슬라이드(slide)스위치
손잡이를 좌우(또는 상하)로 미끄러지게 하면 접점이 미끄러져서 접촉하거나 전환된다. 간단한 것은 3p(전환형)인데 18p등 다접점이 있다.

3. 푸시버튼(push button)스위치
누르면 접점이 접촉하고 떼면 떨어지거나 결선회로가 전환된다.
슬라이드 스위치에 푸시버튼 스위치를 조합시킨 것은 록(lock) 식으로 되어 한번 누른 손을 떼어도 되돌아가지 않고 다시 한번 누르면 되돌아가게 되어 있다.

4. 로터리(rotary)스위치
셀렉터(selector) 스위치라고도 하는 것으로 접점이 절연판(고정판)에 부착되어 있고 회전축을 돌리면 회전판(접점)이 고정판의 접점이 접촉되는 구조이다.

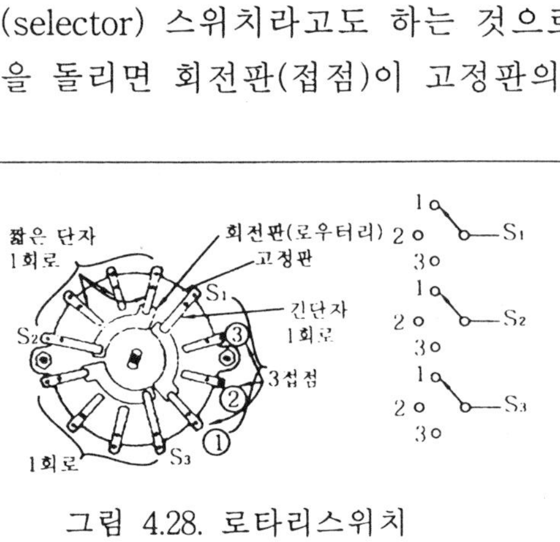

그림 4.28. 로타리스위치

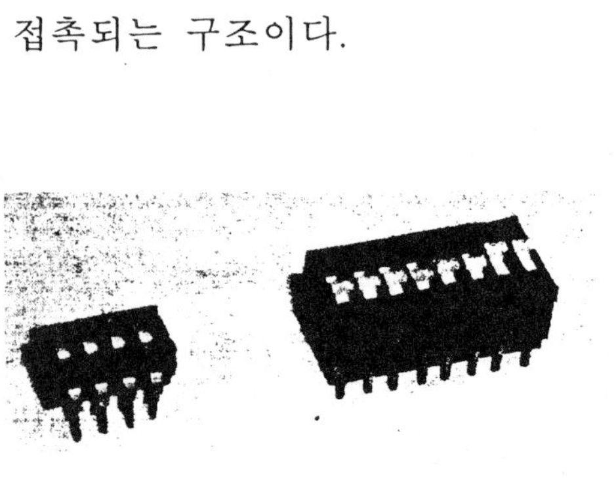

그림 4.31. DIP스위치

5. DIP스위치
DIP(Dual In Line Package)IC 모양의 스위치이다. 전자 정보기기 내부 PCB기판 실장용으로 많이 사용된다.

6. 커넥터, 소켓

전자, 정보, 통신회로를 연결하는 커넥터(connector)는 많은 종류가 있고 그 기능과 특징 이 다양하다.
①Card-edge형; 커넥터; 프린트기판에 연결 ②Plat커넥터; 압점결선간편, 리본케이블용 ③각형(角形)커넥터; D형(RS-232C용), 다극형, 중계형이 있다.
④환형(環形)커넥터; PC(mouse), 산업기기, 오디오 비다오 용
⑤단락커넥터; 프린트기판 핀을 단락용, DIP SW대용
⑥IC 소켓; IC핀 모양에 따라 DIP(8P 14P 16P등)과 이형(multi)류가 있다.
⑦동축커넥터; coaxial cable(동축케이블)연결용

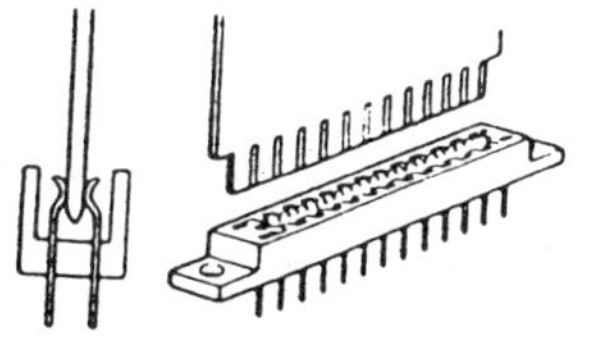

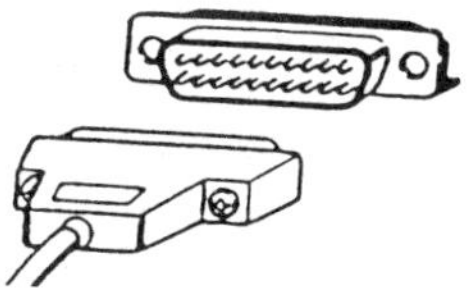
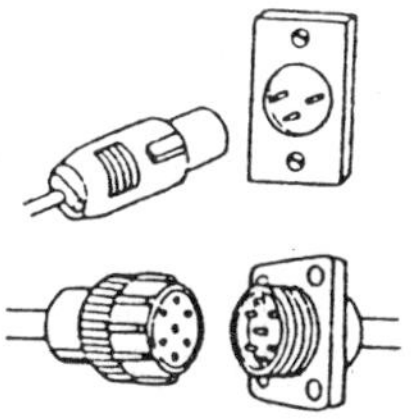

①Card-edge커넥터 ②plat커넥터 ③각형커넥터(RS-232C) ④환형커넥터

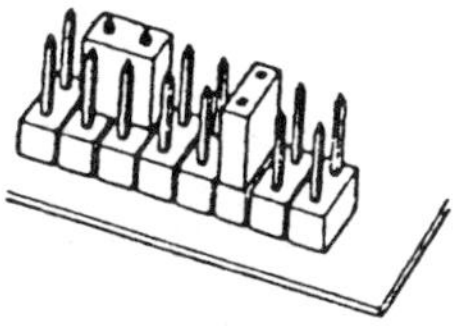

⑤단락커넥터

⑥IC소켓 ⑦BNC동축커넥터

BNC와 N형의 결선방법

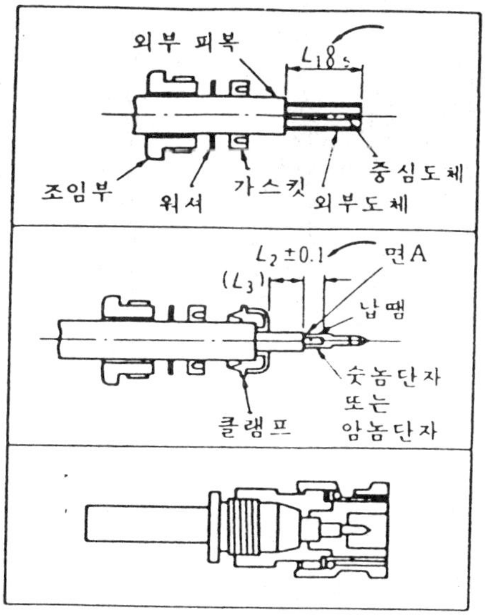

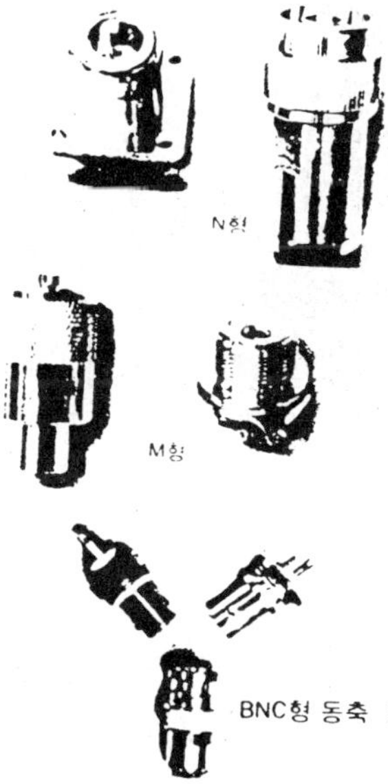

BNC형 동축 커넥터

1-5. 반도체소자의 구조특성

1. 다이오드(PN junction diode)

1. 다이오드특성

다수캐리어가 정공인 P형 반도체와 전자로된 N형 반도체를 접합시킨 것이다. 순방향 바이어스 전압은 P형 반도체 쪽에 +전압을, N형에는 -전원전압을 인가한 것으로 전류가 다이오드 기호의 화살표 방향으로 흐른다. 그 반대전압은 역방향이다. 게르마늄(Ge) 다이오드는 주로 소신호의 검파에 사용되고, 실리콘(Si) 다이오드는 신호전달, 파형정형, 스위칭과 정류용 등 보편적으로 많이 사용된다.

2. 다이오드종류

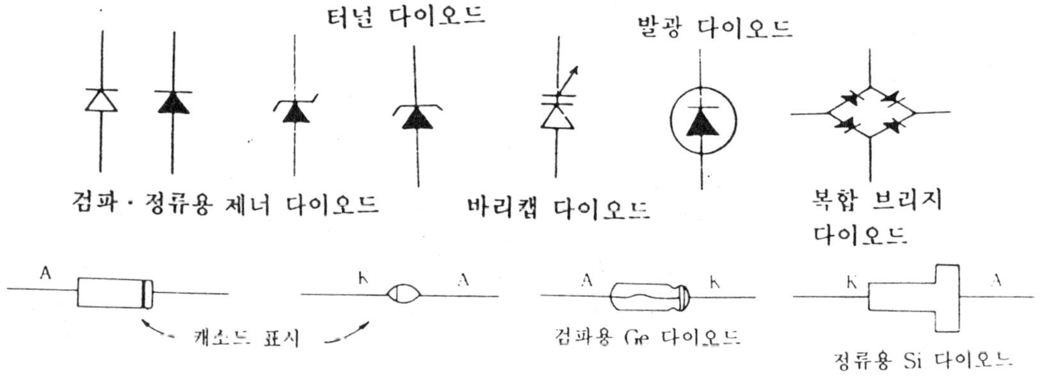

그림 5.1. 다이오드 종류와 기호

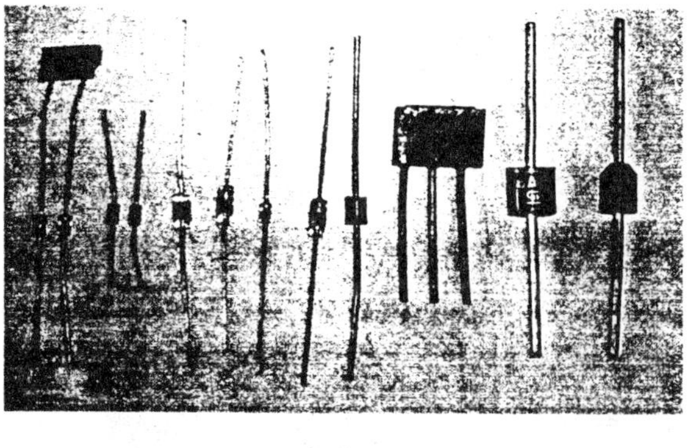

그림 5.2. 다이오드종류

그림 5.3. 브리지다이오드

3. 다이오드시험

순방향과 역방향의 저항값을 측정 비교했을 때 저항값의 차이가 충분히 커야 하며, 순방향 지시상태에서 적색 리드봉이 닿은 쪽이 캐소드(K:음극)이고 흑색리드봉이 닿은 쪽이 애노드(A:양극)이다.

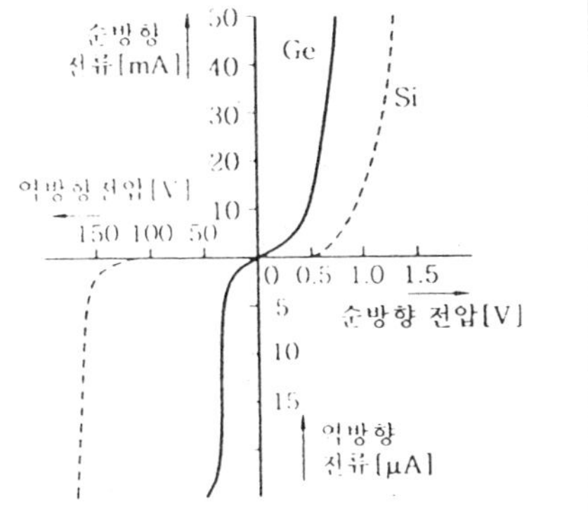

그림 5.4. 다이오드의 특성

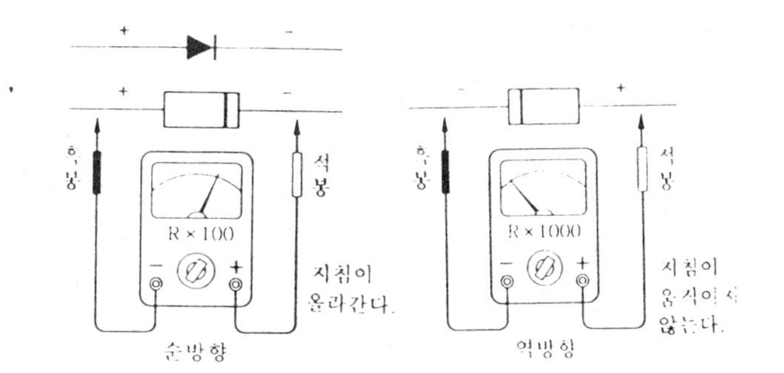

그림 5.5. 다이오드시험

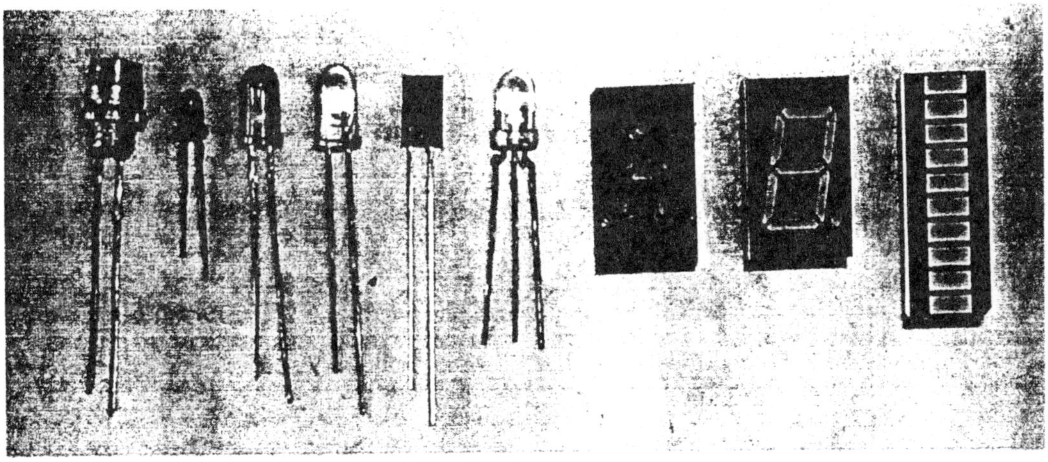

그림 5.6. LED FND

4. LED

GaP, GaAsP등의 화합물로된 PN 접합다이오드에 순방향 전압을 가하면 접합면에 발광을 한다. tester RX1레인지에서 리이드를 연결하여 LED가 점등될 때 전류가 흐르는 순방향이다. 이때 적색 리드봉이 닿은 쪽이(테스터내부전지 ⊖연결) LED의 캐소드(K)이고, 흑색리드봉이 닿은 쪽이 (내부전지⊕연결)애노드(A)이다. 다리가 긴 쪽이 ⊕극이나 예외도 있다. static 동작은 LED 한 개당 흐르는 전류는 10~20mA정도 되도록 직류전원에 저항을 연결하여 조절한다. 그때 LED의 전압강하는 약2V이다. dynamic구동은 펄스를 이용함으로 저전력으로 점등할 수 있다.

5. FND(7segment display)

7개의 LED를 한 개의 평면위에 8자 모양으로 내장하여 문자또는 숫자를 디스플레이(표시)할 수 있도록 하였다. dot(소수점)표시는 8segment를 사용한다.

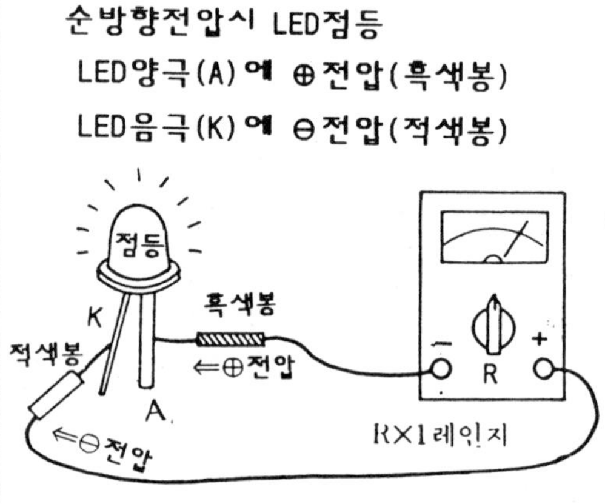

그림 5.7. LED의 시험

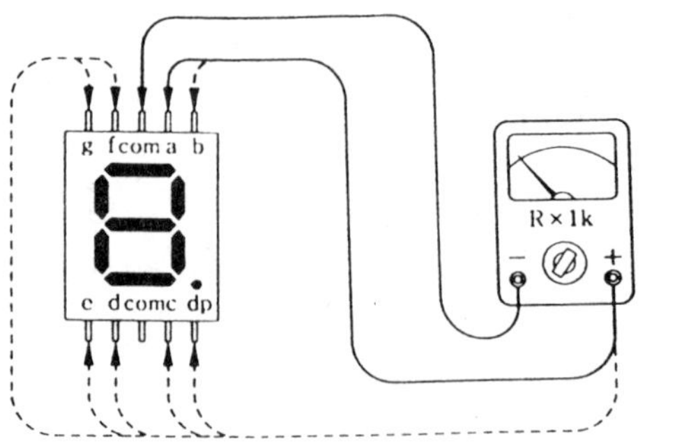

그림 5.8. FND시험

⊕전원에 공통으로 연결하는 common anode(FND507)와 ⊖전원에 공통 연결하는 common cathode(FND500)형이 있다.

회로시험기 저항측정 RX1레인지로 common단자와 각a ~ g, dot 단자에 리드봉을 교대로 대어 점등되는 것을 보면 해당 접속리드 단자를 찾아낼수있다.

6. LD(Laser Diode)

레이저다이오는 LED와 같은 PN접합구조로 되어있다. 레이저유도방출을 증폭하는 발광을 이용하므로 일관 정렬된 지향성이 예민한 강력한 빛을 발생한다.

7. 제너 다이오드(Zener Diode)

정전압 다이오드라고 하며 불순물이 많은 PN 접합형 실리콘 다이오드에 역방향 전압을 공급하면 역방향 전압이 낮을 때에는 극히 적은 전류가 흐르지만 전압을 높여 가면 어느 특정의 전압치에서 급격히 전류가 증가하는 항복 현상이 일어나는 것을 이용한 소자로 정전압회로에 사용된다.

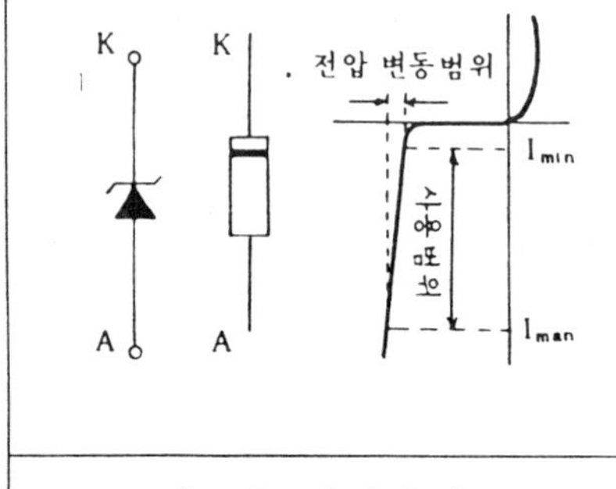

그림 5.9. 제너다이오드

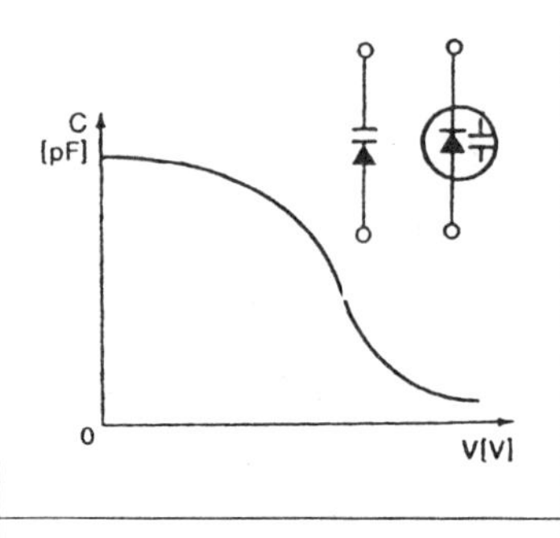

그림 5.10. 가변용량다이오드

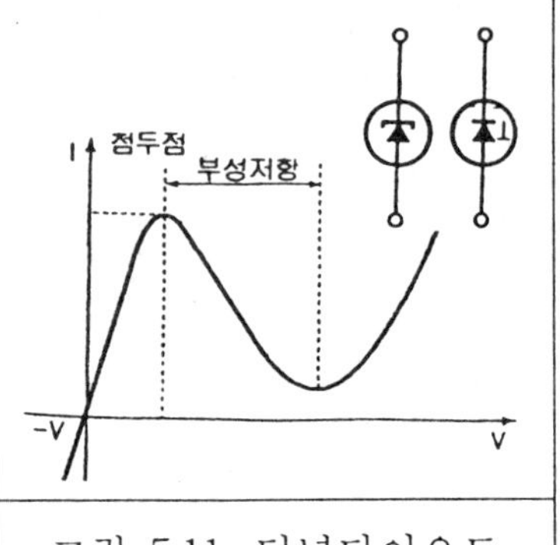

그림 5.11. 터널다이오드

8. 가변용량다이오드(Variable Capacitance Diode)
PN접합 다이오드에 역방향의 전압을 가할 때 공간전하영역 변화에 따라 용량이 변화하는 다이오드이다(VCD). VCO, AFC, 동조회로 등에 이용한다.

9. 터널다이오드(Tunnel Diode)
에사끼(Esaki)다이오드 PN접합에서 도너밀도를 높게 하여 터널효과를 이용한다.
마이크로파(초고주파)발진에 사용한다.

2. 트랜지스터(Transistor)

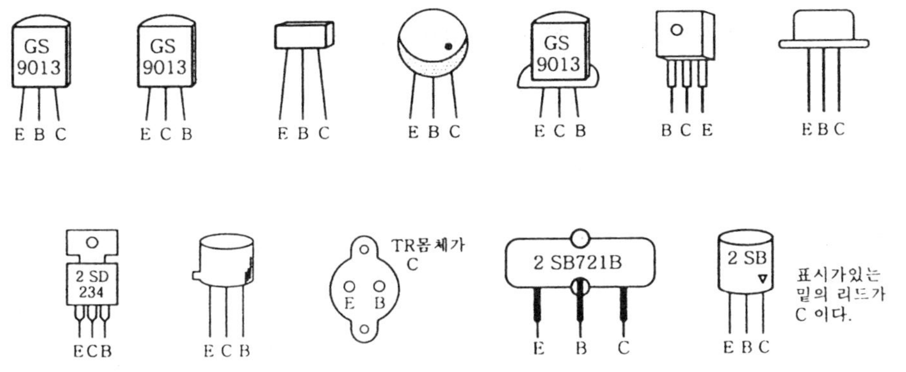

그림 5. 12. 트랜지스터의 전극표시

트랜지스터는 2개의 N형 반도체 사이에 P형 반도체가 있는 NPN형 트랜지스터와 2개의 P형 반도체 사이에 N형 반도체가 있는 PNP형 트랜지스터가 있다.

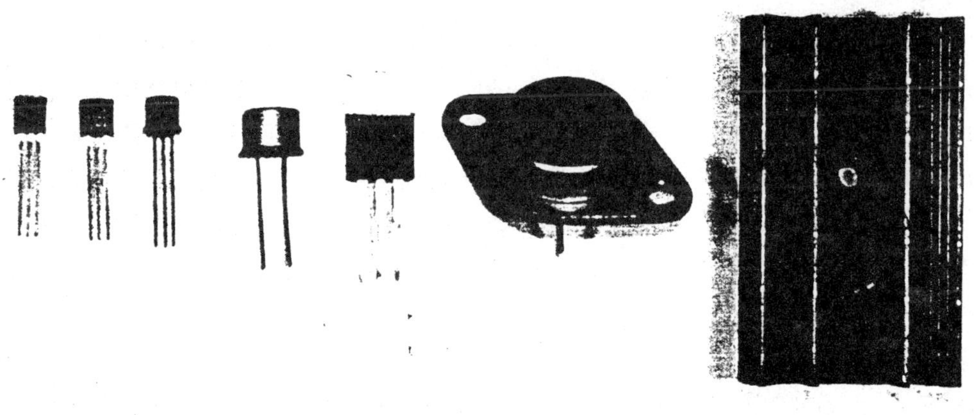

그림 5.3. 트랜지스터

1. 트랜지스터의 명칭

2SC1815의 경우 2 S C 1815 A ⇒ C1815-GR (실제표기)

① ② ③ ④ ⑤

①소자종류(⇒생략) 0:표준TR 1:다이오드 2:TR FET 3:FET(2gate)

②반도체(Semiconductor) ⇒생략

③반도체종류 A: 고주파용(PNP), B: 저주파용(PNP),

C: 고주파용(NPN), D: 저주파용(NPN)

④등록번호

⑤개량번호(A B C D…) ⇒(생략)

hfe표시 O:70-140 Y:120-240 GR:200-400 BL:350-700

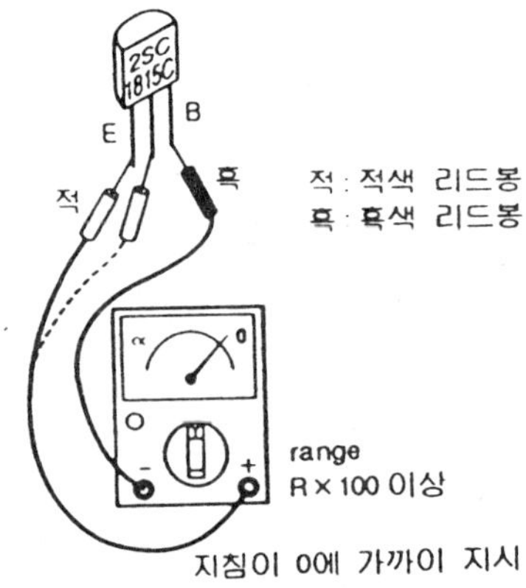

그림 5.14. 베이스찾기

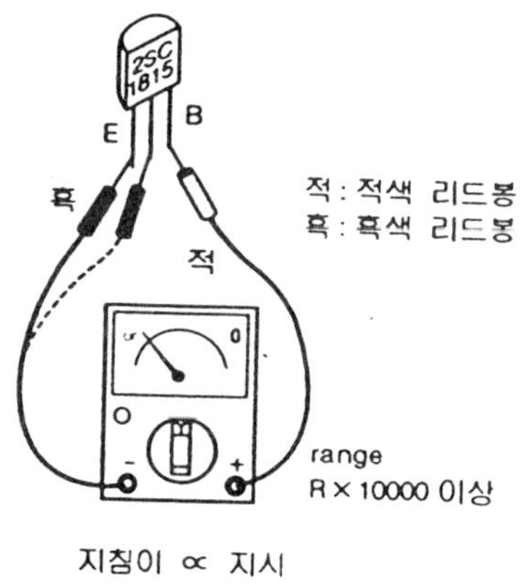

그림 5.15. 컬렉터 이미터찾기

2. 트랜지스터의 극성

1) 베이스 전극을 찾는다.

tester(회로시험기)를 R×100또는 R×1000의 레인지로 하고 임의의 리드봉을 트랜지스터의 다리(리드)에 댄 다음 남은 회로 시험기의 리드봉을 트랜지스터의 나머지 두 다리에 교대로 대어본다. TR의 3개 다리를 모두 같은 방법으로 교대로 대어보아, 남은 두 다리를 대었을 때 2개 모두 순방향을 지시하는 상태(전류가 흐르는 즉, 저항값이 0(Ω)부근의 작은상태)에서, NPN형 트랜지스터 이면 흑색리드봉(테스터내부전지⊕)이 닿은 쪽이 베이스전극이고, PNP형이면 적색 리드봉(테스터내부전지⊖)이 닿은 다리가 베이스 전극이다.

2.)컬렉터 전극을 찾는다.

회로 시험기를 R×1000레인지로 하고 나머지 두핀의 저항값을 번갈아 측정하여 순방향 지시 상태로 했을 때 NPN형이면 적색 리드봉이 닿은 쪽이 컬렉터 전극이며 PNP형이면 흑색 리드봉이 닿은 핀이 커렉터이다.

3) 위의 측정에서 남는 핀 전극이 이미터이다.

3. FET(Field Effect Transistor)

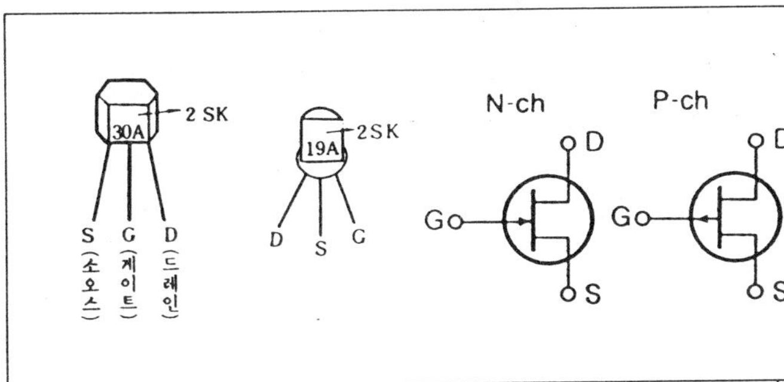

그림 5.16. JFE극성기호

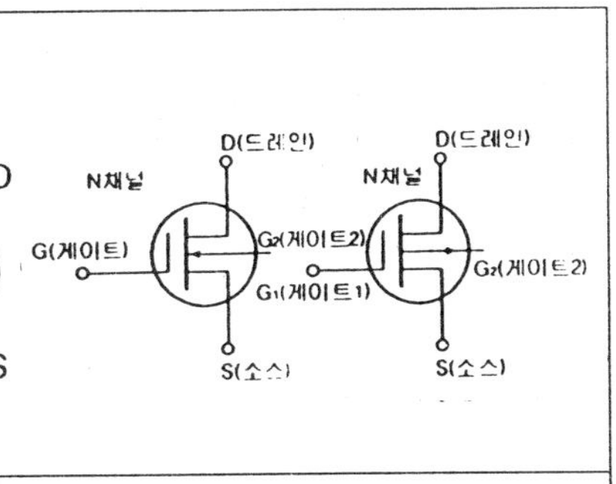

그림 5.17. MOSFET기호

FET는 다수 반송자에 의해 전류가 흐르는 전압 제어형의 반도체 소자로서 입력 임피던스가 매우 크고 잡음 발생이 적은 특성이 있다.

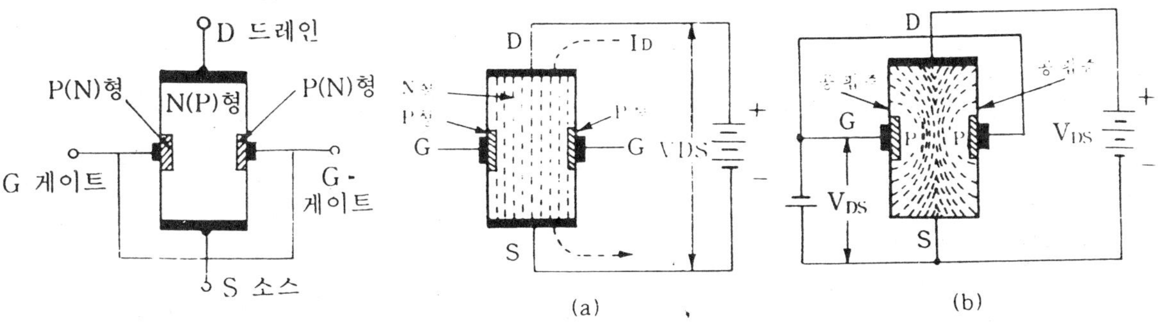

그림 5.18. JFET바이어스전압

FET의 극성판별

1) 회로 시험기를 R×100 레인지로 하여 트랜지스터의 베이스를 찾는 방법으로 게이트(G)를 찾는다.(순방향.역방향의 공통 단자를 찾는다.)

2) 게이트-소스간의 순방향 저항값이 게이트-드레인간의 저항값보다 약간 작게 지시되는 것이 보통이며 같은 값일 때는 소스와 드레인은 바뀌어도 좋다.

3) 소스-드레인 간은 R×1000또는 R×10000 레인지로 측정하면 드레인에 순방향 극성이 가해질 때의 저항값이 작다.

4) 테스터의 저항계를 드레인과 소스간에 대고 게이트에 손가락을 대어보았을 때 지침이 흔들리면 대체로 양호하다고 본다.

5)바이어스 전압이 N채널 FET는 NPN형 트랜지스터와 유사하며, P채널 FET는 PNP형 트랜지스터와 유사하다.

4. 펄스발생소자

1. UJT(Uni-junction Transistor)

UJT는 N형의 실리콘 막대 양단에 B_1, B_2를 만들고 중간부분에 P층을 형성시켜 이미터(E)로 한 것으로 더블베이스 다이오드 라고도 하며 부성저항 특성의 발진 동작에 의해서 펄스파를 얻는다. SCR의 게이트 트리거와 펄스파, 계단파 발생회로나 CR의 지연 특성 등을 이용하여 타이머 회로 등에 사용된다.

UJT의 극성 판별

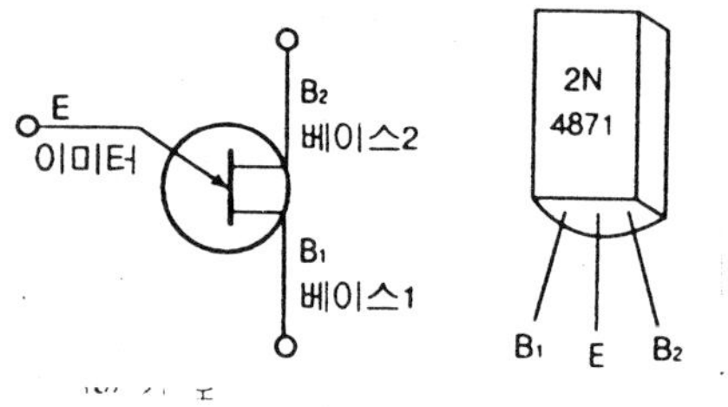

그림 5.19. UJT심볼 외형

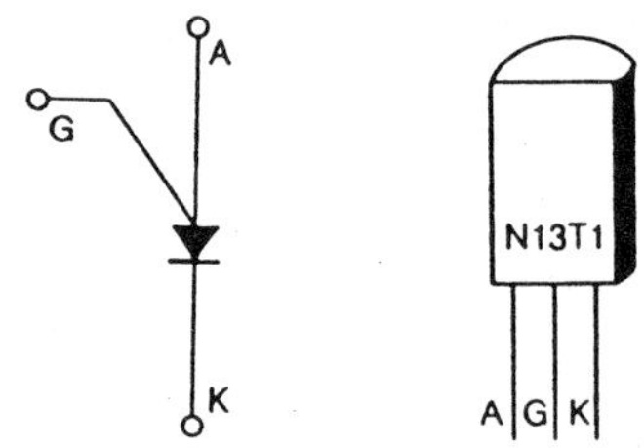

그림 5.20. PUT심볼 외형

1) 회로 시험기를 R×100레인지로 하여 트랜지스터의 베이스 전극을 찾는 방법으로 이미터 (E)전극을 찾는다.

2) 이미터를 중심으로 B_1과 B_2간의 순방향 저항값을 측정하면 E-B_2간의 저항값이 E-B_1간의 저항값보다 크게 지시된다.

3) 회로 시험기의 레인지 또는 극성에 관계없이 B_1~B_2사이의 저항값이 5~6(kΩ) 정도로 대체로 양호하다.

2. PUT(Programmable Uni-junction Transistor)

1) PUT의 동작

PUT는 플레이너형 N게이트 콤플리멘터리 SCR로서 UJT와 비슷한 트리거 소자이다. PUT는 애노드에 대해서 게이트를 부(−)로 함으로써 도통(turn-on)하며 이미터 전압 개방비(η)를 변화시킬 수 있어, 감도가 높고, 미소 전력의 동작이 가능하고 출력펄스의 상승이 빠른 특징이 있다.

2) PUT의 양부 측정

1) 회로 시험기 R×100의 레인지로 하고 A에 흑색 리드봉을, G에 적색 리드봉을 대

면 500(Ω) 정도의 저항값을 지시하고 반대로 접속하면 무한대(∞)저항값이 지시된다.

2) A에 흑색 리드봉을, K에 적색 리드봉을 접속하여도 500(Ω) 정도의 순방향 저항값이 지시되지만, A와G를 동시에 접속시키면 ∞의 저항값이 지시된다.

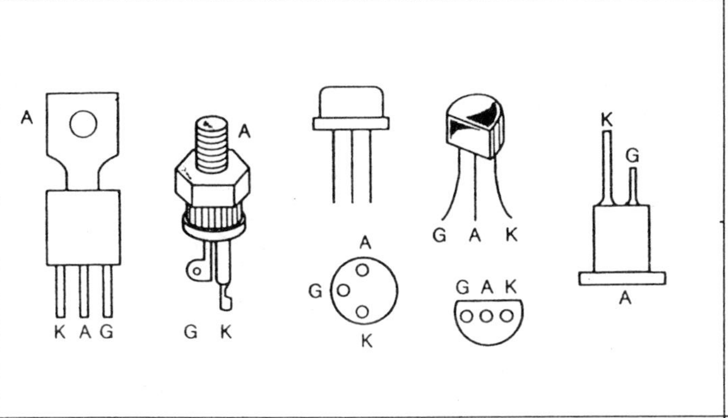

그림 5.21. SCR외형

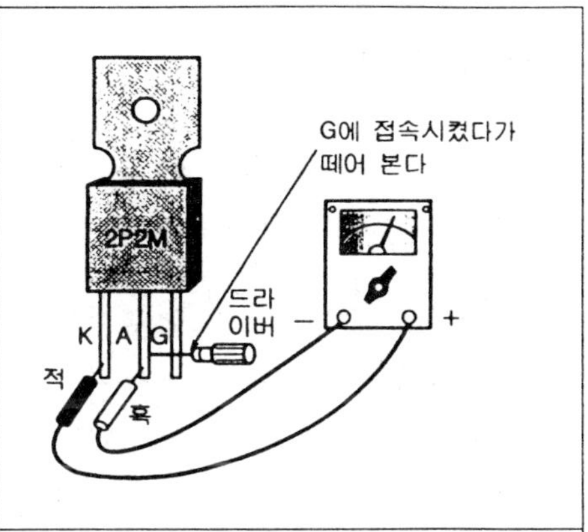

그림 5.22. SCR도통시험

5. 전력제어소자

1. SCR(Silicon Controlled Rectifier)

SCR은 PNPN의 4층 구조에 캐소드(K) 옆의 P층에 제어용 전극 으로 게이트(G)를 접속하는 정류 소자로서, 게이트에 작은 전류를 흘리며 애노드 (A)와 캐소드간이 도통(ON)하여 큰 애노드 전류를 흐리게 하는 단일 방향의 2안정 반도체 소자이다.

SCR의 동작

1) SCR은 게이트전압(V_{GK})에 의해 한번 도통되면, 애노드전압(V_{AK})가 걸려 있는 한 애노드 전류 I_A는 계속 유지되며, 이때 게이트 전압을 0(V)으로 하거나 역방향으로 하여도 애노드 캐소드간은 차단되지 않는다.
2) 따라서 애노드 캐소드간의 전류를 차단하려면 V_{AK}를 0(V)로 하거나 역방향 전압을 공급해야 한다.

SCR의 극성판별

1) 회로 시험기를 R×1의 레인지로 하고 각 단자간의 순방향 저항값을 측정해보면 도통되는 단자가 있는데 이것이 캐소드(K)와 게이트(G)이다.
2) 위의 도통 상태에서 흑색 리드봉이 닿은 전극이 게이트이고, 적색 리드봉이 닿아 있는 전극이 캐소드이며 남는 전극이 애노드(A)이다.
3) R×1의 레인지로 K에 적색 리드봉을, A에 흑색 리드봉을 대고 에노드(A)와 게이트(G)를 순간적으로 단락 시켰다고 떼면 캐소드(K)와 에노드(A)간의 도통이 유지되

어야 한다. 즉 게이트(G)에 (+)의 펄스를 순간적으로 공급하면 순방향 다이오드로 작용한다.

4) 만약 게이트에 트리거 시켜도(A와 G의 순간 단락) A와 K간이 비도통 상태이면 SCR은 불량이다.

2. 트라이액(TRIAC)

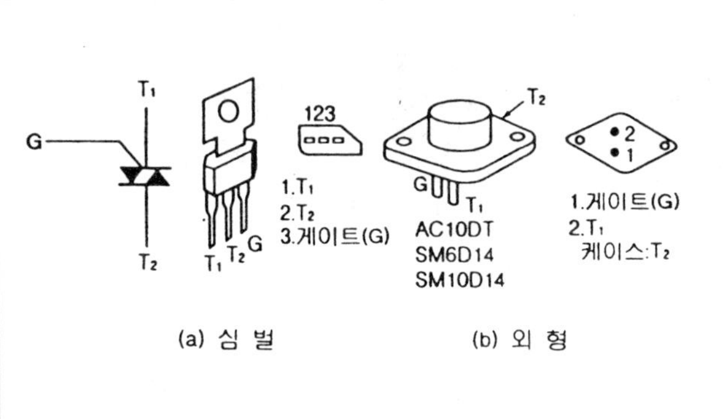

그림 5.23. TRIAC심볼외형

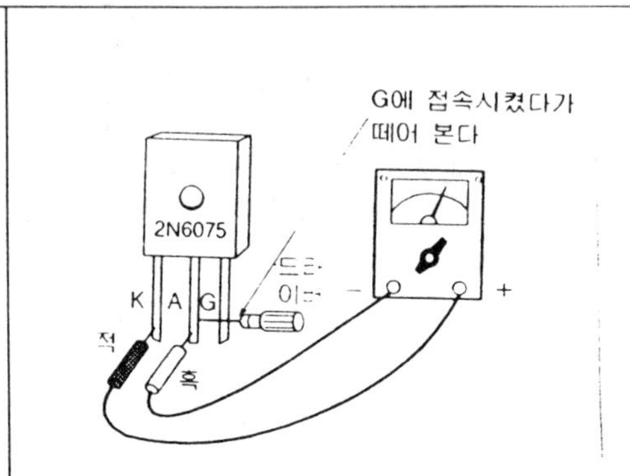

그림 5.24. TRIAC도통시험

SCR은 한쪽 방향으로만 도통하나, 트라이액은 쌍방향성 소자이므로 교류의 전파 제어가 가능하여 교류 전력의 위상 제어나 직권 전동기의 정역전제어 등에 사용된다.

1) 트라이액의 구조와 특성
트라이액은 주 전극 T_1과 T_2 사이의 영역에 두 개의 PNPN 스위치가 서로 반대 방향으로 배치되어 있어 마치 SCR을 역병렬로 접속한 것과 같은 특성을 나타내며, 게이트와 T_1,T_2 사이에서 어느 방향으로 작은 전류를 흘려도 트리거 된다.

2) 트라이액의 접속
트라이액은 T_1,T_2 양 단자의 어느 쪽을(+), 또는(−)로 하여도, 게이트를 (+)로 또는 (−)로 하여도 도통시킬 수 있다. 그러나 전원의 접속 극성에 따라서 게이트 감도가 달라 SCR 사용과 같은 접속으로 T_1에 대해서(+)로 했을 때가 가장 감도가 좋다. 가장감도가 나쁜접속은 T_2를(−), T_1을(+), G를 T_1에 대해서(+)로 했을 때이다.

3. 다이액(DIAC)

다이액은 3층반도체 구조의 쌍방향성 다이오드이다. T_1,T_2 양단에 걸리는 전압 이 V_{VO}(브레이크 오버전압)를 넘으면 도통하기 시작하여 전류가 증가하고 전압이 감소한다. 이것은 부성 저항 특성을 나타내는 것으로 이 양쪽 특성에 대해서 콘덴서의 충전 전하를 방전시킬 때 다이액을 통해서 흐르는 전류는 펄스상태 임으로 SCR이나 트리이액의 트리거용으로 사용된다.

6. 기타 반도체소자

1. 포토트랜지스터 (Photo Transistor)

빛에 의하여 트랜지스터의 컬렉터 전류가 제어되는 광 트랜지스터로서 NPN 또는 PNP접합으로 구성되어 있으며 상단에 빛을 투과시키는 투명한 창이 있다.
소자에 따라서는 바이어스를 공급하는 베이스핀이 나와 있는 것도 있으며, 소자 자체의 구성이 다이오드로 된 포토 다이오드도 있으나 감도가 낮다.

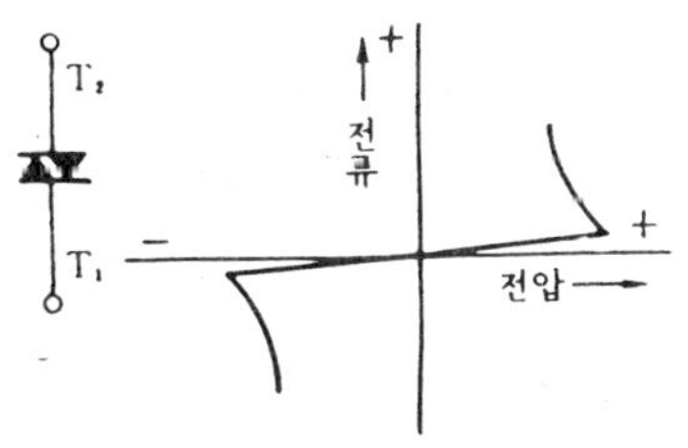

그림 5.25 DIAC

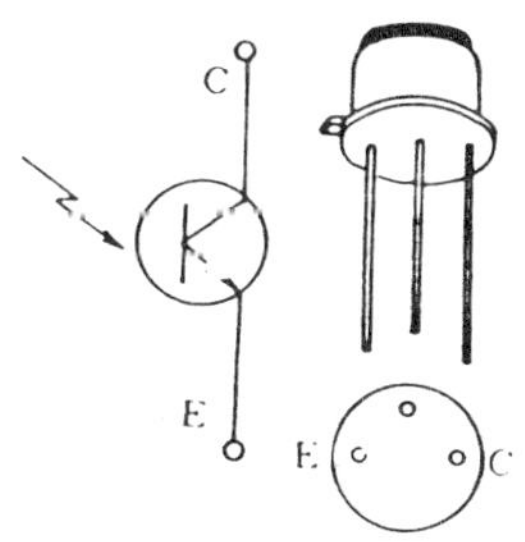

그림 5.26. photo-TR

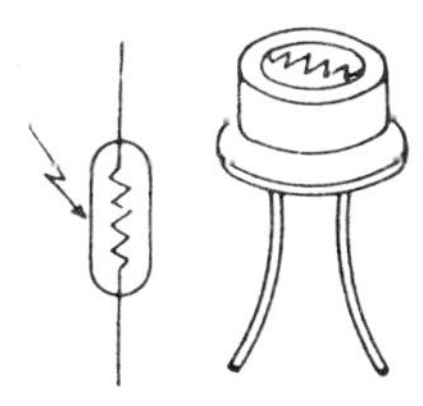

그림 5.27. Cds

포토트랜지스터의 시험
회로시험기를 R×1의 레인지로 하여 흑색 리이드봉을 컬렉터에, 적색 리드봉을 이미터에 대고 소자 상단의 창을 가리거나 빛을 비추면 지침이 움직인다.

2. Cds(광전도소자)

카드뮴(Cd)과 유황(S)을 화합하여 만들고 빛에 의하여 그 저항값이 변화(밝을때감소)되도록 하여 빛을 검출하는 등에 이용하는 소자이다.
테스터를 저항계로 하여 CdS소자의 양단에 대고 빛을 가리우면 저항값이 증가한다.

3.. 더미스터(thermistor)

온도변화에 따라 저항값이 변하는 검온 반도체소자.
온도검출 및 보상, 자동이득 조절회로에 사용한다.

4. 배리스터(Varistor)

전압에 의하여 저항값이 변하는 가변저항(variable resistor)특성을 갖도록 탄화규소에 탄소, 황토등을 혼합하여 소결한 구조의 반도체소자이다.
이상전압보호, 온도보상회로등에 사용한다.

5. VRD(Voltage Regulator Diode)

대칭제너다이오드, 제너다이오드를 서로 역방향으로 연결하여 급속히 변화하는 전기신호나 이상전압을 흡수한다.

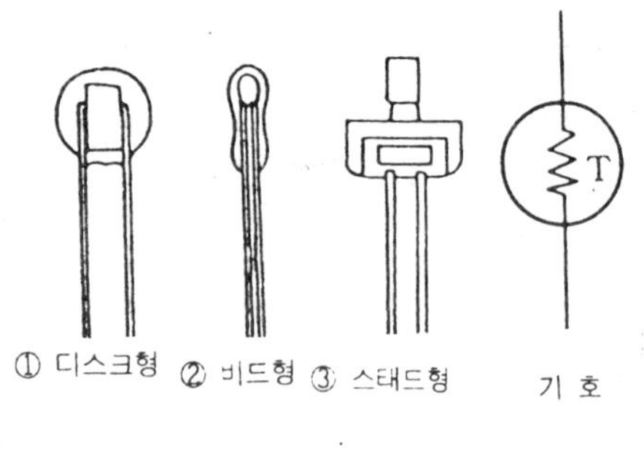	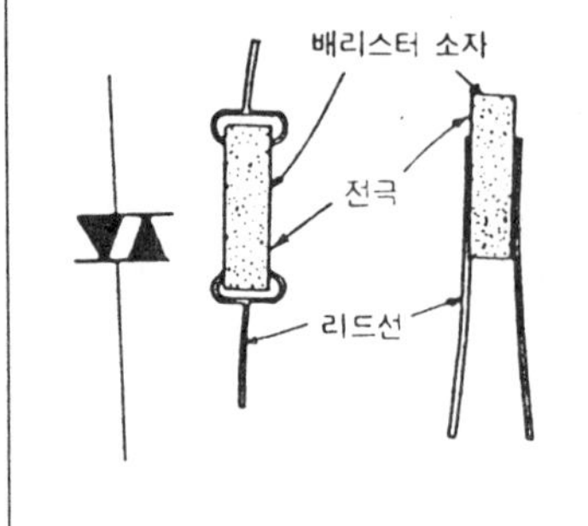	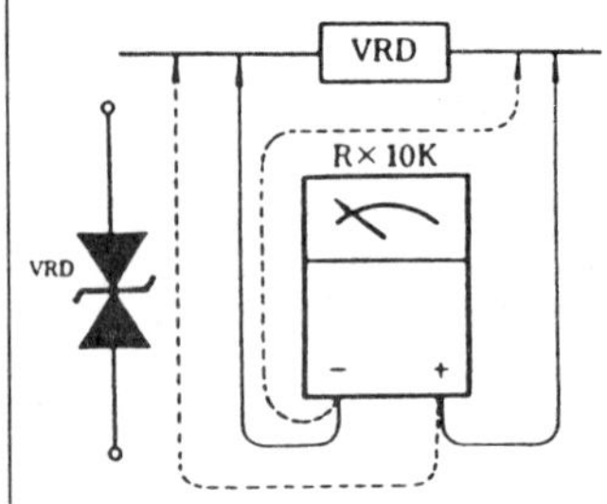
그림 5.28. 더미스터	그림 5. 29. 배리스터	그림 5.30. VRD

그림 5.31. PhotoTR

Themister Cds

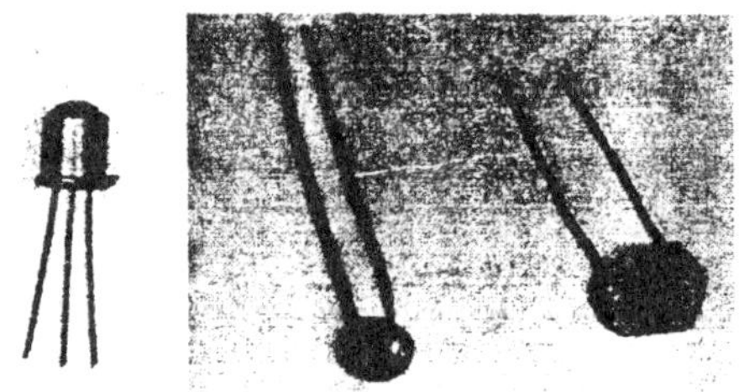

참고사진(수정발진기)

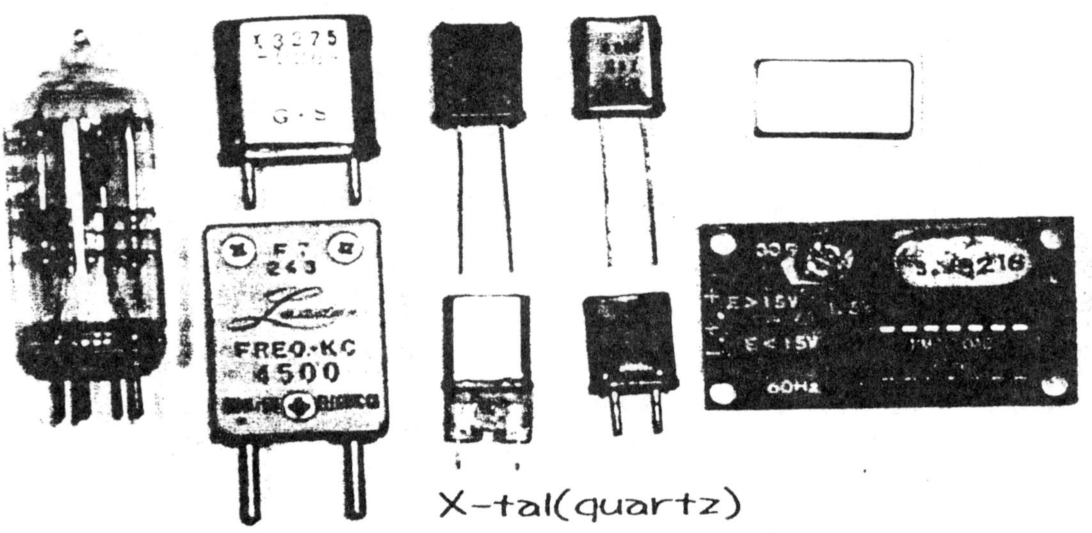

그림 5.32. *x-tal(quartz)*

1-6 실기작업

1. 실기작업공구

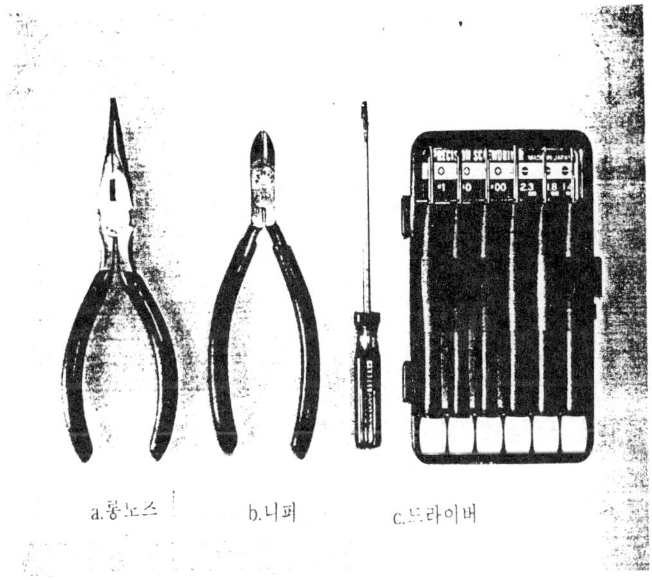

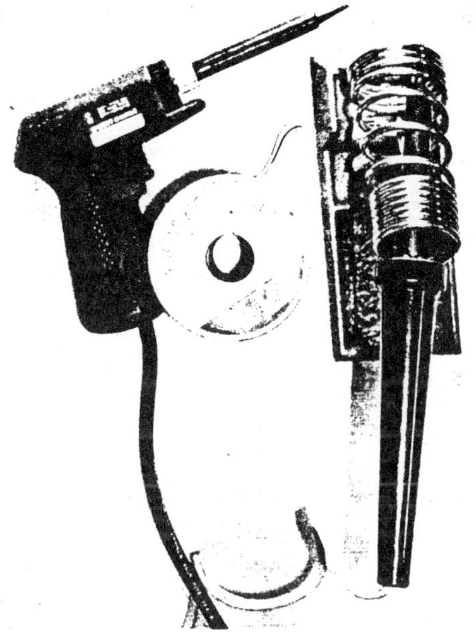

전자기기조립 지참공구					
일련번호	지참 공구명	규 격	단위	수량	비고
1	니 퍼	100mm	개	1	
2	롱로우스 플라이어	〃	〃	1	
3	전기인두 및 받침대	AC30W .	〃	각 1	
4	회로 시험기	V.O.M	〃	1	
5	리 머	∅3-12mm	〃	1	
6	송곳(삼각)	150mm	〃	1	
7	드라이버(+,-)	중,소	〃	각1	
8	자	30cm	〃	1	
9	전자 모형자	전자 심벌 각종	〃	1	
10	볼 펜	흑(적, 청)색	〃	1	
기타					

1. 니퍼(nipper)

   배선과 부품의 리드선 절단하거나 절연 피복을 벗기는 데 사용한다.

2. 롱노우즈플라이어(long-nose plier)

전선, 리드선을 굽히고, 소형 너트를 조이고 배선의 피복을 벗긴다.

3. 드라이버(screw-driver ⊕⊖)

   볼트를 회전시켜 너트를 조이거나 여는데 사용한다.

4. 납땜인두(soldering iron)

   납땜 작업용, 20(W) -150(W) 등의 고정, 가변형과 절연, 전열용량, 팁 모양을 적당히 선택한다.

5. 조정봉(adjust-driver)

   IFT, OSC coil코어, 공진회로 등 고주파회로 조정, 보통(-)형과 육각형이 있다.

2. 실기조립

전자 정보 실기회로 제작작업은 반도체소자(트랜지스터나 IC 등)를 사용하는 작품으로 배선조립 상태는 소형이고 견고하며 회로동작 특성 등을 해치지 않아야 하며, 회로에 따라 특별한 주의가 필요하다. 회로의 배선조립 동작과 측정은 과제에 맞도록 작업하여 요구하는 결과를 얻도록 한다.

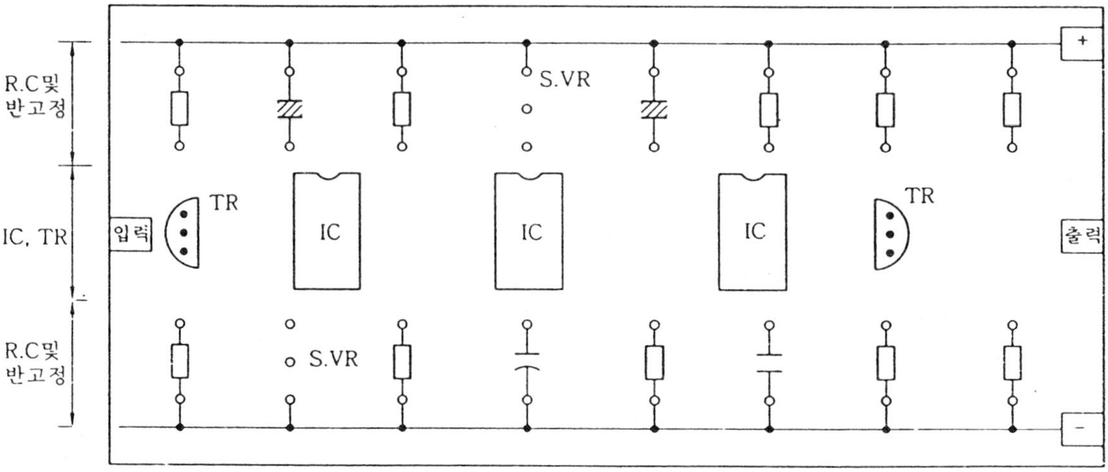

1. 부품배치

① 지급재료점검; 주어진 회로의 동작 및 요구사항 등을 생각하며 부품의 양부 및 수량 등을 실기작업 시작전 확인하고 부족시 확보한다.

② 기판과 회로를 비교하여 이상적인 배치를 구상한다.
방안지에 실물크기의 부품배치와 동박(패턴)의 연결을 구상한다.

③ 입력측과 출력측의 간섭이 없도록 부품을 안배하여 배로도가 같은 배치가 되도록 하면 작업 후에 회로의 점검이나 조정 및 측정시에 편리선의 교차가 없도록 하고 기판 전체에 균형과 안정감이 있도록 직각 평행으로 배치한다.

④ VR(볼륨)이나 푸시버튼 스위치(PB switch)등의 부착시, 기판을 가공해야 할 경우에는 가공될 면적을 고려하여 배치하고 외부 단자는 기판의 가장자리에 오도록 한다.

⑤ IC나 수정편(28p참조)등은 소켓 사용시에는 크기와 면적을 고려하여 배치한다.

⑥ 외부 단자의 지정이 있을 때에는 (IC기판의 커넥터 단자와+ · − 및 입·출력 단자 등)반드시 지정된 규정에 맞도록 배치해야 한다.

⑦ 연결배선 터미널 동축케이블 콘넥터 등은 접속을 견고하게 한다.

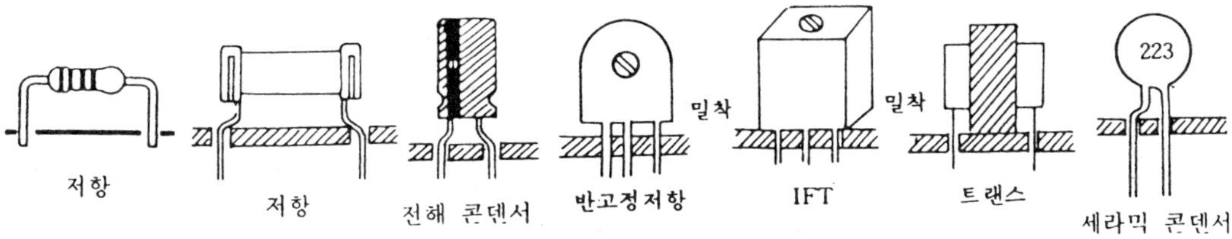

2. 부품의 리드선 구부리기와 실장

① 고정저항 등은 리드선의 시작 부분에서 1.5(mm) 이상 떨어진 곳을 적당한 곡선 반경을 두고 구부리며, 양쪽 리드선을 부품에 대해서 평행 직각이 되게 하여 PCB(만능기판)구멍에 맞춰서 구부린다.

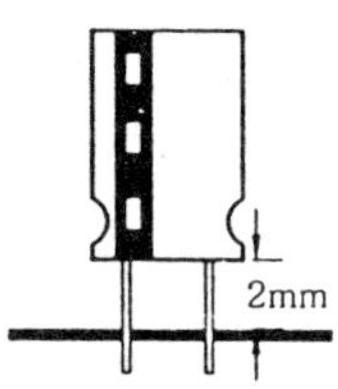

(c) 전해 콘덴서

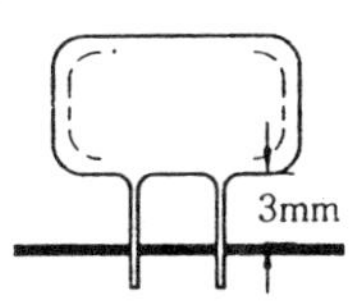

(d) 마일러 콘덴서

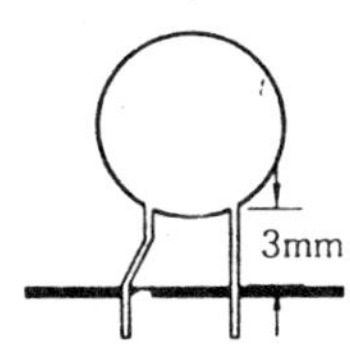

(e) 세라믹 콘덴서

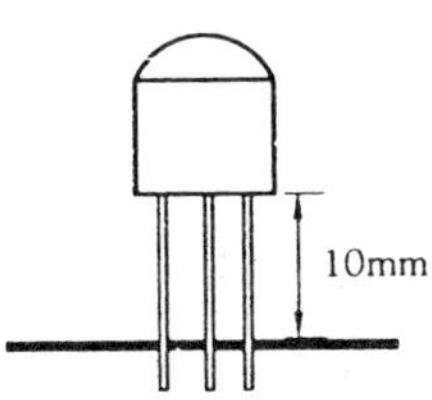

(f) 트랜지스터

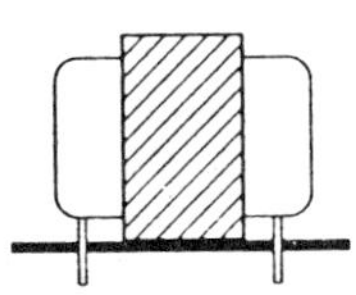

(g) 출력 트랜스

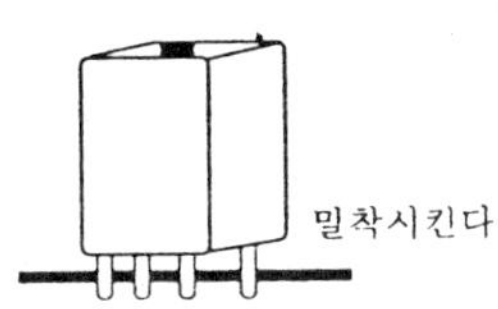

(h) 중간주파 트랜스 및 OSC

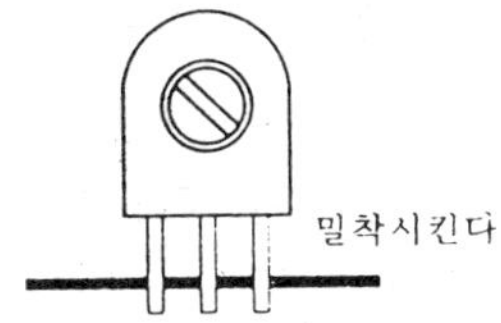

(i) 반고정 저항

② 반도체소자 등 열에 약한 부품이나 권선저항 등 부품 본체의 과열로 기판의 손상 등이 우려되는 경우에는 구부려서 실장하면 좋다.

③ 솔리드 저항이나 다이오드와 같이 양측 리드선을 직각으로 굽혀 사용하는 부품이나 전해콘덴서와 같이 동일 방향으로 리드선이 나와있는 부품은 여유 있게 실장 한다.

④ 부품의 실장방향은 지정된 프린트 기판의 기준 방향에 따라 표시를 읽을 수 있도록 수평 또는 수직으로 질서있게 실장한다. 이때 다이오드나 콘덴서 등의 극성에 주의해야 한다.

⑤ 도면의 동작 특성이나 지시사항 등에서 부품의 발열 등을 고려하여, 기판과 부품 또

는 부품 상호간의 간격을 떼어서 실장하는 경우의 간격은 3~5(mm) 정도가 적당하다.

⑥ 실장후의 리드선 구부림은 그 구멍에서 회로의 방향으로 하며, 너무 세게 구부려서 부품과 프린트 기판에 장력이 걸려 부품이 파손되지 않도록 한다.

⑦ 실장된 리드선의 끝은 니퍼를 사용하여 중심에서 2~3(mm)의 길이로 그림2.2(b) 와 같이 비스듬히(약45°)자른다.

⑧기판의 구멍 속에까지 동박이 입혀진 경우에는 리드선을 구부릴 필요가 없으나 납땜시 부품이 빠지거나 밀리지 않도록 주의해야 한다.

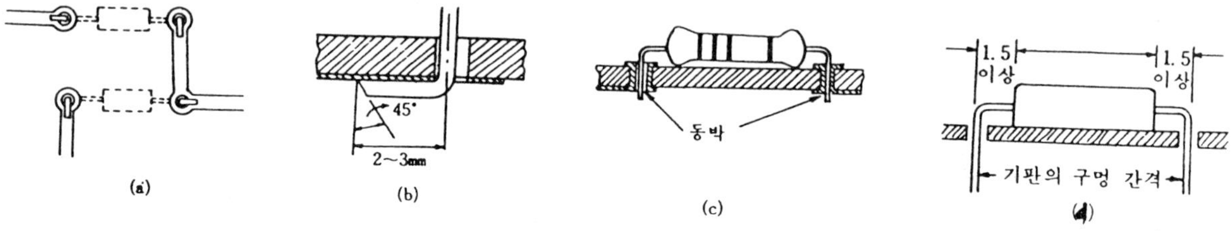

3. 배선작업

기판의 동박면에서 부품 상호간 또는 배선상호간 납땜으로 동시에 접속시킨다

배선의 굵기는 단선0.3~0.4mm를 사용한다.

배선은 최단거리가 되도록 하고, 동박면 중심에 밀착하고 직선으로 한다.

배선의 방향이 바뀌는 지점은 반드시 납땜한다.

3. 납땜작업

납땜(Solder brazing)이란 접합하여야 할 금속 사이에 녹은 납이 흘러 들어가 납과 금속의 합금을 만들어 접합시키는 것으로서, 전자 정보통신 등의 회로를 구성하는 많은 부품 및 배선의 접속기능을 실행하는 작업이다.

납땜이 불완전하면 회로의 확실한 동작을 기대할 수 없으며 접촉불량 등의 고장을 일으켜서 오동작과 수명을 단축시키는 요인이 된다. 납땜은 제작실기의 기본이므로 충분한 실습을 하여 올바른 납땜을 하도록 하여야 한다.

1. 땜납과 플럭스

① 땜납(solder):

주석(Sn)과 납(Pb)의 용점(녹는점)은 약 320(℃)와 230(℃)이나, 이들을 합금하여 그 배합비를 적절하게 하면 더욱 낮은 온도에서 녹는 성질이 있다. 일발 전기통신용 땜납은 녹는 온도와 납땜 경도 등을 고려하여 주석 60(%), 납 40(%)의 합금이 주로 쓰이고, 대개 200(℃) 이하에서 녹는다. 실제 납땜의 온도는 이보다 50(℃)정도 높은 약 250(℃)에서 1~5(초) 동안에 하는 것이 가장 좋다.

실납의 굵기는 프럭스가 들어있는 0.8~1mm가 좋다.

② 플럭스(flux):

전자 기기에는 송진이 들어 있는 실납이 많이 사용되며 직경 0.8~3.0(mm)의 굵기로 여러 종류가 있고 송진이나 활성화 수지로된 플럭스가 납속에 들어 있다. 플럭스는 모재의 표면에 붙어 있는 산화물 등을 제거하고 표면을 깨끗하게 함과 동시에 모재의 표면을 덮어 산화를 방지한다. 또 납의 표면 장력을 낮추어 납이 퍼지기 쉽게 하고 모재와 납이 잘 융합되도록 한다. 즉 납땜을 할 때 납보다 플럭스가 먼저 흐르고 그 위로 납이 충분히 퍼져 완전한 합금층을 만들 수 있게 되는 것이다. 플럭스는 이와 같은 작용이 약 70(℃)~270(℃) 정도에서 이루어지며 납이 녹아 퍼진 후 수지화하여 부착된다.

좋은 플럭스는 납의 퍼짐이 좋고, 녹이나 부식이 발생하지 않으며, 절연 저항이 높고, 수분을 흡수하지 않으며 유독가스가 발생되지 않아야 한다.

2. 납땜 인두(Soldeing Iron)

① 납땜 인두 : 인두는 납땜할 부분을 납이 녹는 온도까지 가열하는 공구로서 이용 목적에 따라 소비 전력과 팁(tip)의 크기를 선별하여 사용한다. 보통 전자기기의 조립 수리에는 30~40(W), 직경 4~5(mm)정도의 것으로 팁의 길이를 조정할 수 있는 것이 좋으며 납땜할 모재의 면적보다 인두 끝(팁)의 면적이 크지 않은 것이 좋다.

② 인두 끝의 적정 온도 : 인두 끝의 온도는 너무 높으면 플럭스의 작용이 없어지며 프린트면의 패턴이 들뜨거나 파손되며, 온도가 너무 낮으면 작업능률이 저하하고 광택을 잃게 되고 냉납이 되어 각종 동작 불량의 원인이 된다. 적정 온도를 유지하기 위해서는 전원측에 온도 제어 장치를 부가하거나 인두 끝의 길이를 조절하는 등의 방법이 필요하다.

③ 인두 끝의 청소 : 인두 끝이 충분한 온도로 사용 상태에 도달하면 인두 끝의 더러움을 깨끗이 닦고 납을 약간 인두 끝에 묻혀(도금한다) 작업을 시작한다. 납땜이 1회 끝나면 다음 작업을 시작하기 전에 여분의 납을 털어 버리고, 물을 적신 면으로 팁을 닦어내어 청결상태를 유지하여 실습에 임한다.

3. 납땜 작업시의 주의사항

① 납땜 인두의 팁은 작업 시작 전에 견고하게 조여서 작업시 흔들리지 않게 한다.

② 납땜 인두로 모재(납땜할 동판 부위)를 세게 문지르거나 한곳에 너무 오래 대고 있으면 기판회로 패턴의 들뜸이나 휜반점(measling)의 원인이 된다.

③ 열에 약한 부품(트랜지스터나 IC등)의 납땜에는 롱노우즈 플라이어나 핀셋 등을 사용하여 방열(heat sink)한다.

④ MOS FET나 C-MOS IC등은 정전기에 약하므로 납땜시에는 접지가 있는 납땜 인두를 사용하는 것이 좋다.

⑤ 프린트기판 회로에 상처가 생기지 않도록 한다. 납땜 불량의 원인이 된다.

4. 납땜의 실제

납땜 인두와 납은 납땜하는 개소의 위치 및 부품의 실장 방향 등에 따라 다소 다르지만 어느 경우에는 안정된 상태로 인두 끝이 프린트 기판과 수평으로 닿을 수 있도록 하는 것이 좋다.

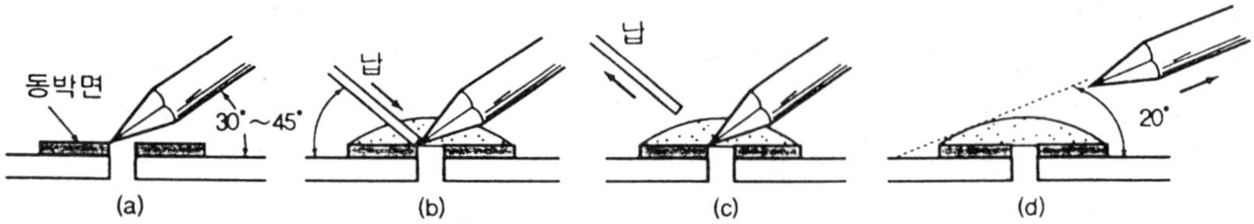

① 납땜작업의 공정

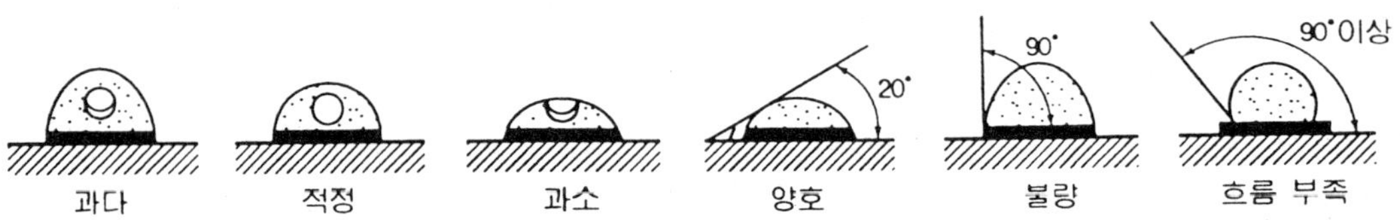

② 알맞은 납의 양과 납땜의 후의 경사각

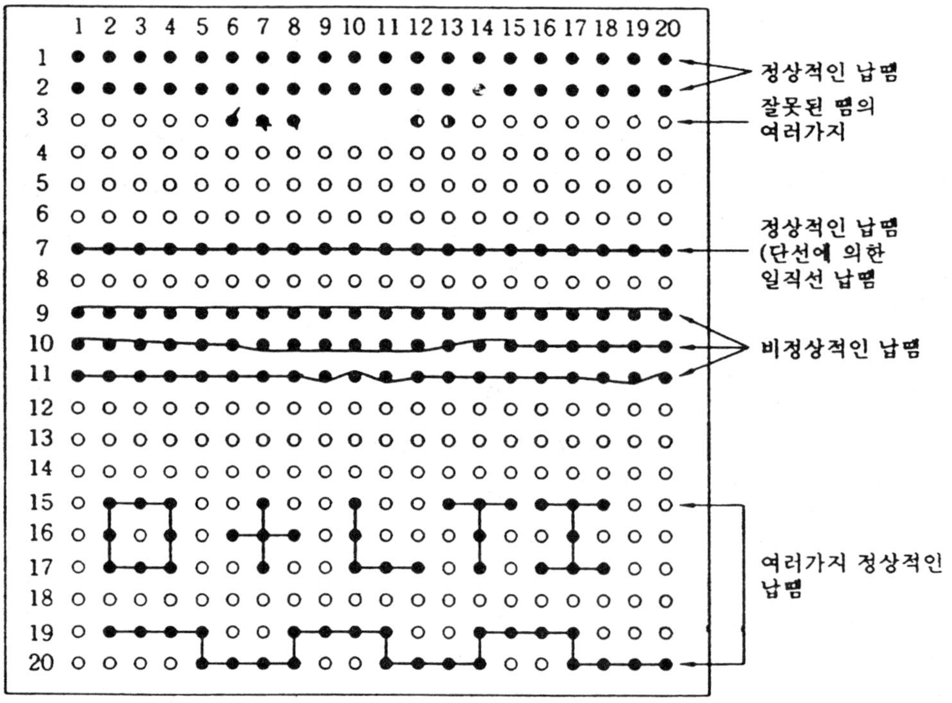

③ 배선납땜의 실제

④만능기판 부품배치 배선납땜 실예

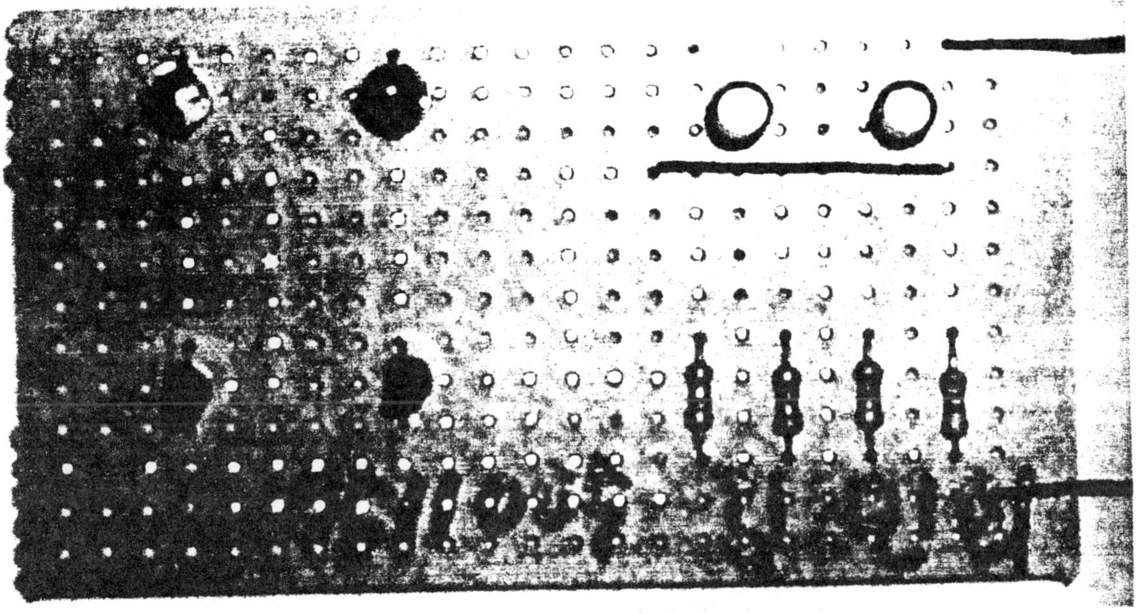

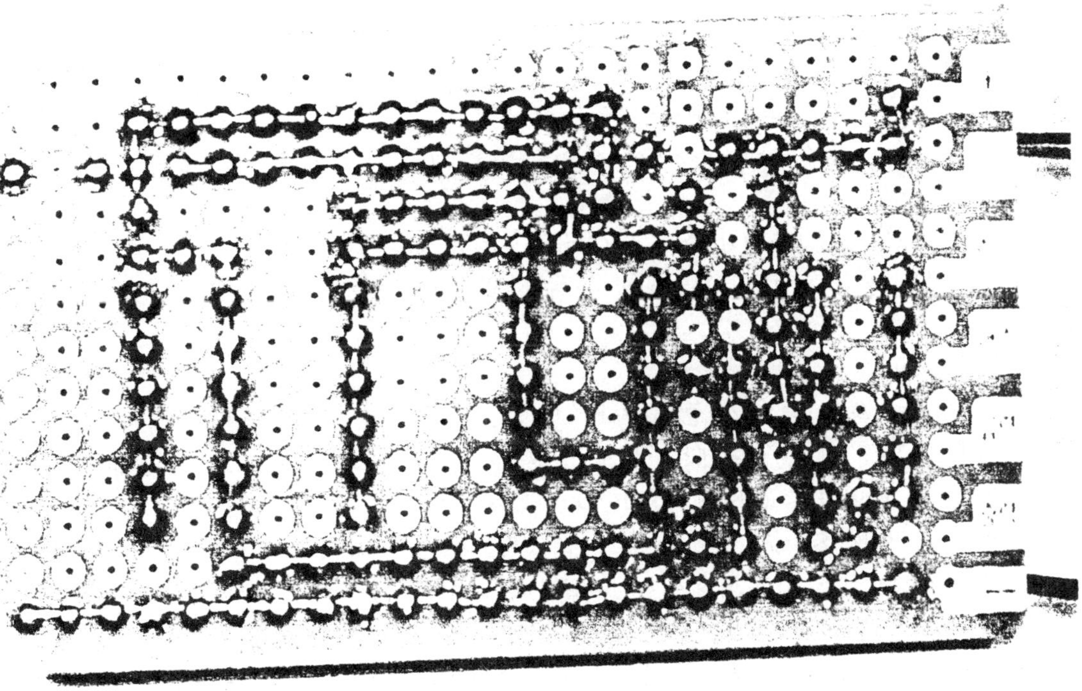

1-7 BREAD BOARD

1. 만능시험판(BREAD BOARD)

1. 장단점

장점: ①제작용이(시간단축) ②부품교체 간편 ③부품재활용 등

단점: ①접속불량 ②부피크다 ③외부영향 ④배선길다

2. 사용시 유의점

①BB의 pin접속 구조를 먼저 파악한다.(tester로 저항을 측정하여 단락파악)

②외부연결선은 터미널(단자)에 접속 되도록 한다.

③배선 및 터미널과 BB에 표시된 색상을 연계하여 사용한다.

(3색배선의 경우: 적색⇒ +, 청색,흑색⇒ −또는 접지, 백색⇒ 입출력 기타)

④파손주의:

접속구멍이 배선꺾거나 고열에 의해 변형되지 않도록 주의

굵은 배선 리드선 사용금지(내부 핀스프링이 약해져 접속불량됨)

3. 부품배치

①전체적인 균형 ②배선간편 간단 ③정상동작(잡음,방열,간섭에 주의)

④측정과 조정간편 ⑤접속견고

4. 배선연결

①회로결선시 색상연계

②적절한 외피의 길이(pinhole간격)와 심선의 길이(약8mm:닛퍼로 사선절단)

적당한 배선을 다량 미리 준비하여 사용하면 편리하다

③구김을 펴서 직각으로 구부린다(롱노즈사용)

④수직 수평(가로/세로)pin hole에 접속(사선은 피함), 부품밑이나 위로 지나가지 않도록 한다.

⑤전원 접속은 전용line을 사용 (B적:+ , A청:-,접지)

⑥예비배선을 준비하면 시간단축을 제작을 할수있다.

5. 제작실습

①TR등 능동소자와 부피가 큰것 부터 적당한 간격으로 우선 배치한다.

②TR FET UJT SCR 등은 다리(lead선)를 짜르지 않고 원형 대로 삽입한다.

③R(저항)은 lead선을 적당한 길이(pin hole사이 간격)로 직각으로 구부린뒤 (농노스 사용) 8mm사선으로 짤라서(닛퍼) 삽입한다.

④lead선이 pinhole 보다 굵을시는 lead선에 배선을 납땜하여 사용한다.(VR등)

납땜시 bread board에 납땜공구(인두)가 닿지 않도록 주의한다.

⑤bread board pinhole에 알맞은 굵기(0.65mm)의 배선심선과 부품의 lead선을 사용한다.

⑥1개의 pin hole line에는 1개의 배선이 지나도록한다.
⑦배선과 부품은 사선 또는 입체적인 배치가 되지 않도록 한다.
⑧저항 등을 세우지 말고 눕혀 배치하면 실험에 편리하다.

6. 제작전에 회로의 동작원리와 각소자의 작용을 파악할 필요가 있다.
(우수작품을 보고 연습하여 숙달 되도록 한다)

2. 만능시험판(BREAD BOARD)

브레드보드 전면

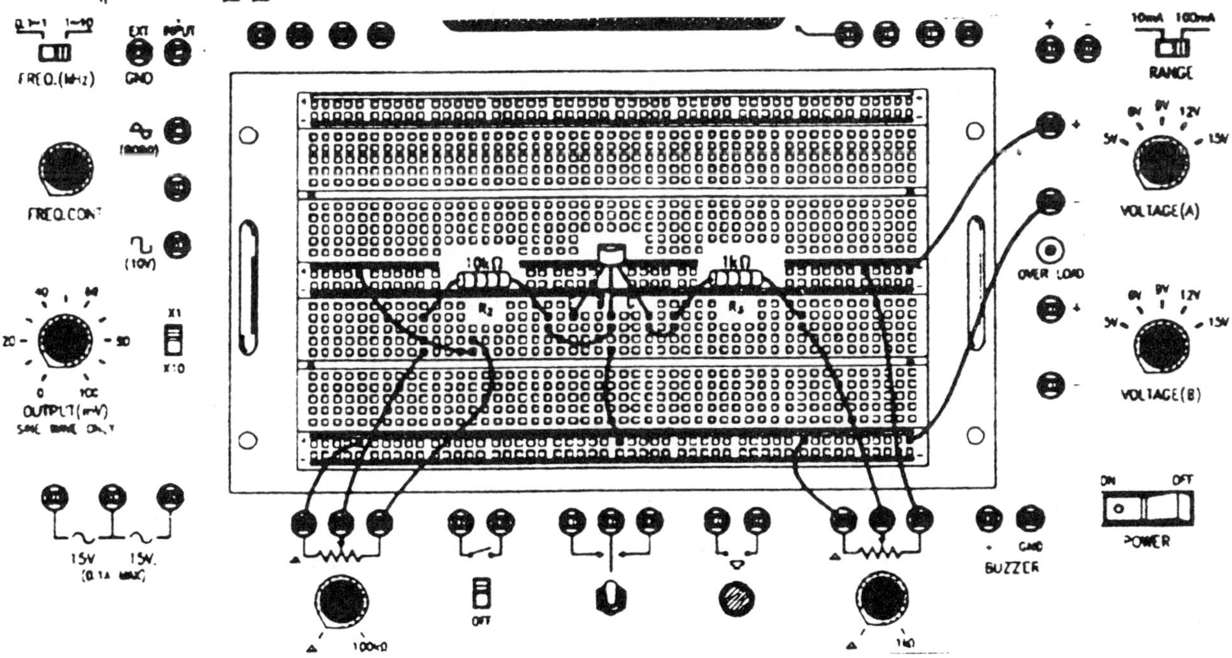

소켓스트립; 외부수직 5개의 구멍(pin-hole)이 각각 내부에서 연결되어있다.

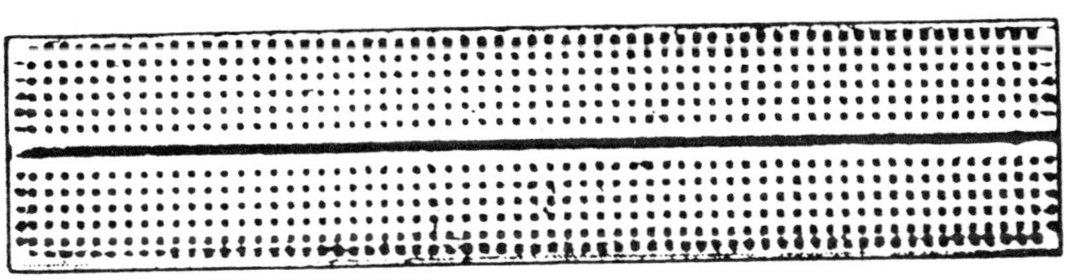

버스스트립; 전원 접지 신호연결용. 수평2선 구멍들이 내부에서 연결되어있다.

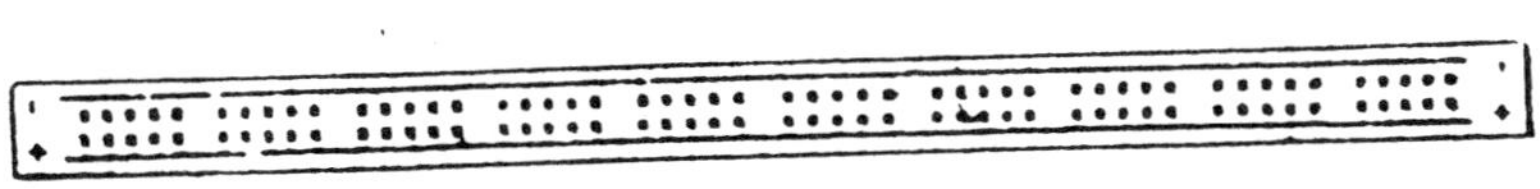

• 제 2장 •

측 정 기

2-1. 멀티테스터(HC260)

목 차

1. 계측기 사용 안전규칙

안전점검

- 측정하기 전에 레인지 스위치와 시험선이 측정기의 적정한 위치에 장착되어있는지를 재확인합시다.
- 스위치를 절환하거나 위치를 옮기고자 할 때는 반드시 먼저 피측정치에 연결되어 있는 전원을 꺼야 합니다.
- 저항 또는 전류 레인지에서 전압을 측정하지 마십시오.
- 휴-즈를 교체 할 때에는 반드시 규정품을 정확히 삽입하십시오.

촉수 접촉금지

- 비절연 노출된 전선 또는 통전중인 물체에 도체나 손으로 직접 접촉을 하지 마십시오.
- 의심스러우면 접촉을 하기 전에 전압 유무를 점검 하셔야 합니다.

고압주의

- 측정하기 전에 항상 피측정 개소의 고압 전원을 차단하십시오.
- 측정전 예상 고압 전압치를 알아 두셔야 합니다.
- 측정중 측정기나 시험선에 직접 촉수 하지 마십시오.
- 측정후 측정기를 분리할 때에 반드시 피측정 개소의 전원을 차단하십시오.

2. 제품의 특징

1. 90m/m(3½인치) 크기의 지침 반사경이 붙은 90° 원호의 눈금판을 갖은 본 제품은 측정시 목시오차를 최대로 줄여주며 눈금간의 간격이 크고 아울러 칼날 지침을 사용하여 최대 허용오차를 대폭적으로 줄이는 설계를 하였습니다.
2. UL-1244 및 VDE-0411의 규격에 준한 안전설계의 입력 소-켓과 시험봉 및 내충격성 플라스틱 제품으로 설계되었습니다.
3. 자동, 트랜지스터 극성 및 양 부 판정 장치가 있어서 트랜지스터의 극성 및 성능이 순간적이며 동시에 판정되어지며 기판회로내에 납땜된 트랜지스터의 극성 및 양부판정도 동시에 측정 가능합니다.
4. 메-타는 강력한 내자형 특수 가동부로써 홍창만이 사용하는 세계적 특허품으로 그 직선성이 1%미만이며 내충격성, 신뢰도가 매우 높은 것입니다.

5. BUZZER기능이 있어 도통 CHECK시 청각적 측정으로 신속한 판별이 동시에 가능합니다.

3. 각 부위별 명칭 설명

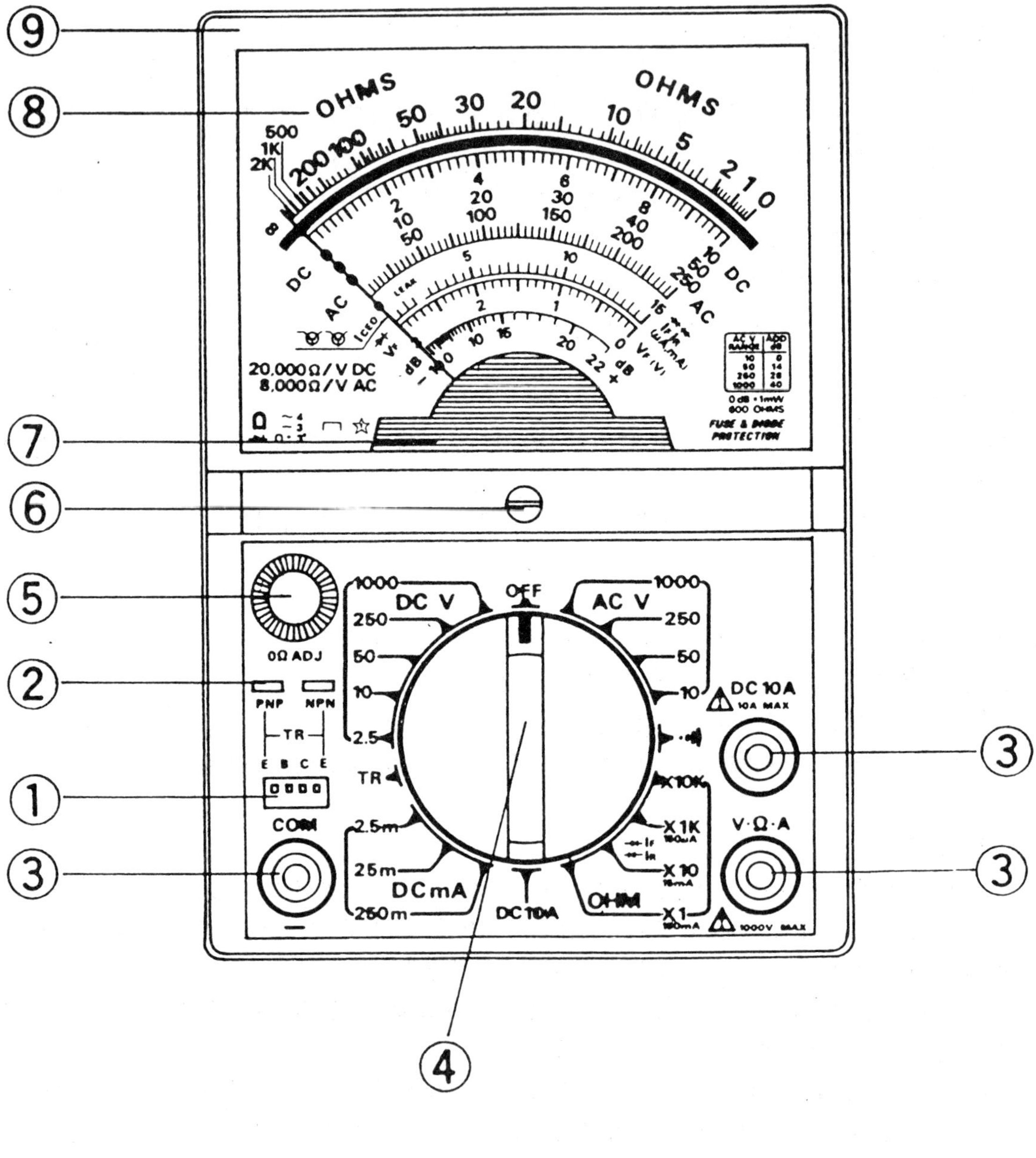

① 트랜지스터 검사 소켓 ;

트랜지스터 검사시 소켓에 표시된 각 극성간의 정확한 위치에 시험할 트랜지스터의 극성을 맞추어 삽입하십시오.

② **트랜지스터 판정 지시장치;**

적색 및 녹색 램프로 되어있어 적색이 켜지면 양품의 PNP극성의 트랜지스터이고 녹색이 켜지면 양품의 NPN극성의 트랜지스터입니다.

③ 입력 소켓;

입력 소켓은 안전장치로 되어 있어 시험봉의 플러그 삽입시 손에 접촉되지 않게 되어 있어 매우 안전합니다.

(이것은 UL1244 및 VDE0411의 규정에 준한 설계입니다.)

④ 레인지 선택 스위치;

명확한 레인지선택이 가능한 스위치 방식으로 20레인지의 선택이 가능합니다.

⑤ "0" 옴 조정기;

옴 메타로 사용시 지침이 옴눈금의 "0"점에 정확히 오도록 조정해야 합니다.

⑥ 지침 "0"점 주정기;

측정전, 반드시 지침이 왼쪽 "0"점에 있는지 확인하시고 필요시 조정하십시오.

⑦ 내자형 가동코일형 메타;

고감도, 고 직선성 및 1%미만의 정밀도로 세계 특허품입니다.

특허번호 ; 대한민국 9546　　미 국 4139821　　프랑스 7709462

서 독 7709878　　일 본 1063542　　자유중국 11114

⑧ 눈금판;

약 90m/m(3 ½인치) 90° 원호 및 칼날 지침의 눈금판은 판독하기가 쉬우며 눈금간의 간격이 넓어 정밀측정이 가능합니다.

⑨ 케이스;

고 내충격성 프라스틱사용.

4. 전기적 규격

직류전압

레인지 ; 2.5, 10, 50, 250, 1000V

감도　; 20,000옴/볼-트

정밀도 ; 최대 눈금치수의 ±3 %.

교류전압

레인지 ; 10, 50, 250, 1000V

감도　; 8,000옴/볼-트

지시치 ; 전파정류 평균치 감응치를 정현파 실효치로 교정된 지시치

주파수 감응 ; 정격 정밀도는 50V까지는 10KHz

정격 정밀도는 240V까지는 20KHz

정밀도 : 최대 눈금치수의 ±4 %.

직류전류

레인지 ; 2.5, 25, 250mA, 10A,

※ 10A 측정소켓은 별도 전용소켓으로 사용됨.

전압강하 ; 0.25V

정밀도 ; 최대 눈금치의 ±3 %

저 항 ;

R × 1 0 ~ 2000옴 (20옴 중앙눈금)

R ×10 0 ~ 20,000옴 (200옴 중앙눈금)

R ×1K 0 ~ 2메가옴 (20K옴 중앙눈금)

R ×10K 0 ~ 20메가옴 (200K옴 중앙눈금)

정밀도 ; ±3 ° Arc

단락전류 및 개방전압 ;	R × 1,	150mA, 3V
(정상 전지 일 경우)	R × 10,	15mA, 3V
	R ×1K,	150μA, 3V
	R ×10K,	60μA,12V

데 시 벨;

-10 dB ~ +22 dB(AC 10V레인지)

+ 4 dB ~ +36 dB(AC 50V레인지)

+18 dB ~ +50 dB(AC 250V레인지)

+30 dB ~ +62 dB(AC 1000V레인지)

O dB ; 600Ω 1㎽기준

사용전지;

1.5V×2개, 9V×1개

과부하보호회로;

메타보호용 다이오드 2개

휴즈 0.5A/250V 1개

사용온도 ;

정격정밀도 유지 ; 23℃±5℃

0℃~18℃ 28℃~50℃ 범위에서 4% 오차가 부가될 수 있음.

크 기 ;

102m/m × 150m/m × 45m/m. 370g

5. 제품 사용방법

작동설명

주의 ; 고압측정시 계측기 사용안전 규칙을 준수하십시오.

주의 ; 측정하기 전에 계측기의 지침이 "0"점에 있는지 확인하십시오.

주의 ; 측정하기 전에 레인지 선택스위치와 시험봉이 적정위치에 있는지 확인하십시오.

주의 ; 측정위치를 모르면 제일높은 레인지에서 부터 선택하여 주십시오.

주의 ; 측정이 끝나면 피측정체의 전원을 끄고 반드시 레인지 선택스위치를 OFF에 두십시오.

직류전압측정

① 흑색 시험선을 -COM에 ; 적색 시험선을 V.Ω.A에 삽입하십시오.
② 피측정 개소에 시험봉의 탐침을 접촉, 연결하십시오.
③ 피측성지에 전원을 넣으십시오.
④ 이때 지침이 눈금판의 0점 이하로 가면 피측정 개소의 전원을 꺼버린 다음에 시험봉의 탐침을 바꾸어 접촉하십시오.
눈금판의 흑색 직류 전용 눈금선에서 지시치를 읽으십시오.
⑤ 10, 50, 250의 레인지 선택에서는 눈금판의 해당 눈금을 직접 읽으시고 2.5는 250 눈금선에 100으로 나누고 1000에서는 10눈금선에 100을 곱하여 주십시오.

교류전압측정

참고 ; 본 제품은 교류 레인지에서 직류 분이 유입될 수 있으니 순수 교류분 인지를 확인하기 위해서 입력단자와 시험선 간에 용량기를 삽입시켜 직류분을 배제하므로 써 순수 교류분의 유무를 확인할 수 있습니다.

① 측정순서는 직류와 동일합니다.
② 지시치를 판독할 때는 AC전용 눈금선에서 지시치를 읽으십시오.
③ 피측정 개소에 시험봉의 탐침을 접촉, 연결하십시오.
④ 피측정치에 전원을 넣으십시오.
⑤ 눈금판의 적색 교류 전용 눈금선에서 지시치를 읽으십시오.

데시벨 측정

참고 ; 교류전압 측정 레인지에서 전력손실 및 이득분을 측정할 수 있습니다.
데시벨은

$$dB = 10\log\frac{power_1}{power_2} \quad \text{또는} \quad 20\log\frac{E_1}{E_2} \quad (R1 = R2\text{일때})$$

본 측정기는 1㎽ 600Ω에서 0dB로 교정되어 있어서

$$20\log\frac{E_{1(\text{지시치})}}{0.774V}\,dB$$

600Ω에서 측정되는 E1 전압을 각 교류전압 레인지에서 읽으면 눈금판에 교정된 dB지시치를 직접 측정할 수 있습니다.
이 dB눈금선은 교류10V에서만 직접 측정할 수가 있고 타 교류 레인지에서는 아래표를 이용하여 지시치에서 더하여 주십시오.

(DB 눈금보는표)

10V	눈금판에서 직접읽음
50V	+14dB
250V	+28dB
1000V	+40dB

저항 측정

① 레인지 선택 스위치를 저항 측정 레인지에 두십시오.
② 흑색 시험선을 -COM 소켓에, 적색 시험선을 V.Ω. A 소켓에 삽입하십시오.
③ 시험선의 탐침을 상호 접속시켜 지침이 저항 눈금선의 0에 정확히 오도록 "0"옴 조정기를 조정하십시오.

참고 ; 조정기를 시계 방향으로 돌려도 "0"눈금에 오지 않으면 옴메타용 전지수명이 다된 것이므로 ×1, ×10, ×1K에서는 1.5V, ×10K에서는 9V 건전지를 교체하십시오.

주의; 피측정체 또는 어떠한 전원에도 저항측정을 하시면 안되며, 측정기에 전원을 넣지 마시오.

④ 피측정 저항치를 시험선에 접촉, 접속시켜 저항치를 읽으십시오, 이때 선택된 저항 레인지에 표기된 수치만큼 지시치에 곱하십시오.

직류전류측정

주의 ; 절대로 시험선을 전원 또는 전압이 있는 피측정 체에 연결하지 마시고 반드시 직렬 연결로 하여 사용하십시오.

① 흑색 시험선을 -COM에, 적색 시험선을 V.Ω.A에 연결하십시오.
② 레인지 선택 스위치를 전류 레인지에 두십시오.
③ 피측정개소의 전원을 차단하시고 측정기와 직렬로 연결하십시오.

DC 10A측정

① 흑색시험선을 -COM에, 적색시험선을 DC 10A에로 옮겨 삽입하십시오.
② 레인지 선택 스위치를 10A에 두십시오.
이하 직류 전류 측정 방식에 따라 행하십시오.

트랜지스터 양, 부 판정 및 극성 측정

① 레인지 선택 스위치를 TR에 두십시오.

② 시험할 트랜지스터를 TR SOCKET의 에밋터(E), 베이스(B), 콜렉터(C)의 극성에 맞추어 삽입하십시오.

③ LED가 작동되기 시작하면 아래사항을 보시고 판독하십시오.
적색 등이 켜지면 양품의 PNP 트랜지스터이고
녹색 등이 켜지면 양품의 NPN 트랜지스터이고
적, 녹색 등이 점멸되면 측정 트랜지스터가 개방된 불량
적록색 등이 꺼진 상태면 측정 트랜지스터가 단락된 불량입니다.

DIODE 및 LED 측정

① 흑색시험선을 COM 소켓에, 적색시험선을 V.Ω.A 소켓에 삽입하십시오.

② 레인지 선택 스윗치를 옴레인지의 ×IK (0~150μA)또는 ×10(0~15mA)에 놓으십시오.

③ 흑색시험선의 탐침을 다이오드의 +에, 적색시험선의 탐침을 다이오드의 -에 접속시켜 다이오드의 순방향 진류(IF)를 I_F, I_R 눈금판에 판독하십시오.

④ 적색 시험선의 탐침을 다이오드의 +에 흑색 시험선의 탐침을 다이오드의 -에 접속시켜 다이오드의 역방향전류(IR)를 I_F, I_R 눈금판에 판독하십시오.
참고; 지침이 왼쪽 0점에 가까우면 양품입니다.

⑤ 순방향전류(IF)판독 시에 눈금판의 VF눈금을 동시에 판독하시면 바로 시험 다이오드의 순방향 전압을 알 수 있습니다.

참고; 일반적으로 게르마늄 다이오드는 0.1~0.2V, 실리콘 다이오드는 0.5~0.8V를 지시합니다.

트랜지스터의 누설전류 측정

① 레인지선택 스위치를, 중소형 트랜지스터일 경우 저항레인지의 ×10Ω에, 대형인 것은 ×1Ω 두십시오.

② 시험할 트랜지스터가 NPN인 경우 -COM의 시험선에 콜렉터, V.Ω.A의 시험선에 에미터를 연결하십시오. PNP일 경우, -COM에 에미터, V.Ω.A에 콜렉터를 연결하십시오.

③ 눈금판의 I_{CEO} 눈금선에 지침이 오면 실리콘 트랜지스터인 경우 양품입니다.

④ 겔르마늄(Ge)트랜지스터는 소형인 경우 0.1~2mA 대형은 1~5mA의 누설전류를 지시합니다.

정 비

전지 및 휴-즈 교체를 위해 하부 케이스에 있는 2개의 나사를 풀고 메타 뒷면에 고정되어 있는 전지상자 및 휴즈 접속구에서 간단히 분리 교체 할 수 있습니다. 특히 전지 교체 시에는 전지상자에 표시된 극성에 맞추어 삽입하시고 휴-즈는 반드시 정격을 사용하십시오.

6. 회로도

HC-2601R SCHEMATIC DIAGRAM

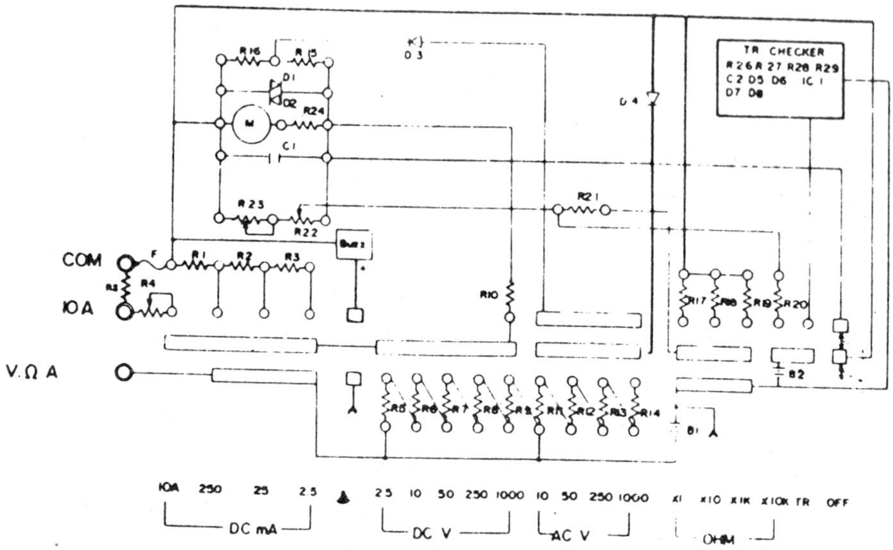

R5	Mn SHUNT Ø 1 6		
R1	0 98	D7 - D8	1N 4148
R2	9	B1	1.5V AA×2
R3	92	B2	9V
		F	0.5A 250V
R5	45K		
R6	150K		
R7	800K		
R8	4M		
R9	15M		
R10	3.24K		
R11	62K		
R12	268K		
R13	1 35 M		
R14	5.04M		
R15	3.71 K		
R16	11.3K		
R17	19		
R18	201		
R19	33.8K		
R20	196 4 K		
R21	45K		
R22	10K VR		
R23	30K SEMI		
R24	200		
R26	4.7K		
R27	220		
R28	270		
R29	330		
R4	5K SEMI		
IC 1	4011		
C1	22μF 10V		
D1,D2	1N 4148		
D3,D4	1N 60		
D5	KLR 208		
D6	KLG 208		
R30	1M		

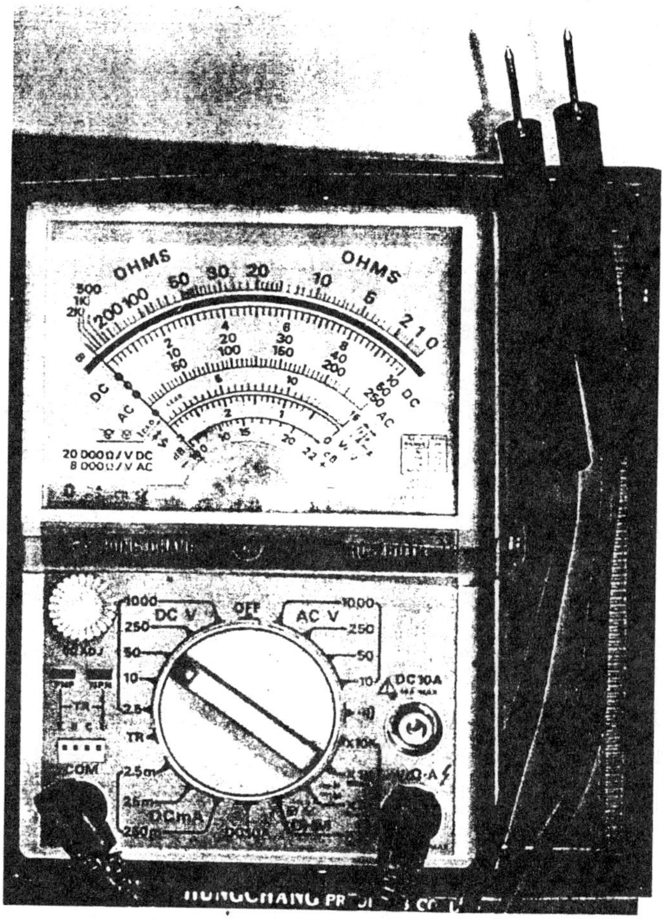

2-2. DIGITAL MULTIMETER(DM334)

1. 특징

* 3½Digit
* 입력터미날과 기능이 맞지 않을 경우 경보음 동작
* 구별하기 쉬운 입력단자 색상
* 자동전원꺼짐(30분)
* 건전지 용량 부족표시
* 과입력 지시: 최대유효숫자 깜빡임
* 건전지수명 : 약500시간
* 온도조건 동　작 : 0～40℃(상대습도 80%이하)
　　　　　저　장 : -10～60℃(상대습도 70%이하)
　　　　보증온도 : 23℃±5℃

2. 관련지식

1. 표시 자리수

측정값을 몇 자리까지 표시할 수 있는가를 표시 자리수라 하며, 3½자리, 4½자리, 5½자리 등이 있다. 표시 자리수가 많을수록 많은 자리까지 표시되므로, 보다 정밀한 측정을 할 수가 있다. 이 표시는 다음의 분해능과 관계가 있다.

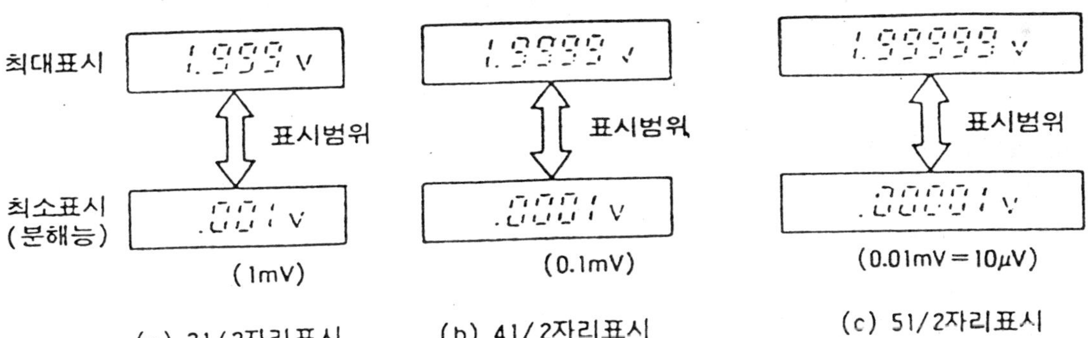

그림 2.1. 표시자리수(digit)

2. 분해능과 감도

어떤 측정 레인지에 있어서 측정값을 읽을 수 있는 최소 단위를 그 레인지에 있어서의 분해능이라 하며, 작을수록 좋다.

그림 2.1은 2V 레인지에 있어서의 분해능을 비교한 것이다. 3½자리에서는 0.001V(mV), 4½자리에서의 0.0001V(0.1mV)라고 하는 것과 같이, 표시 자리수가 많은 쪽이 분해능이 높아진다.

최고 감도 레인지에 있어서의 분해능을 최고 분해능 또는 감도라고도 한다.

3. 확도(accuracy 또는 정밀도)

측정값의 정확도를 나타내는 수치로서, 작을수록 좋다. 읽은 값(rdg=reading)에 대한 백분율(%)과, 사용 레인지(RNG=RANGE) 또는 최소 표시 숫자인 디지트(dgt=digit)와의 합으로 표시한다.

2.3.1. 예제 1

확도표시 ±(0.4%rdg+0.15%RNG)인 디지털 멀티미터로 2V 레인지에서 측정하였더니, DC 1V를 지시했다고 하면, 이때의 허용오차값은 ±(1000mV×0.004+2000mV×0.0015)=±(4mV+3mV)=±7mV이다. 이것을 %로 나타내면 ±0.7%가 된다.

2.3.2. 예제 2

확도표시 ±(0.25%rdg+1digit)인 HC-5010 디지털 멀티미터로 20V 레인지에서 측정하였더니, DC 9V를 지시하였다면,
이 때의 허용오차값은 ±(9000mV×0.0025+1digit)=±(22.5mV+1digit)=±22.6mV이다.

예제 a, b에서 보듯이 이는 아날로그 멀티미터의 통상 오차±3%에 비해 상당히 오차가 적다는 것을 알 수 있다.

4. 입력저항(입력 임피던스)

측정 단자에서 디지털 멀티미터 내부를 본 저항을 입력저항 또는 입력 임피던스라 한다. 일반적으로 디지털 멀티미터 전압 레인지의 입력저항은 측정 레인지에 관계없이 DCV, ACV 모두 10MΩ정도로 아주 높다.

3. 디지털 멀티미터 측정

디지털 멀티미터는 DCV, ACV, DCA, ACA, Ω 등의 각 전기량을 아주 정확하게, 그리고 광범위하게 측정할 수 있다.

1. 직류전압(DCV) 레인지에서의 측정

아날로그 멀티미터의 측정에서는 읽을 때 오차의 영향을 고려하면, "최소 레인지의 10%" 정도가 작은 값을 정확하게 측정할 수 있는 눈금으로 되어 있다.
예를 들면, 직류전압 레인지의 최소 레인지는 보급 기종에서는 2.5V이므로 그 10%인 0.25V까지, 중급 기종인 경우도 최소 레인지 250V정도이므로, 정확하게 읽을 수 있는 것은 10%인 25mV까지 정도에 불과하다.

디지털 멀티미터에서는 측정 가능한 최소전압은 최소 레인지의 분해능으로 결정된다.
예를 들면, 3½자리 표시의 일반기종은 최소 레인지 200mV에서 분해능은 0.1mV정도이다.
이와 같이 디지털 멀티미터의 경우는 아날로그 멀티미터에서는 측정할 수 없는 수 mV이

하의 극히 미소 전압을 측정할 수 있다.

전압 레인지에서 사용할 경우, 내부저항이 아날로그 멀티미터는 측정 레인지에 따라 다르고, 또한 낮은 측정 레인지에서는 내부저항이 낮아지므로 측정오차를 일으키기 쉽다.
그러나, 디지털 멀티미터는 일반적으로 전 레인지 모두 약 10MΩ정도의 높은 내부저항을 갖고 있으므로, 측정회로로부터 거의 전류를 흡수하는 일이 없어 어떤 회로의 전압도 정확하게 측정할 수 있다.

즉, 디지털 멀티미터는 아날로그 멀티미터에서 비해 미소 전압의 측정 능력이 뛰어나고, 내부저항이 아주 높은 두 가지의 큰 장점을 가지고 있다.

①2개 건전지의 기전력의 차이 측정(미소 전압의 측정)
동일 케이스에 들어 있는 2개의 신품 건전지는 출하시에 기전력이 엄격히 관리되고 있으므로 둘 사이의 기전력의 차이는 매우 작다. 이 건전지 2개를 역방향으로 접속하면 수 mV에서 수십mV정도의 기전력의 차이를 측정해 볼 수 있다.

②저항이 분압에 의한 미소전압의 측정
고저항과 저저항을 직렬접속하면 그 양단에 직류전압을 가해 저저항의 양단에 발생하는 미소전압을 측정하는 실험으로 그림 2.2와 같이 저항을 직렬 접속한 경우 전압은 그 저항의 비로 분압되어, R_2에 발생하는 전압 V_2는

$$V_2 = \frac{R_2}{R_1+R_2} E$$

여기서, R_1=1MΩ, R_2=1, E=1.5V라면 저저항 R2의 전압은 V_2=약 1.5mV가 된다. 1.5mV의 전압은 아날로그 멀티미터로는 측정이 불가능하나 디지털 멀티미터로는 가능하다.

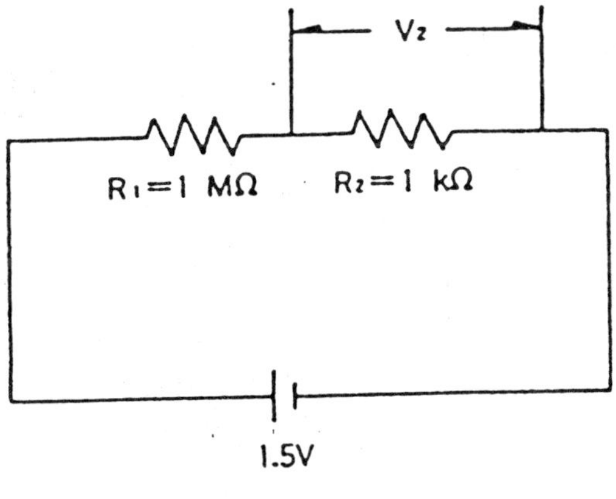

그림2.2
미소전압측정

③고저항회로의 전압측정
아날로그 멀티미터는 수kΩ까지의 저저항 회로의 전압 측정은 측정이 가능하지만, 수백kΩ

이나 수 MΩ의 고저항 회로의 측정에는 오차가 많이 발생하므로 사용할 수 없다.

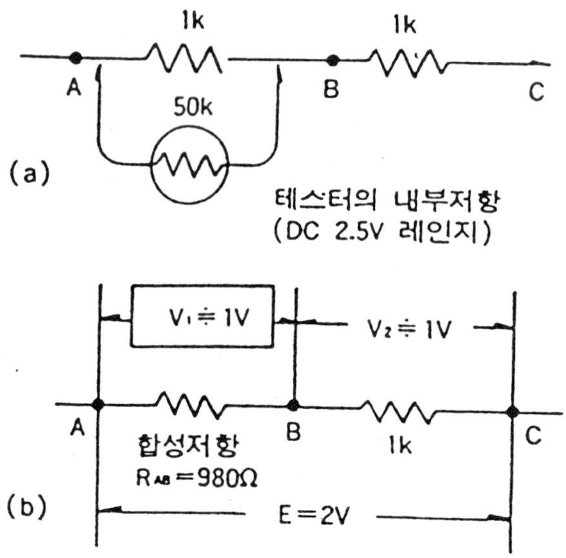

그림 2.3.
저항회로전압측정

그림 2.3.과 같은 저저항 회로에서는 AB간의 전압 V_1을 아날로그나 멀티미터로 측정하면 이론대로 거의 1V를 나타낸다.

그러나, 그림 2.4.와 같은 고저항 회로에서는 아날로그 멀티미터로 V_1을 측정하려고 해도 거의 지침이 움직이지 않는다. 이 경우도 이론상으로는 1V이어야 한다.

그 원인은 아날로그 멀티미터의 전압 레인지에서의 내부저항에 기인한다. 아날로그 멀티미터의 DCV레인지에서 내부저항은 20kΩ의 내부저항을 가진다.

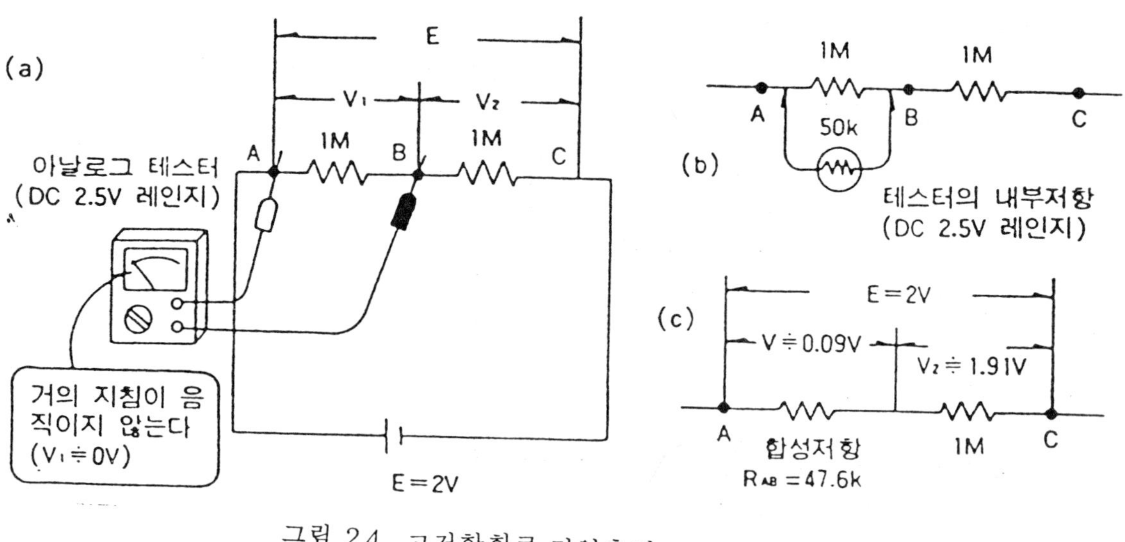

그림 2.4. 고저항회로 전압측정

아날로그 멀티미터의 DCV 레인지는 2.5V, 10V, 50V, 250V, 100V등으로 되어 있고, 각각의 내부저항은 다음과 같다.

2.5V 레인지 = 20kΩ/V × 2.5V = 50kΩ
10V 레인지 = 20kΩ/V × 10V = 200kΩ
50V 레인지 = 20kΩ/DIV × 50V = 1MΩ
250V 레인지 = 20kΩ/V × 250V = 5MΩ
1000V 레인지 = 20kΩ/V × 1000V = 20MΩ

이와 같이 아날로그 멀티미터는 레인지에 따라 내부저항이 다르며, 저전압 레인지 일수록 그 값이 작다. 따라서, 낮은 전압을 낮은 레인지에 측정할 경우에는 다음과 같은 측정 오차를 일으킨다.

그림 2.4.의 회로에서 전압 측정을 2.5V 레인지에서 하였다면 그림 2.4.(b)와 같이 1MΩ의 고저항에 50kΩ의 저항이 병렬로 접속되는 형태이므로 AB간의 합성전항 R_{AB}는 R_{AB}=1MΩ//50kΩ=47.6kΩ으로 되어 극단적으로 낮아지고 만다. 이 때문에 AB간의 전압 V_1은

$$V_1 = 2V \times \frac{47.6k\Omega}{47.6k\Omega + 1M\Omega} = 0.09V$$ 이 된다

이와 같이 "낮은 전압을 낮은 레인지에서 측정"하는 경우, 아날로그 멀티미터는 오차가 대단히 커진다는 결점이 있다.

이에 대해서 디지털 멀티미터의 전압 레인지의 내부저항은 레인지에 관계없이 10MΩ으로 극히 높기 때문에, 아날로그 멀티미터에서는 측정하기 곤란한 고저항 회로의 전압도 아주 정확하게 측정할 수 있다.

2. 직류전압(DCA) 레인지에서의 측정

아날로그 멀티미터의 직류전류 측정 최소 레인지는 50㎂정도로서, 풀 스케일의 10%정도까지 정확하게 읽어도 5㎂정도까지 밖에 정확한 측정을 할 수 없다.

이에 비해 디지털 멀티미터의 경우 최소 레인지(20㎂)에서의 분해능이 0.1㎂정도이므로 미소한 전류의 측정도 가능하다.

3. 저항(Ω) 레인지에서의 측정

아날로그 멀티미터의 저항 측정의 최소 레인지는 일반적으로 20kΩ정도이며, 이 경우 읽는 오차를 고려하면 2Ω전후까지 밖에 정확하게 읽을 수가 없다.

이에 대해 디지털 멀티미터는 보급기종인 경우도 최소 레인지는 20Ω이고 이 때의 분해능은 0.01Ω(10mΩ)으로 극히 낮은 저항을 측정할 수 있다. 이 때문에, 일반적인 저항기 이외에도 릴레이의 권선저항이나 트랜스의 권선저항 등과 같이, 아주 작고 저항의 측정을 할 수 있는 것 외에, 저항 레인지를 사용하여 다이오드나 트랜지스터의 양부 및 극성의 판별도 간단히 할 수 있다.

①저항값의 오차 측정

저항이나 콘덴서 등의 회로소자의 값을 정확하게 측정하는 것은 디지털 멀티미터의 가장 큰 장점 중의 하나이다. 저항이나 콘덴서의 제조공장에서는 양산한 이들 소자의 값이 정확하게 규정의 허용 오차내에 들어 있는지의 여부가 문제로 되는데, 이와 같은 경우도 디지털 멀티미터가 이용되고 있다.

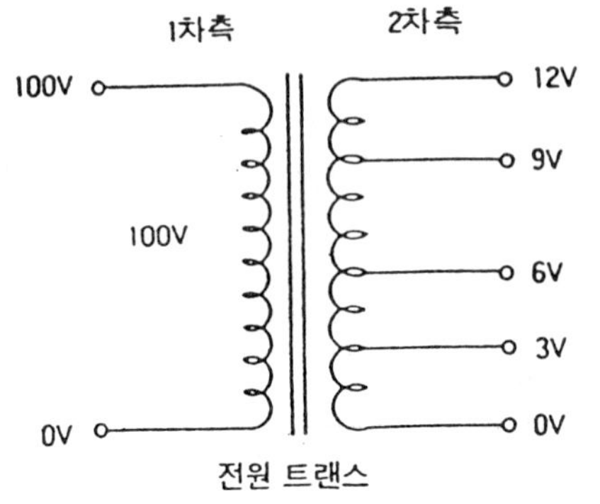

그림 2.5.
권선저항측정

②전원 트랜스의 권선저항 측정

트랜지스터나 IC의 전원으로 흔히 사용되는 전원 트랜스의 2차측 그림 2.5.와 같이 원하는 크기의 출력 전압을 얻을 수 있는, 몇 개의 중간탭이 붙어 있다.
일반적으로 이 권선의 저항은 아주 작고, 탭에 따라서는 1Ω이하의 저항이 되는 경우도 있다. 이와 같은 저저항은 디지털 멀티미터로만 정확한 측정이 가능하다.

4. 사용방법

표 2.1. 기능선택(로터리세렉터스위치)					
Ṽ	고류 전압 측정	•)))	도통시험	BAT	건전지(DM332)
Ã	고류 전류 측정	V̄	직류 전압 측정	hFE	TR hFE(DM332)
Ω	저항 측정	Ā	직류 전류 측정	⊣⊢	커패시턴스(DM332)
⊣▶⊢	다이오드 시험	Hz	주파수 측정	OFF	측정종료

1. 입력단자

①~③은 입력단자, 색상을 구별하여 쉽게 사용할 수 있습니다.
(표2.2. 최대입력 제한범위)

① 10A 입력단자 (적색)
10A의 전류를 연속 (AC 또는 DC)으로 측정할 수 있습니다.

② COM 단자 (흑색)
COM단자와 접지 사이에 1000V이상 인가하지 마십시오.

③ V/Ω/A 단자(적색) : Volts, Ohms, Continuity Current(mA), Frequency, Diode, 도통

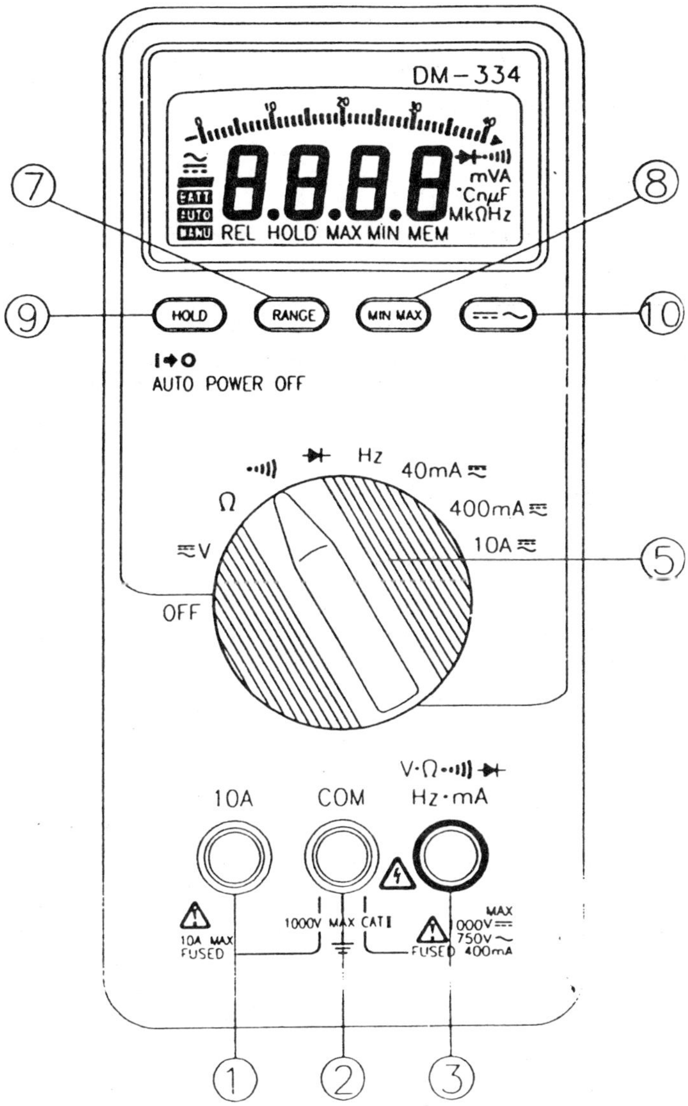

그림2.6.
DM334
전면파넬

2. 푸시버튼

⑦ MANUAL "RANGE" 스위치를 누르면 자동에서 수동으로 모드가 전환합니다. 스위치를 누를 때마다 레인지가 전환되고, 스위치를 2초 이상 누르면 자동모드로 복귀합니다.

⑧ MIN/MAX (DM-334)

MIN/MAX 스위치를 누르면 MIN/MAX 모드로 되고 최소한 0.1초 동안 데이터가 기억됩니다.

⑨ HOLD (지시값 정지)

HOLD 스위치를 누르면 "HOLD" 표시가 되면서 데이터가 유지됩니다.

MIN/MAX 모드에서도 HOLD 스위치를 선택하면 데이터가 유지됩니다.

⑩ DC/AC : 직류 또는 교류를 선택할 수 있는 스위치입니다.

* 자동 전원꺼짐

DM-331, 332, 334는 약 30분 후에 자동적으로 꺼집니다.(사용치 않을 시) 그리고 HOLD스위치 누름으로써 다시 복귀된다.

표 2.2.. 입력단자의 최대입력 제한범위

기능	입력단자		최소표시		최대표시		최 대 입 력
	RED	BLACK	DM-331 332, 334	DM-333	DM331 332, 334	DM331 332, 334	
V	V/Ω	COM	0.1mA	0.1mA	1000V	1000V	1000VDC, 750VAC RMS
10A	10A	COM	0.01A	0.01A	10.00A	10.00A	10A/250V
mA	V/Ω	COM	0.001mA	0.001mA	400.0mA	326.0mA	400mA/250V
Ω	V/Ω	COM	0.1Ω	0.1Ω	40.00MΩ	32.60MΩ	600VAC/DC(1분)
CAP	V/Ω	COM	0.01μF	-	40.00μF	-	(DM-332)
Hz	V/Ω	COM	10Hz	-	1MΩ	-	250VAC/DC
BAT	V/Ω	COM	0.001V	-	40.00V	-	(DM-331,332)
⇥ •)))	V/Ω	COM					600VAC/DC(1분)

4. 디지털 및 아날로그 표시

1) 디지털 표시

디지털은 극성과 함께 4000 또는 3200 카운터의 표시가 되며 전원을 인가하면 모든 세그먼트가 점등되어 자체 테스트를 합니다.

2) 아날로그 표시

아날로그는 초당 20회의 속도로 바- 그래프로 표시되며 커패시턴스와 주파수 측정 시는 표시되지 않습니다.

3) AUTO 자동-레인지(DM-333,334)

전원을 인가하면 자동 레인지 모드로 되고, 입력에 따라 자동으로 최상의 분해능으로 측정됩니다.

4) [-] 부극성

음의 입력이나 REL 기능 선택시 차이가 음일 때 표시됩니다.

5) [•)))] 경보음

도통 시험시 동작합니다.

6) [REL] 상대측정 모드

현재의 입력과 새로운 데이터와의 차이만큼 표시됩니다.

7) [MIN/MAX] 모드

입력의 최소치 또는 최대치가 유지되어 표시됩니다.

5. 측정방법

1. 전압측정(DC/AC)

전압측정은 적색 테스트 리드를 V/Ω단자③, 흑색 테스트 리드를 COM단자②에 삽입하고, MANUAL⑩으로 직류, 교류를 선택하고, 그림 2,7,과 같이 로터리스위리를 V에 선택, RANGE⑦를 설정합니다.

전압 측정시 입력임피던스는 10MΩ이며 교류측정시 주파수는 50Hz에서 400Hz까지입니다.

과전압 입력시는 "4"가 깜빡입니다.(DM-331,332,334)"

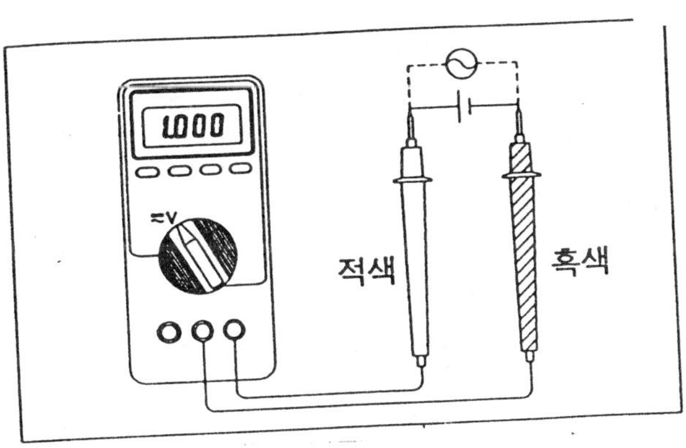

그림 2.7. 전압측정

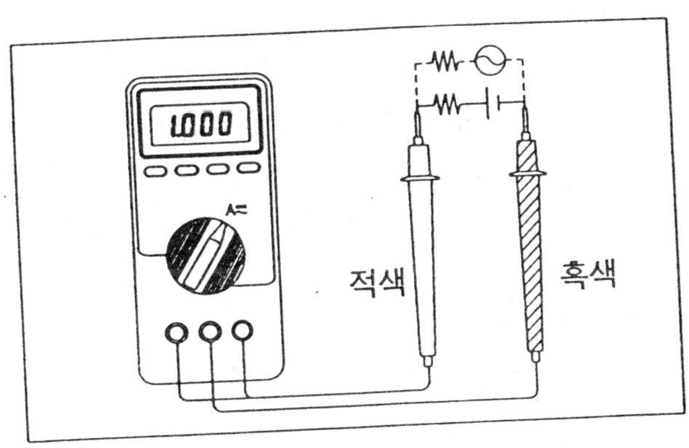

그림 2.8. 전류측정

2. 전류측정(AC/DC)

적색 테스트 리드를 전류가 400mA이하는 mA③단자에 삽입하고 40mA또는 400mA로 로터리 스위치⑤를 설정한다. 전류가 400mA이상일 때는 10A리드단자①에 삽입하고 로터리스위치 ⑤를 10A 레인지에 설정합니다. (흑색 테스트 리드는 항상 COM단자에 고정하여 둔다)
측정회로에 직렬로 연결하고 사용 교류주파수는 50Hz에서 400Hz까지입니다.
과전류 입력시 "4"가 깜빡입니다.(DM-331,332,334)
***주의;** 전류측정시 회로전압이 60VDC 또는 25VAC 이상의 전압을 인가하지 마십시오.

3. 저항측정

적색 테스트 리드를 V,Ω③단자에, 흑색 테스트 리드를 COM단자②에 삽입하고, 그림 2.9. 과 같이 로터리 스위치⑤를 Ω레인지에 설정하여 측정합니다.
***주의:** 피측정 회로의 전원을 끄고 커패시터를 방전시킨 후 측정하십시오. 커패시터에 충전된 전압이 존재시 정확한 저항값을 얻을 수 없습니다.

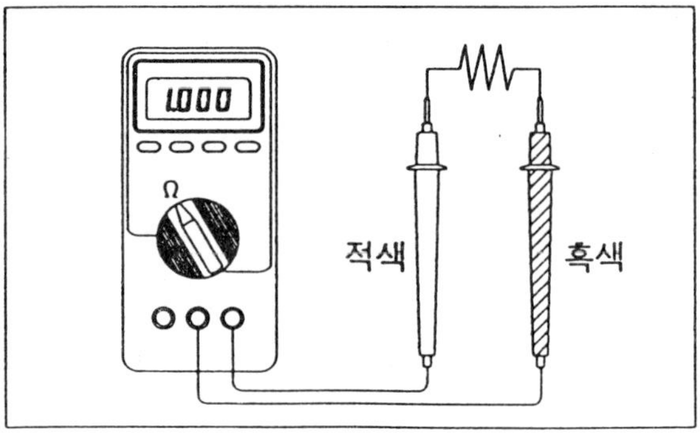

그림 2.9. 저항측정

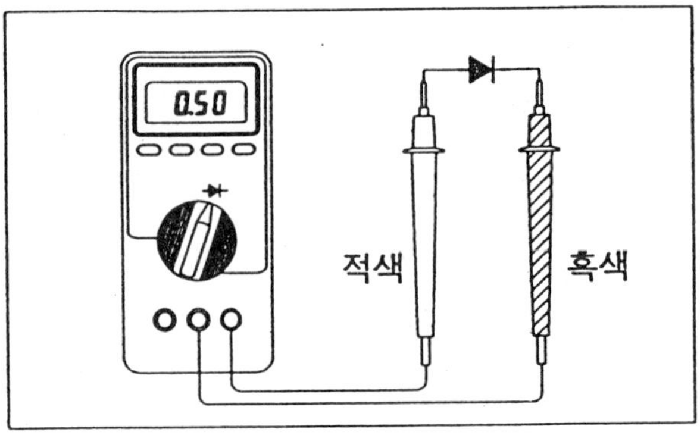

그림 2.10. 다이오드측정

4. 다이오드 측정

적색 테스트 리드를 V/Ω ③단자에, 흑색 테스트 리드를 COM②단자에 삽입하고 로터리 스위치는 "⊣▶⊢ "에 설정하여 그림 2.10.과 같이 다이오드 양단에 테스트 리드를 연결합니다. 순방향시에는 다이오드의 전압이 LCD에 표시됩니다.
측정조건 : 순방향 직류전류 (1mA) 역방향 직류 전압 (3.0V)

5. 도통 시험

적색 테스트 리드를 V/Ω③단자에, 흑색 테스트 리드를 COM②단자에 삽입하고 로터리 스위치는 " •))) "에 설정하여 그림 2.11.과 같이 저항이나 회로의 도통 여부를 시험합니다. 도통 저항 범위는 40Ω 이하(DM-331,332,334) 입니다.
***주의:** 도통 시험하기 전에 회로의 전원을 끄고 모든 커패시터를 방전하십시오.

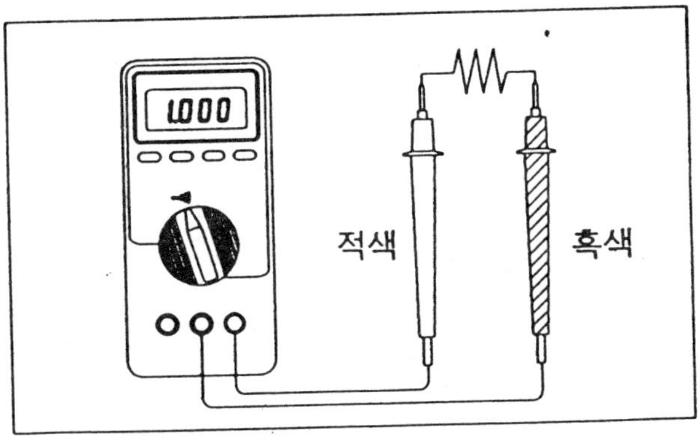

그림 2.11. 도통시험

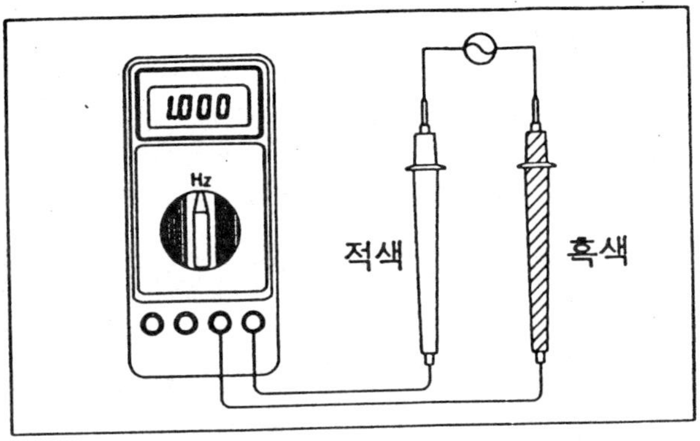

그림 2.12. 주파수측정

6. 주파수 측정 (DM-332, 334)

주파수는 10Hz 이상에서 99.99Hz, 9.999kHz, 99.99kHz, 999.9kHz의 레인지가 자동 모드로 설정되고 1Hz미만 일 때는 0000Hz가 표시됩니다.

주파수 대에 따라 필요한 입력 감도가 다음 표에 기재되어 있습니다.

바-그래프가 표시되는 경우는 "HOLD" 스위치를 2번 누른 후 측정하십시오.

표 2.3. **입력감도(RMS 사인파)**

주파수	10Hz ~	40kHz ~	300kHz	1MHz
감 도	100mA	2V	4V	8V

표 2.4. **주 기**

항 목	내 용	조 건
유효숫자	3 디지트 · -40.0Hz ~ 99.9kHz · -400kHz ~ 999kHz	· 99.9kHz 레인지
바-그래프	· 사라짐	· HOLD스위치 2번 누름
디 지 트	· 변하거나 과입력(9,999)표시	· 측정 포인트 개방

7. 커패시턴스 측정 (DM-332)

커패시턴스를 측정하기 전에 전원을 끄고 모든 커패시턴스를 방전한 후 측정합니다.

커패시턴스가 10nF 이하일 때나 외부 잡음을 없애기 위해서는 테스트 리드를 단락 하거나 치구를 이용하여 측정하십시오.

***주의**

· 커패시턴스를 측정하기 전에 방전을 시키십시오.

· 큰 용량의 커패시턴스를 측정할 때는 표시창의 마지막 디지트가 안정될 때까지 기다리십시오.

· 커패시턴스 측정값은 초기값에서 읽은 값을 빼면 됩니다.

6. 규격

표 254. 규격(DM-334)

기 능	레인지	분해능	오차
직류전압	400mV 4V	0.1mV 1mV	±(0.5%+1dgt)
	40V 400V	10mV 100mV	±(0.5%+3dgt)
	1000V	1V	±(0.7%+2dgt)
교류전압	400mV 4V 40V 400V 750V	0.1mV 1mV 10mV 100mV 1V	±(1.0%+3dgt)
직류전류	40mA 400mA	10μA 0.1mA	±(1.5%+2dgt)
	10A	00mA	±(2.0%+5dgt)
교류전류	40mA 400mA	10μA 0.1μA	±(1.5%+3dgt)
	10A	10mA	±(2.0%+6dgt)

표 2.6. 규격(DM-334)

기 능	레인지	분해능	오차
저 항	400Ω 4kΩ 40kΩ 400kΩ	0.1Ω 1Ω 100Ω	±(0.7%+2dgt)
	4MΩ	1kΩ	±(1.0%+2dgt)
	40MΩ	10kΩ	±(2.5%+2dgt)
커패시턴스		-	--
주파수	100Hz 1kHz 10kHz 100kHz 1MHz	0.1Hz 1Hz 10Hz 100Hz 1kHz	±(0.3%+3dgt)
다이오드	시험전압 : 3V 최대시험전류 : 1mA		
도통시험	도통 저항치 ; 20Ω 이하		

2-3A. DC POWER SUPPLY (ED-202A)

1. 개 요

Model ED-202A, D형 DC Power Supply는 범용성으로 설계 제작된 정전압 직류전원 공급기이다. 출력에 비하여 소형화되어 있으므로 공간효율이 높으며 그러므로 생산 Line 및 학교의 실험실습의 기초장비로써 적합한 장비이다.

ED-202는 ED-202A(Analog Volt-Meter 및 Analog Current Meter)형과 ED-202D(Digital Volt-Meter 및 Analog Current Meter)의 2종류로 생산되어 기타의 성능은 모두 동일하다.

출력은 C.V(Constant Voltage) 0-20V DC, C.C.(Constant Current) 0-2A로서 과부하 보호가 되도록 되어있다.

입력전압은 AC 110/220V 60Hz로서 장비의 뒷면에 있는 입력 전압선택 Plug에 의하여 입력전압을 선택할 수 있다.

2. 장비의 특성

1. Input power ………… AC 110/220V, 60Hz
2. Output voltage ……… 0 - +20V
3. Output current ……… 0 - 1A DC
4. Regulation (Load) …… Less than 0.03%+2mV
   (Line) …… Less than 0.03%+1mV
5. Ripple rejection ……… Less than 0.02%+1mV
6. Transient recovery time ‥ Less than 100μs
7. Resolution …………… 0.1V(ED-202D)
8. Dimension …………… 110(W)x132(H)x280(D)mm
9. Weight ……………… kg

3. PANEL 설명

① Power …………… 전원 On/Off 스위치
② Current …………… Constant current 출력조정 knob
③ + 단자 …………… 출력단자
④ GND 단자 ………… Case ground 단자
⑤ - 단자 …………… ③ 번과 함께 출력단자
⑥ FINE ……………… 출력전압 정밀조정 Knob
⑦ Voltage …………… 출력전압조정 Knob
⑧ 전압계 …………… Digital VM(ED-202D)
   Analog VM(ED-202A)
⑨ 전류계 …………… 출력전류 지시Meter

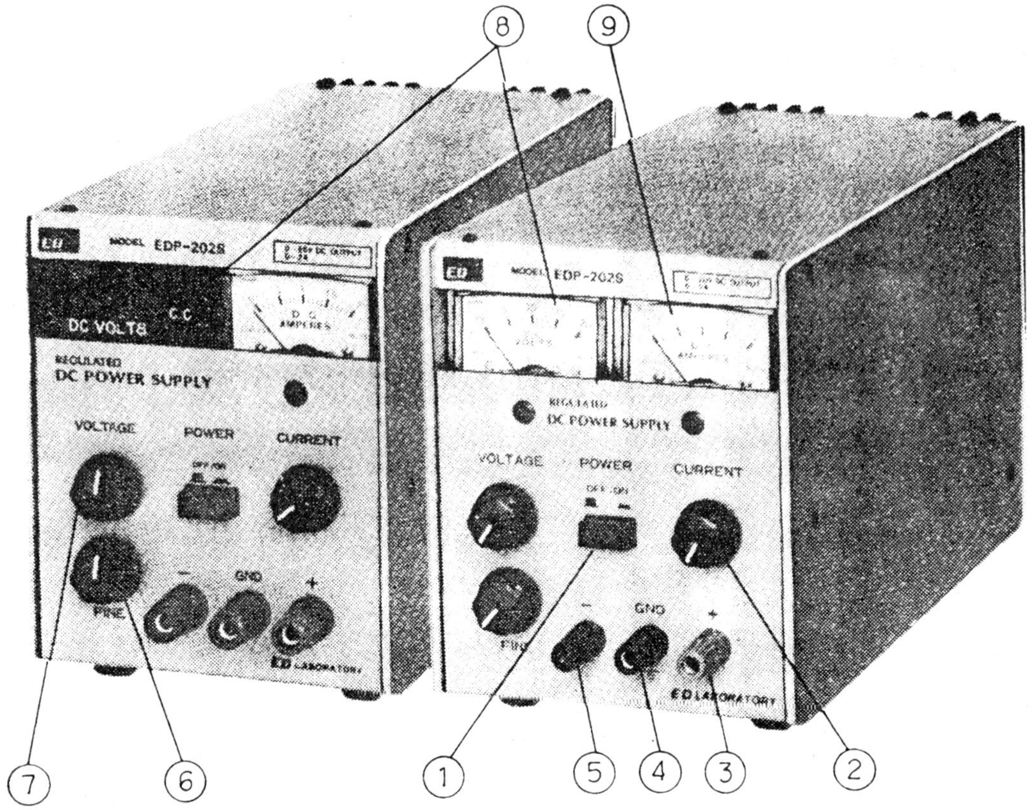

4. 사용전 주의 및 준비사항

1. 입력전압에 따라 장비의 뒷면에 있는 입력전압선택 Plug가 바르게 선택되었는가 확인하라. 만약 다르다면 입력과 같게 선택하여 놓아라.
2. 전원공급기는 열이 많이 날수 있으므로 통풍이 잘될 수 있도록 하라.
3. 열이 많은 장소나 습기가 심한 곳을 피하라.
4. 진동이나 먼지가 많은 장소를 피하라.

5. 동작법

주의 : 입력전압선택이 입력전압과 같게되어 있는가 확인하라.
(장비의 뒷면에 입력전압 선택Plug 있음)

1. 출력을 연결하기전 전원스위치를 Off하라.
2. Voltage knob를 반시계방향 최소로 하라.
3. 출력 Cord를 출력단자에 연결하라.
4. 전원스위치를 On하라.
5. 전압계를 보면서 전압조정 손잡이를 돌려 필요한 전압이 출력되도록 조정하라.
6. 정확한 출력전압이 필요시에는 Fine 조정을 하라.
7. 출력전압을 필요한 회로나 장비에 연결하라.

6. 회로도

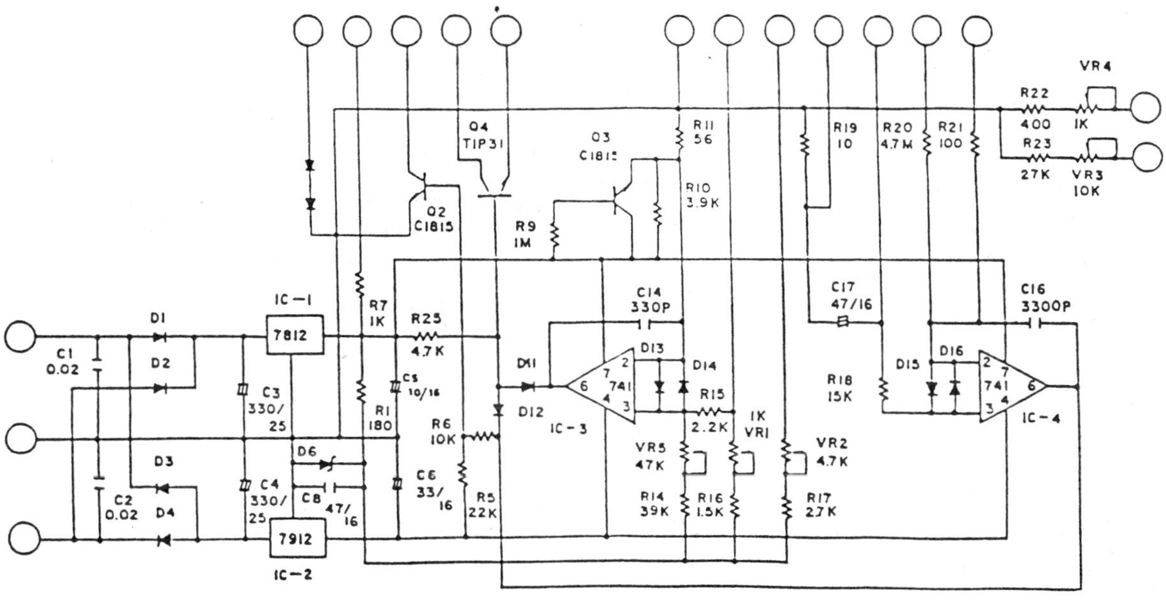

Control Circuit(ED-1321) Schematic Diagram

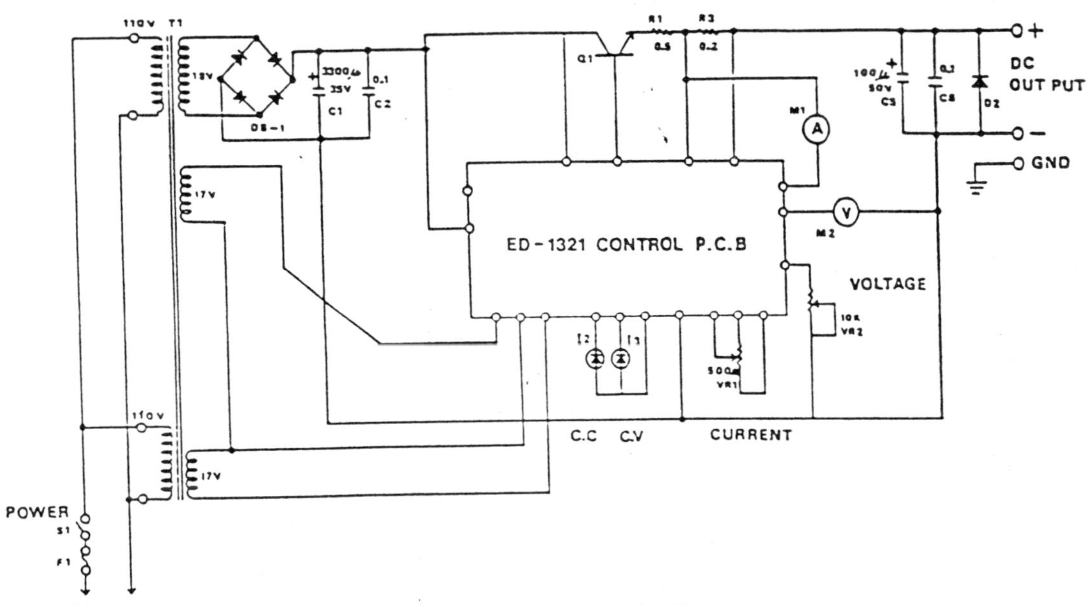

ED-202 DC Power Suppiy Schematic Diagram

2-3B. DC POWER SUPPLY (ED201T)

1. 개 요

Model ED-201T Tracking DC power supply는 최대 출력 40watts로서 ±0-20V, 1A의 출력을 얻을 수 있는 정전압 직류전원 공급기이다.

이 전원 공급기는 특히 동작이 안정되며 사용하기에 간편한 것이 특징이다.

출력 전류계는 + 및 -를 임의로 선택하여 지시하게 할수 있으며 또한 출력 전류제한 회로(이장비에서는 1A)에 의하여 과부하 방지를 하게 하고 있다.

입력전압은 AC 110/22V, 60㎐로서 장비의 뒷면에 있는 입력전압선택 Plug에 의하여 입력전압을 선택할 수 있게 한다.

ED-201T는 Digital 전압계를 사용하고 있으므로 출력전압을 정확히 지시할 수 있다.

2. 장비의 특성

1. Input power . . . . AC 110/220V 60㎐
2. Output voltage . . . . . . ±0 ~ 20V tracking output
3. Output current . . . . . . ±1A Max
4. Tracking unbalance . . . 0.1% + 50mV 이하
5. Regulation(Load) . . . . . Less than 0.03% + 2mV
   (Line) . . . . . Less than 0.03% + 1mV
6. Ripple rejection . . . . . . Less than 0.02% + 1mV
7. Transient recovery time . Less than 100μS
8. Resolution 0.1V
9. Dimension . . . . 110(W)x132(H)x280(D)mm
10. Weight . . . . Kg

3. Panel 설명

① Power . . . . 전원 ON/OFF 스위치
② Meter 스위치 . . . . + 전압의 출력 Current 및 - 전압의 출력 Current 지시선택 스위치
③ + 단자 . . . . (+) 전압 출력단자
④ COM 단자 . . . . ± 전압의 Common 단자
⑤ - 단자 . . . . (-) 전압 출력단자
⑥ GND . . . . Case groung 단자
⑦ Voltage . . . . 0 ~ 20V 전압가변 Knob
⑧ 전압계 . . . . Digital voltage meter
⑨ 전류계 . . . . Current meter(이는 Meter스위치에 의하여(+)전압 또는 (-)전압의 출력 Current를 지시하게 된다)
⑩ 휴즈홀더 . . . . 입력휴즈 1A
⑪ 입력전원전압선택 . . . . . AC 입력전압 110/220V 선택 Plug
⑫ 입력전원 Cord

4. 사용전 주의 및 준비사항

1. 입력전압에 따라 장비의 뒷면에 있는 입력전압선택 Plug가 바르게 선택되었는가 확인하라.
2. 전원장치는 열이 많이 날수 있으므로 장비의 뒷부분이 통풍이 잘되도록 하라.
3. 진동이나 먼지가 많은 장소를 피하라.
4. 열이 많은 장소나 습기가 심한 곳을 피하라.

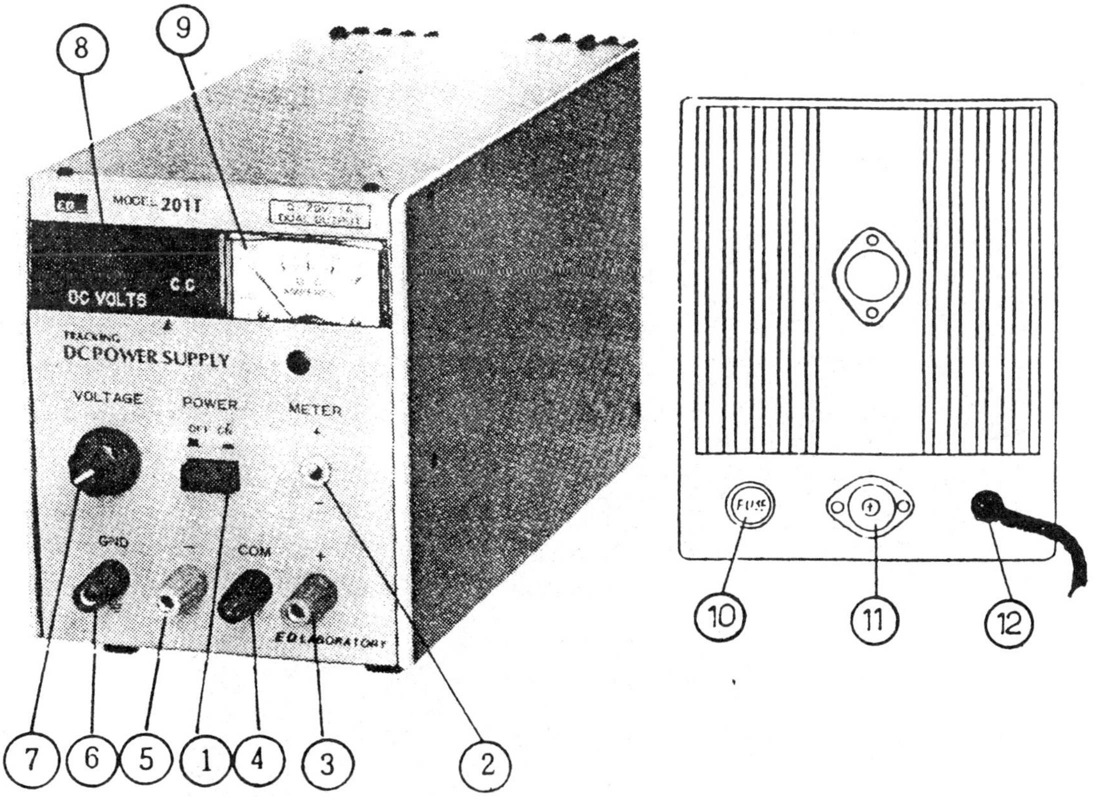

5. 동작법

주의 : 입력전압선택이 입력전압과 같게 되어 있는가 확인하라. (장비 뒷면에 있음)

1. 출력을 연결하기전 전원스위치를 Off 하라.
2. Voltage Knob를 반시계방향 최소로 하라.
3. 출력 Cord를 출력단자에 연결하라.
4. 전원스위치를 On하라.
5. Digital 전압계를 보면서 Voltage Knob를 시계방향으로 서서히 돌리면서 필요한 전압이 되도록 하라.
6. 출력전압을 필요한 회로에 공급하라.

6. 0~40V로 사용하는 법

ED-201T Tracking power supply는 COM(common)단자를 중심으로 0~-20V 및 0 ~+20

출력전압이 나타난다. 그러므로 만약 40V 전압이 필요시에는 COM 단자를 사용하지 않고 (-) 및 (+) 단자만 사용한다면 출력전압은 다음과 같이 2배로 될 것이다.

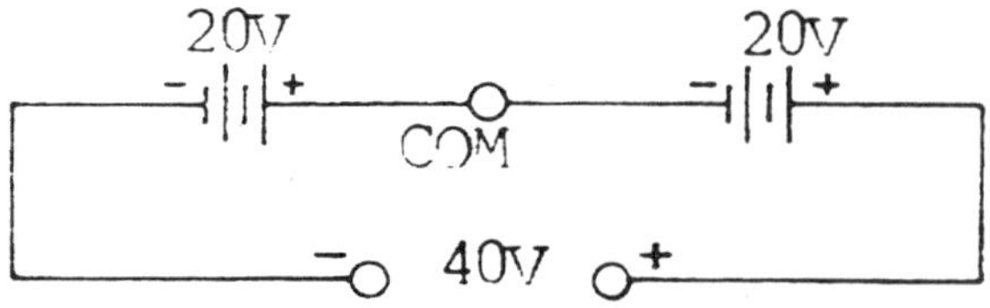

즉±20V로 출력전압이 조정되었다면 그림과 같이 (-) 와 (+)의 두출력전압은 직렬로 되어 2배의 출력전압을 얻을수 있게 된다.

7. ED201T DC POWER SUPPLY

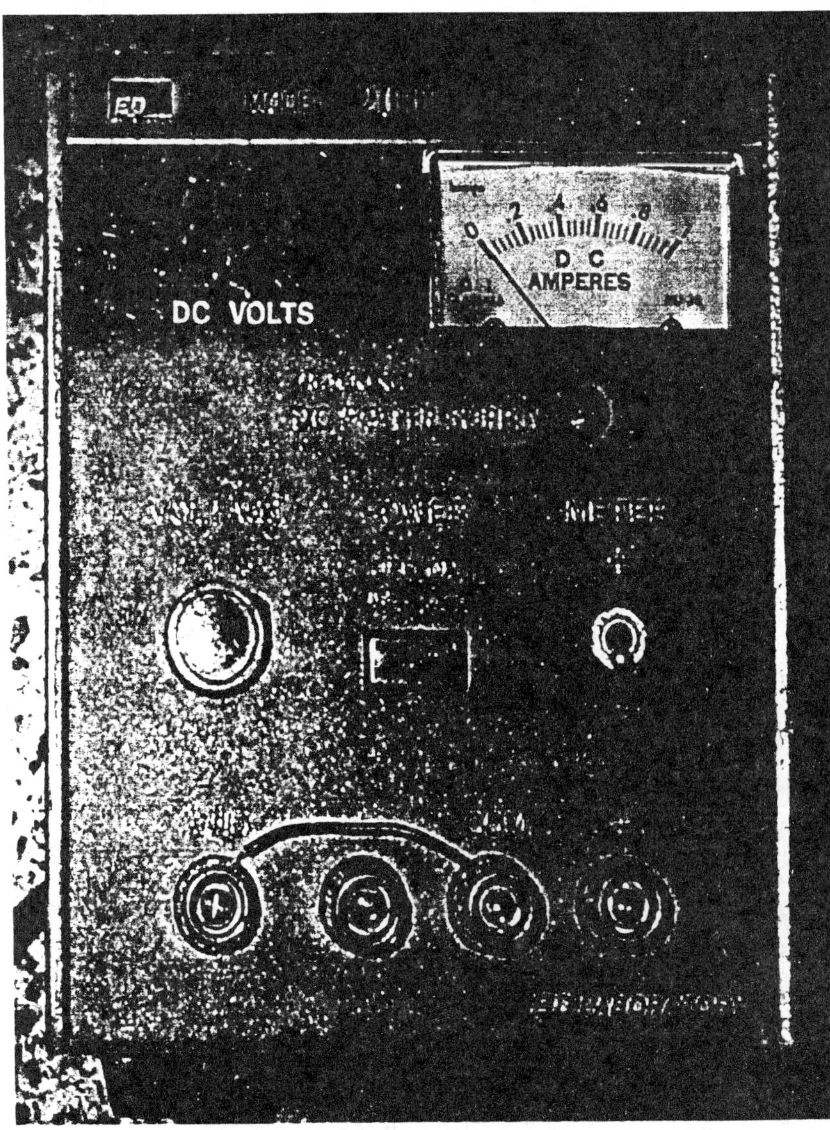

2-4. 오실로스코프(OS9040D)

1. 전면파넬

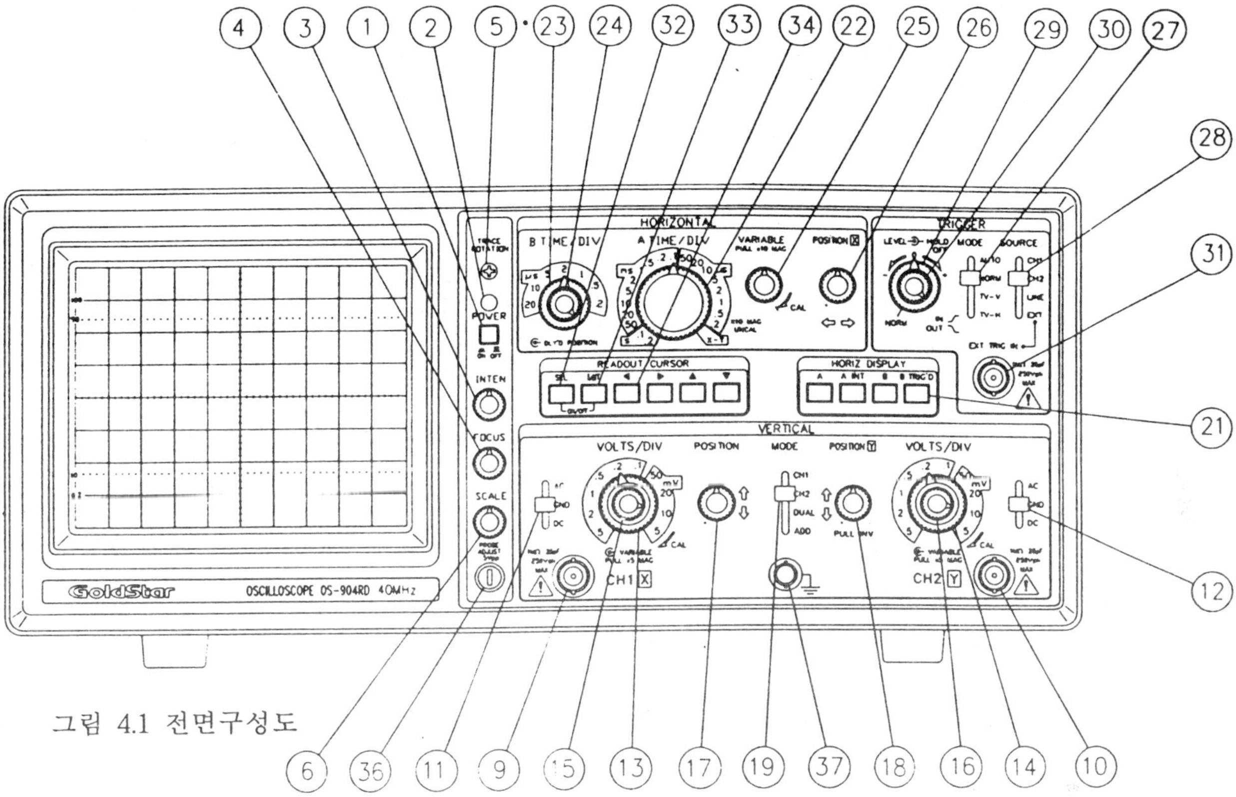

그림 4.1 전면구성도

2. 사용방법(초기설정)

1. 처음 조정손잡이는 다음과 같이 설정합니다. *[']는손잡이번호*

POWER 스위치 [1]	: OFF (나온상태)
INTEN [3]	: 완전히 반시계 방향
FOCUS [4]	: 중앙
AC-GND-DC [11, 12]	: AC
VOLT/DIV [13, 14]	: 22mV
수직 POSITION [17, 18]	: 누른 상태에서 중앙에 위치
VARIABLE [15, 16]	: 누른 상태에서 완전히 시계 방향
V. MODE [19]	: CH1
TIME/DIV [22]	: 0.5mS
TIME VARIABLE [25]	: 누름 상태에서 완전히 시계방향
수평 POSITION [26]	: 중앙
TRIGGER MODE [27]	: AUTO
TRIGGER SOURCE [28]	: CH1
TRIGGER LEVEL [30]	: 중앙
HOLD OFF [29]	: NORM (최대 반시계 방향)

2. 전원 코드를 전원 콘넥터 [뒷면8]에 연결합니다.

3. POWER 스위치 [1]을 누르면 POWER 램프 [2]가 켜지고 약 30초 후에 INTEN [3]을 시계 방향으로 돌리면 휘선이 나타나며, 관찰하기 적당한 밝기가 되도록 조절합니다.
   <주위> CRT 내부에는 방연 재료가 사용되었지만 너무 밝은 점이나 휘선이 나온 상태로 장시간 방치하면 CRT 화면이 손상될수도 있으므로 특별히 밝은 휘도를 요하는 측정후에는 밝기를 줄이십시오. 또한 측정을 하지 않을 경우에는 휘도를 항상 어둡게 줄여 놓는 것이 좋습니다.

4. FOCUS [4]를 가장 가늘고 선명한 상태가 되게 조정합니다.

5. CH1 POSITION [17]를 돌려 휘선이 수평 눈금과 일치하는지 확인합니다. 휘선이 수평눈금과 일치하지 않을시에는 TRACE ROTATION [5]를 조정하여 일치시킵니다.

6. 수직-POSITION [26]을 돌려 가장 왼쪽 눈금과 일치 시킵니다.

7. PROBE를 CH1, X IN[9]에 연결하고 텁을 CAL 단자 [36]에 연결합니다. 이때 PROBE 감쇄비는 10 × 위치에 놓고 VOLTS/DIV [13]은 10mV에 놓습니다.

8. 구형파의 윗 부분이나 일부분이 경사지거나 뾰쪽하게 되면 PROBE의 조정단자를 작은 드라이버를 이용하여 다음 그림 4.2.와 같이 조정합니다.

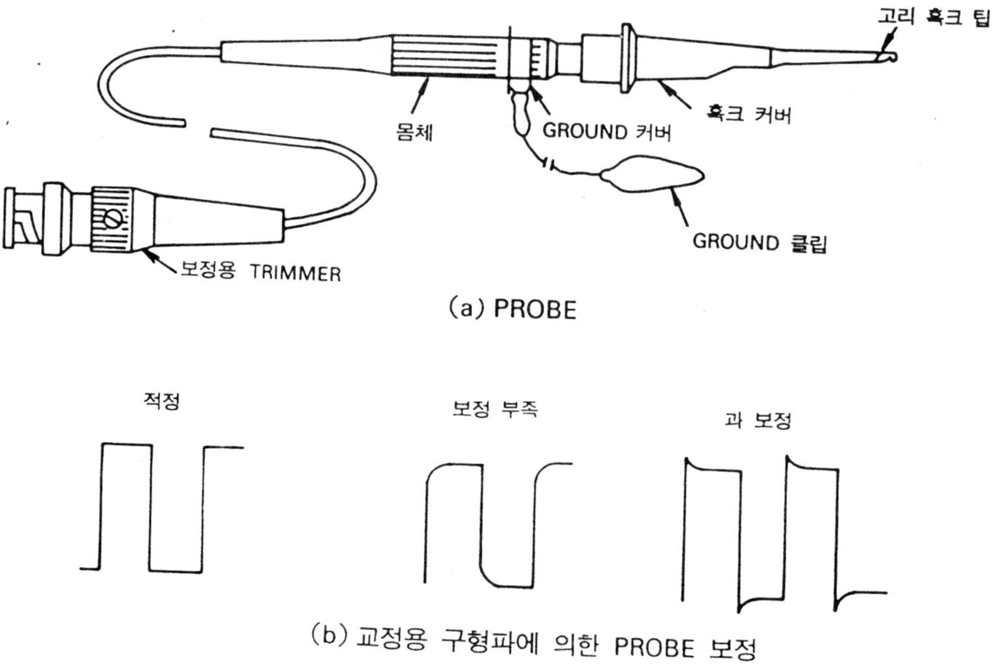

그림 4.2. 프로브(PROBE)보정

9. V. MODE[19]를 CH2에 놓고 [7] [8]과 같이 조정합니다.

3. 1현상측정

1현상측정은 가장 기본적인 측정기능입니다. 하나의 신호를 측정하고자 할 때는 이 모드를 사용하십시오. 본 제품은 2개의 채널을 가지고 있으므로 CH1, CH2중 하나를 선택하면 됩니다. CH1은 OUT PUT 터미널 〔뒷면20〕을 가지고 있으며 화면으로 파형을 측정하면서 동시에 주파수 측정기로 주파수를 측정하고자 할 때 사용하면 좋습니다.
CH2는 INVERT 〔18; PULL〕로 파형의 극성 전환이 가능합니다.

1. CH1 사용시에 다음과 같이 설정하십시오. ( )안은 CH2 사용시의 설정을 나타냅니다.

POWER 스위치 [1]	: ON
AC-GND-DC [11, 12]	: AC
수직축 POSITION [17, 18]	: 누른 상태에서 중앙
VARIABLE [15, 16]	: 누른 상태에서 완전 시계방향
V. MODE [19]	: CH1 (CH2)
HORIZ DISPLAY [21]	: A (OS-9040D해당)
TIME VARIABLE [22]	: 누른 상태에서 완전 시계방향으로
TRIGGER MODE [27]	: AUTO
TRIG SOURCE [28]	: CH1 (CH2)
TRIG LEVEL [30]	: 중앙
HOLD OFF [29]	: NORN (반시계 방향 끝위치).

2. 수직축 POSITION을 조정하여 휘선을 CRT의 중앙에 위치시킵니다.

3. IN 콘넥터 [9], [10]으로 신호를 연결시키고 VLOT/DIV [13], [14]를 돌려 CRTDP 충분한 신호가 나타나게 합니다.
<주의> 300V <DC+REAK AC) 이상의 신호를 가하지 마십시오.

4. TIME/DIV[22]를 돌려서 신호가 원하는 주기가 되도록 합니다. 일반적인 측정에서는 2-3주기가 나타나는 것이 적당하고 밀집된 파형 관측시는 50-100주기가 나타나게 하는것이 적당합니다. 그리고 TRIGGER LEVEL [30]을 돌려 안정된 파형이 나타나도록 조정합니다.

5. VOLT/DIV스위치를 5mV에 위치했는데도 측정할 신호가 작아서 동기가 되지 않거나 측정이 곤란할 경우 VARIABLE (PULL×5 MAG) [15], [16[을 당깁니다.
이때 VOLT/DIV 스위치가 5mV인 경우 1mV/DIV으로 되고 주파수 대역폭은 7MHz로 감소되며 휘선에 잡음이 증가하게 됩니다.

6. 측정하려고 하는 신호가 고주파로 TIME/DIV 스위치를 0.2uS위치에 놓고도 너무 많

은 주기가 나타날 때 TIME VARIABLE (PULL×10 MAG) [25]를 당깁니다.
그러면 소인 속도가 10배 증가되기 때문에 이때 0.2μs는 20ns/DIV이 되며 0.5μs인 경우는 50ns/DIV이 됩니다. 0.2, 0.5μs MAG는 비교정 단자이고 1μs이하는 교정단자입니다. (1μs/DIV에서 ×10 확대시 ±10%, 그 이하는 ×10 확대시 ±5%)

7. DC 혹은 매우 낮은 주파수를 측정할 경우 AC 결합은 신호의 감쇄나 찌그러짐이 발생함으로 AC-GND-DC 스위치 [11], [12]를 DC에 놓고 사용하십시오.
   <주의> 높은 DC 전압에 매우 낮은 AC 레벨의 파형이 실려 있는 경우에 DC위치에서는 나타나지 않을 수도 있습니다.
   TRIGGER MODE[27]의 NORM은 재 소인되는 위치로서 신호주파수가 25Hz이하인 저주파 관측시 TRIGGER LEVEL [30]을 조정하여 측정할 수 있습니다.

4. 2현상측정

2현상 측정은 제품의 주기능이며 다음 것을 제외하고는 1현상측정(3.)과 동일합니다.

1. V MODE [19]를 ALT나 CHOP에 놓습니다.
   ALT는 고주파 신호인 경우 (TIME/DIV 스위치 : 0.2mS이상 고속)에 사용하고,
   CHOP은 저주파 신호인 경우 (TIME/DIV 스위치 : 0.5mS이하 저속)에 사용합니다.

2. 2채널이 같은 주파수라면 TRIGGER SOURCE [28]로 정확히 동기시킬 수 있습니다.

5. TRIGGER 선택

TRIGGER는 오실로스코프에서 부수적으로 적용해야 할 조건이 많고 신호의 정확한 동기를 요하기 때문에 가장 복잡한 동작입니다.

1. TRIGGER 모드선택
   ①AUTO TRIGGER 모드 : 신호가 없거나 신호가 있더라도 TRIGGER 조정이 잘못된 경우에도 항상 동기 된 소인이 나타나므로 NORM에서 일어날 수 있는 실수를 범할 우려는 없습니다. 그러나 AUTO는 신호 주파수가 25Hz 이하인 경우는 사용할 수가 없으며 이때는 NORM에서 측정해야 합니다.

   ②NORM TRIGGER 모드 : CRT 빔은 신호가 동기 되어야 나타납니다. 이 TRIGGER 모드는 신호가 없거나 동기 조절이 잘못된 경우, 또는 수직축 POSITION 조정이 잘못되거나 VOLT/DIV 스위치가 부적당하게 된 경우에 휘선이 나타나지 않습니다.

   ③TV-V, TV-H TRIGGER 모드 : TV 동기 분리 회로를 추가해서 복잡한 영상신호(그림4.3a)와 같은 파형을 수평성분, 수직성분으로 분리해서 깨끗하게 동기된 파형을 관측할 수 있습니다. TV 신호의 수직성분(그림4.3.b)의 동기를 위해 TRIGGER MODE 스위치 TV-V로 선택합니다. TV 신호의 수평 동기(그림4.3c)를 위해

TRIGGER MODE 스위치를 TV-H로 선택합니다. TRIGGER 분리가 되었을 때 (그림4.3d) TV 동기 극성은 음극(-)이어야 합니다.

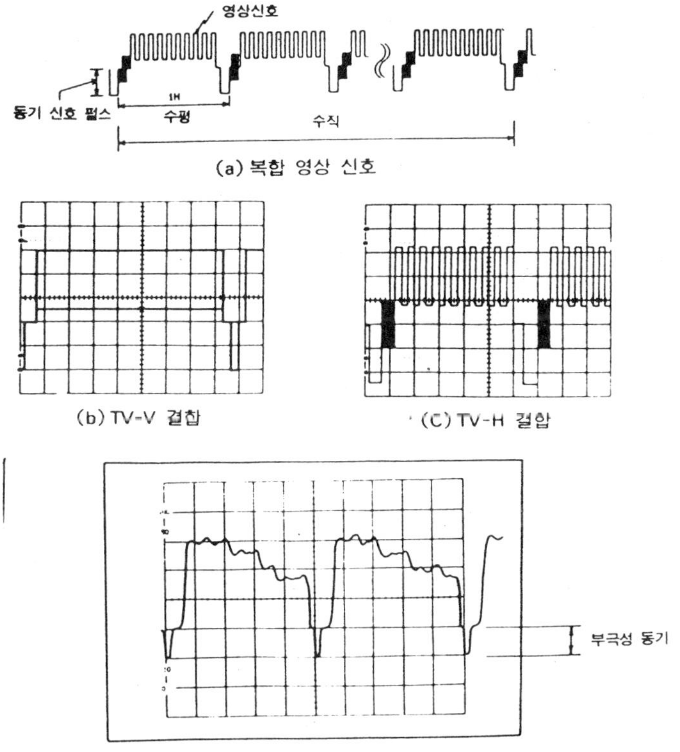

(a) 복합 영상 신호

(b) TV-V 결합

(C) TV-H 결합

(d) 동기 극성

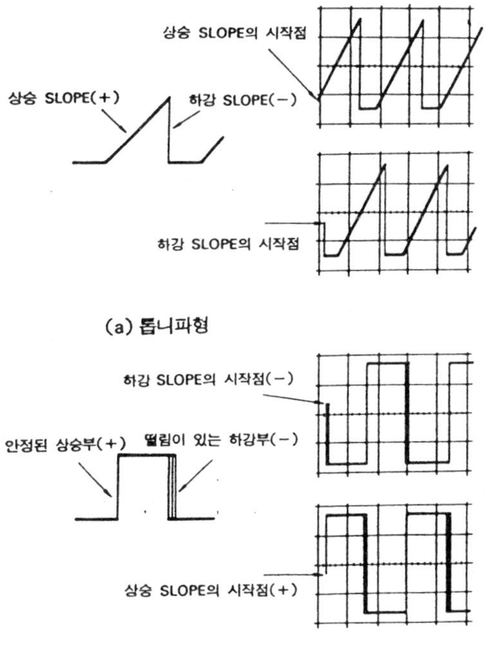

(a) 톱니파형

(b) 방형파형

그림 4.4. TRIGGER POINT선택

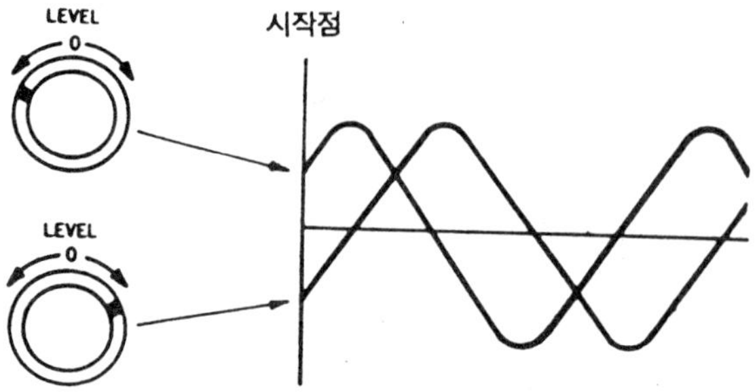

그림 4.5. TRIGGER LEVEL선택

(2) TRIGGER POINT 선택

SLOPE [30]은 소인의 시작점을 상승 시작점 혹은 하강 시작점 중 어느 부분에서 시작할 것인가를 결정합니다. 누른 상태에서는 상승 시작점이 되고 당긴 상태에서는 하강 시작점이 됩니다.

6. 합과 차의 측정

합과 차의 측정은 두 개 신호를 합하여 한 개의 파형으로 나타내는 기능을 말합니다. 합의 동작(ADD)은 CH1과 CH2 신호의 대수함을 나타내고, 차의 동작은 CH1과 CH2 신호의 대수 차를 나타냅니다. 본 제품의 ADD 측정방법은 아래와 같습니다.

1. 2현상측정(4.4.)과 같이 설정합니다.

2. 양쪽 VOLTS/DIV [13]과 [14]를 같은 위치에 놓습니다.
   VARIABLE [15]와 [16]은 최대 시계방향으로 돌려놓습니다. 두 신호의 진폭차이가 대단히 클 경우 큰 신호의 진폭이 화면 내에 올 수 있을만큼 양쪽 VOLTS/DIV 스위치를 함께 줄입니다.

3. TRIGGER의 스위치는 그 중 큰 신호를 기준으로 선택합니다.

4. V MODE[19]를 ADD에 놓으면 CH1과 CH2신호의 대수합이 한 개의 파형으로 나타납니다. 이때 수직 POSITION조절기 [17]과 [18]의 위치변화는 측정값을 변화시키기 때문에 조작을 금합니다.
   <주의>두입력 신호가 동위상일 때 두 신호는 합으로 나타나고
   (예; 4.2DIV + 1.2DIV = 5.4DIV) , 두 입력 신호가 180° 역위상일 때 두 신호는 차로 나타납니다. (예 ; 4.2DIV - 1.2DIV = 3.0DIV).

5. 만약 최대(p-p) 진폭이 매우 적은 신호일 경우는 양쪽 VOLTS/DIV 스위치를 조정하여 신호를 화면에 크게 표시한 후에 측정하도록 합니다.

두 신호의 합을 측정하는 방법이 하나 더 있습니다. 그것은 PULL CH2 INV로 표시되어 있는 CH2 수직 POSITION [18]을 당겨서 병행하는 방법입니다.
CH2 수직 POSITION을 당겨놓고 입력신호가 동위상일 때 ADD의 파형은 두신호의 진폭이 차가 됩니다.(예 ; 4.2DIV - 1.2DIV = 3.0DIV). 입력 신호가 180° 위상차를 가질 때는 두신호는 진폭의 합이 됩니다. (예 ; 4.2DIV + 1.2DIV = 5.4DIV).

7. X-Y 측정

X-Y 측정시에 내부 시간축은 사용되지 않으며, 수직 및 수평편향이 모두 외부 신호에 의해 동작됩니다. X-Y모드에서는 V MODE, TRIGGER 스위치, 이에 관련된 콘넥터와 기능은 동작하지 않습니다. X-Y 측정은 다음 순서로 합니다.

1. TIME/DIV [22]를 최대 시계방향(우측)으로 돌려 X-Y 위치에 놓습니다.
   <주의>소인되지 않고 점으로 나타날 시는 CRT 형광면이 손상될 우려가 있으니
   휘도가 너무 밝으면 줄이시기 바랍니다.

2. CH2, Y IN 콘넥터 [10]에 수직신호를, CH1, X IN 콘넥터 [9]에 수평신호를 가하면 휘선이 나타납니다. 휘도를 적당한 밝기로 조절하십시오.

3. CH2 VOLTS/DIV [14]로 휘선의 높이를, CH1 VOLTS/DIV [13]으로 휘선의 폭을 조절합니다. PULL ×5 MAG [15, 16]과 VARIABLE 조정은 필요에 따라서 조정하기 바랍니다. TIME VARIABLE [25]는 눌러진 상태에서 측정합니다.

4. 파형을 수직 (Y축)으로 움직이려면 CH2 수직 POSITION [18]로 하고, 수평(X축)으로 움직이려면 수평 POSITION [26]을 조정합니다.
   (CH1 수직 POSITION [17]은 X-Y 모드에서는 동작하지 않습니다.)

5. 수직(Y축)신호는 CH2수직 POSITION[18]을 당겨서 위상을 180° 바꿀 수 있습니다

8. 지연시간축 동작

2개의 시간축을 가지고 TRIGGER신호가 주어지면 바로소인이 시작되는 A시간축과 2번째로 소인이 시작되는 B시간축이 있어, 이는 수평방향으로 복합파형을 확대관측시 사용합니다.

(1) 연속 지연소인

1.수직모드를 적절한 위치에 설정합니다.

2. B TRIG'D 스위치를 나온 상태로 합니다.

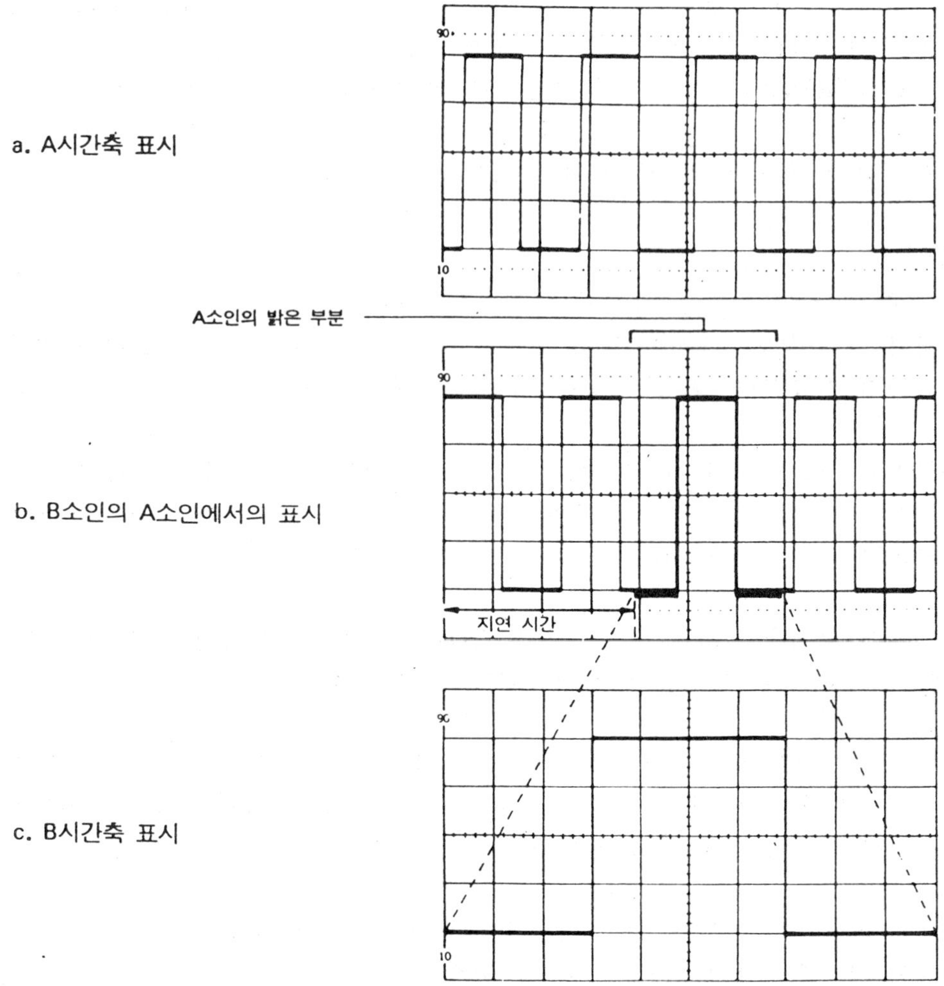

그림 4.6. B시간축에 의한 소인확대

3. HORIZ DISPLAY의 A INT 스위치를 누르시오. 파형의 일부분이 밝게 빛납니다.
   <주의> 밝은 부준이 너무 적을 경우에는 A와 B TIME/DIV스위치가 너무 큰 차이로 설정되어 있기 때문입니다.

4. B TIME/DIV [23]를 확대해서 보고 싶은 만큼 적당히 돌립니다.(그림4.6.b. 참조)

5. DELAY TIME POS [24]를 확대해서 보고 곳을 싶은 곳으로 움직여 갑니다.

6. HORIZ DISPLAY[21]의 B 스위치를 누르십시오, 앞의 5항에서의 밝은 부분이 화면 전체에 확대되어 나타납니다. 이 파형이 B 시간축 소인입니다.(그림 4.6c. 참조)

7. 더욱 확대 시켜 볼 필요가 있을 경우에는 A VARIABLE [25] PULLx10 MAG를

당겨 봅니다.

(2) TRIGGFER'D B소인

연속적인 지연소인에서 B시간축은 입력 신호에 의해 동기되 않고 DLY TIME POS 조절기의 설정되 주(A시간축)소인과 비교에 의해 동기됩니다. 이때 A와 B TIME/DIV 스위치의 설정값이 높은비(100:1 혹은 그이상)로 되면 JITTER가 발생하게 됩니다.
이것을 방지하기 위해 B소인은 입력신호나 시간축과 관계되는 TRIGGER에 의해 동기 시킵니다. DELAY TIME POS조정은 A와 B소인 간의 최소 지연시간을 결정하게 됩니다. 실제적인 지연시간은 차기동작 TRIGGER까지의 시간을 합한 시간이 됩니다. 결과적으로 실제 지연시간은 연속적이지 못하고 단계적인 분해능을 갖습니다. 위와 같은 기술에 의해 최대확장은 CRT휘도가 제한 받지 않는 한 수천배까지 가능하게 됩니다.

(3) TRIGGER된 B소인 사용절차는 다음에 따라 하십시오.

1. 연속 지연소인 절차와 같이 스위치를 설정합니다.

2. B TRIG'D스위치[21]을 누르고 TRIGGER LEVEL[30]을 적당히 조절합니다. 이때 B시간축은 A시간축과 같은 동기신호에 의해 동기됩니다. B소인의 시작은 동기된 신호의 처음과 끝에서 항상 개시됩니다.(DLY TIME POS 조절기를 돌려도 항상 일정)

9. 진폭측정

동기 소인 오실로스코프에는 크게 2가지 기능이 있습니다.
첫째, 진폭 측정이 있는데, 오실로스코프는 간단한 파형으로부터 복잡한 파형에 이르기까지 모두 측정이 가능합니다. 오실로스코프는 전압측정은 일반적으로 최대값 측정(p-p)과 순시치 최대값(p-p)측정의 2가지가 있습니다.
순시치 전압측정은 GND 기준으로부터 파형상의 각점의 전압을 측정하는 것입니다.
측정을 정확히 하기 위해서 VARIABLE은 시계최대 방향으로 반드시 돌려 놓으십시오.

(1)최대값(p-p) 전압 측정

1. 오실로스코프 수직모드의 스위치는 기본측정과 같이 설정합니다.

2. TIME/DIV[22]는 2-3주기 정도의 파형이 되도록 조정하고, VOLTS/DIV스위치는 CRT 화면내에 파형이 들어오도록 적당히 조정합니다.

3. 수직 POSITION [17]와 [18]을 적당히 조정하여 파형의 끝부분을 CRT관면의 수평눈금과 일치시킵니다.(그림4.7. 참조)

4. 수평 POSITION [29]를 적당히 조정하여 CRT 관면의 중앙 수직선상에 파형의 끝부분이 오도록 조정합니다. (이 선에서 0.2칸 간격의 눈금이 그어져 있습니다.)

5. 파형의 윗쪽 끝부분과 아래쪽 끝부분의 눈금을 세어서 그 값에다 VOLTS/DIV 스위치의 값을 곱하면 최대값(p-p)이 됩니다. 예를 들면 그림 4.6.과 같은 파형을 측정하여 그때 VOLTS/DIV값이 2V라면 실제는 0.8Vp-p가 됩니다. (4.0DIV×2.0V=8.0V)

6. 만약 수직 확대 표시가 ×5 모드이면 측정값에다 5를 나누어 줍니다.
PROBE가 10 : 1 이면 10배를 곱해 줍니다.

7. 100Hz 이하의 정현파나 1KHz 이하의 구형파를 측정할때는 AC/GND/DC스위치를 DC에 놓으십시오.
<주의>고전위의 DC전압이 실려있는 파형에서는 상기의 측정이 곤란합니다.
이때는 AC/GND/DC 스위치를 AC에 놓고 측정하시기 바랍니다.
(교류성분 측정이 필요할 시)

(2)순시치 전압측정

1. 오실로스코프의 수직 모드 스위치는 기본측정 절차와 같이 설정합니다.

2. TIME/DIV [22]나 [23]은 완전한 파형이 되도록 조정하고 VOLTS/DIV 스위치는 4-6칸이 되도록 조정합니다. (그림 4.7. 참조)

3. AC/GND/DC [11]이나 [12]를 GND에 놓습니다.

4. 수직 POSITION [17]나 [18]을 돌려 CRT상 수평눈금의 맨 아래 (+신호일때)나 맨 위쪽(—신호일때)에 일치 시킵니다.
<주의>수직 POSITON 조절기는 측정이 끝날 때 까지는 움직여서는 안됩니다.

5. AC/GND/DC 스위치를 DC에 놓습니다. +신호이면 GND설정 위로 파형이 나타나고, —신호이면 GND설정지점 아래로 파형이 나타날 것입니다.
<참고>파형에 비해 DC 전압이 크게 실려 있을 경우에는 AC/GND/DC 스위치를 AC에 놓고 AC 부분만을 따로 측정합니다.

6. 수평 POSITION [26]을 움직여 CRT면의 수직 눈금 중앙에 측정하고자 하는 지점을 일치시켜 그때의 진폭을 VOLTS/DV 값에 곱해줍니다. 수직 중앙 눈금은 0.2칸 마다 눈금이 매겨져 있어 측정이 용이합니다.
그림 4.7.의 예에서 VOLTS/DIV 스위치가 0.5V에 위치해 있으면 그 값은 2.5V가 됩니다. (5.0DIV × 0.5V = 2.5V)

7. 만약 ×5확대 측정시에는 상기 6항에서 측정한 값에 5를 나누어주고 ×10 PROBE를 사용했을 경우에는 그 값에다 10을 곱해줍니다.

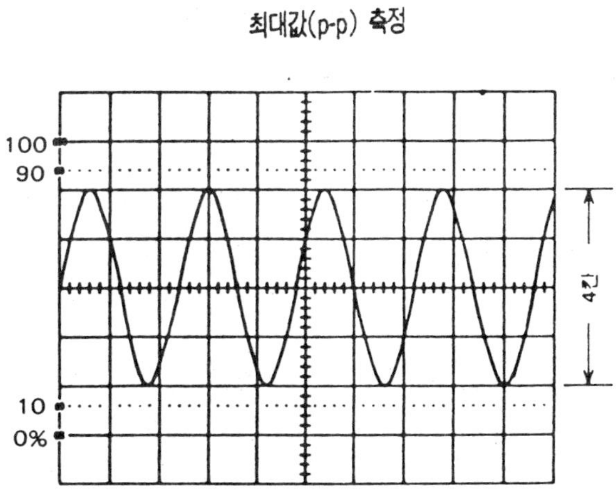

그림 4.7. 최대값(p-p)

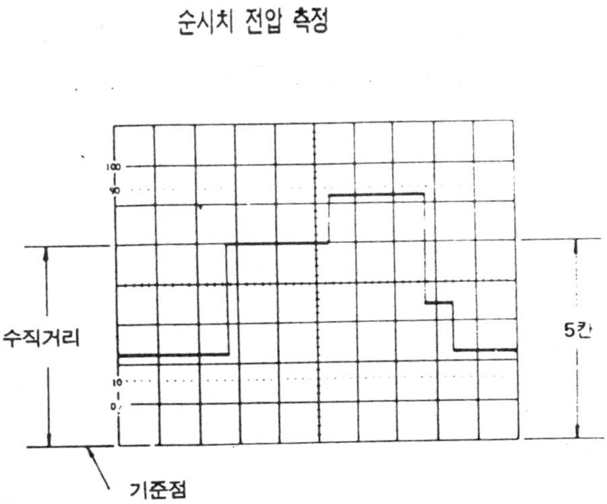

그림 4.8. 순시치전압측정

10. 시간간격 측정

동기소인 오실로스코프의 두 번째 중요한 측정이 바로 시간간격 측정입니다. CRT면에 균등하게 표시되어 있는 눈금은 시간축 스위치에 맞추어 모두 교정이 되어있기 때문에 시간간격 측정이 가능합니다.

(1)기본기술 : 시간 간격 측정의 기본 기술과 이 방법을 이용한 특성 측정이나 변화 측정 등은 다음의 설명을 응용하십시오.

1. 1현상측정(4.3.)에서와 같이 스위치를 설정합니다.

2. TIMT/DIV [22]를 파형이 될 수 있는한 크게 화면에 나오도록 설정합니다.
   TIME VARIABLE [24]는 잠김소리가 날 때까지 시계방향 최대로 돌립니다.
   만약 이렇게 하지 않으면 측정값이 부정확하게 되므로 주의하시기 바랍니다.

3. 수직 POSITION [17]과 [18]을 조정하여 수평눈금 중앙에 측정하고자 하는 파형을 일치 시킵니다.

4. 수평 POSITION [26]을 돌려 파형의 왼쪽을 수직눈금에 일치시킵니다.

5. 측정하고자 하는 지점까지의 눈금을 셉니다. 수평 중앙 눈금에는 0.2칸까지의 눈금이 매겨져 있습니다.

6. 5항에서 측정한 눈금에다 TIME/DIV 스위치가 설정한 값을 곱하면 구하고자 하는

시간이 됩니다. 만약 TIME VARIABLE 〔25〕가 당겨져 있으면 (×10 확대모드) 측정값에다 10을 나누어 줍니다.

(2)주기, 펄스폭, 듀티 사이클 측정

기본기술에서의 측정을 이용하면 펄스의 주기, 펄스폭, 듀티 사이클 등을 측정할 수가 있습니다. 신호의 완전한 주기가 화면에 표시 될 때 그때의 주기를 측정할 수가 있는데, 예를 들어 그림 4.9.에서 A와 C의 1주기의 측정값은, TIME/DIV 스위치가 10mS에 설정되어 있다면 10ms×7=70ms의 주기를 갖는 파형이 됩니다.

펄스폭은 A와 B의 시간을 말합니다. 그림 4.9.에서 1.5칸이므로 1.5DIV×10ms=15ms이 됩니다. 그런데 여기서 1.5칸은 거리가 짧기 때문에 TIME/DIV 스위치를 2ms에 놓게되면 그림 4.9b.와 같이 확대되어 보입니다. 그러면 짧은 펄스라도 측정 정확도는 더욱 좋아집니다. TIME/DIV 스위치로도 적게 보일 경우는 TIME VARIABLE 〔25〕를 당겨 ×10 확대된 상태에서 측정하면 좋습니다.

펄스폭과 주기를 알면 듀티 사이클을 계산해 낼 수 있습니다. 듀티 사이클은 펄스의 주기(ON 시간과 OFF 시간의 합)의 ON 시간에 대한 백분율을 말합니다.

그림 4.9.에서의 듀티 사이클은 다음과 같습니다.

$$\text{듀티 사이클 (\%)} = \frac{\text{펄스폭}}{\text{주 기}} \times 100 = \frac{A \rightarrow B}{A \rightarrow B} \times 100$$

$$\text{(예) 듀티 사이클} = \frac{15mS}{\quad} \times 100 = 21.4\ \%$$

시간 간격 측정

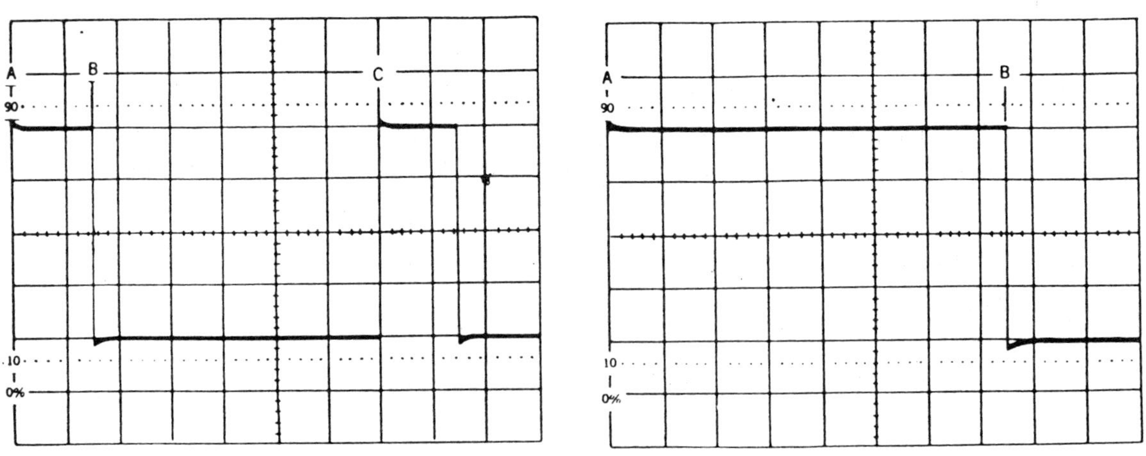

a. 10mS 간격

b. 2mS 간격

70mS .

그림 4.9. 시간간격측정

11. 주파수 측정

주파수의 정확한 측정이 필요할 경우에는 주파수 측정기를 사용해야 합니다.
오실로스코프 후면에는 CH-1 OUTPUT 콘넥터[20]가 있어 여기에 주파수 측정기를 연결하게 되면 파형 관측 및 주파수 측정을 동시에 할 수 있는 편리함이 있습니다.
그러나 주파수 측정기가 없거나 주파수 측정기로는 측정하기 곤란한 변조 파형, 또는 잡음이 많아 실려있는 파형은 오실로스코프로 직접 측정 할 수가 있습니다.
주파수는 주기와 상호관련이 있습니다. 우선 간단히 4.9. 시간간격 측정에서 나오는 주기 t를 알았다고 한다면 주파수는 1/t로 계산하여 간단히 구할 수 있습니다.
1/t의 공식을 적용하여 주기가 초 일때는 주파수는 ㎐가 되고, 주기가 밀리 초(ms)이면 주파수는 ㎑, 주기가 마이크로초(μs)이면 주파수는 ㎒가 됩니다.
주파수의 정확도는 시간 축의 정확한 교정과 세밀한 주기측정에 의해 결정됩니다.

12. 위상차 측정

위상차나 신호사이의 위상각은 2현상 측정방법이나 X-Y모드에서 리사쥬 도형법으로 측정 할 수 있습니다.

(1)2현상 측정방법 :

이 방법은 어떤 형태의 입력 파형에서 도 가능합니다. 파형이 서로다를 경우나 위상차가 클 경우에도 20㎒까지는 측정이 가능합니다.

1. 2현상측정(4.4)에서와 같이 스위치를 설정합니다. 한 신호를 CH1 IN 콘넥터 [9]에, 다른 신호를 CH2 IN 콘넥터 [10]에 연결합니다.

<참고>주파수가 높아질 경우에는 똑같은 PROBE를 쓰거나 지연시간이 같은 동축 케이블을 사용하여야 측정오차를 줄일 수 있습니다.

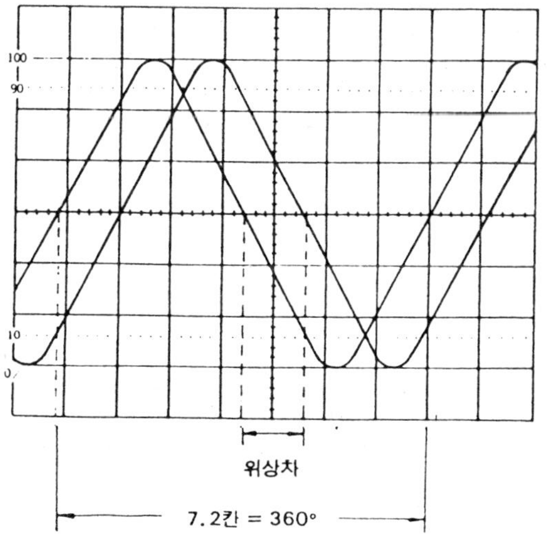

그림 4.10. 2현상측정법에 의한 위상측정

2. TRIGGER SOURCE [28]을 안정된 파형쪽으로 설정합니다. 이때 다른 파형은 수직 POSITION 조절기를 조정하여 파형이 보이지 않게 위나 아래로 보냅니다.

3. 수직 POSITION을 조정하여 파형을 중심으로 이동시킵니다.
VOLTS/DIV와VARIABLE을 조정하여 파형이 6칸을 차지하도록 잘 맞춥니다.

4. TRIGGER LEVEL [30]을 적절히 조정하여 수평눈금을 시작점에 파형의 시작점을 정확히 맞춥니다.(그림 4.10. 참조)

5. TIME/DIV [22], TIME VARIABLE [25], 수평 POSITION [26]을 적절히 조정하여 파형의 1주기가 7.2칸이 되도록 조정합니다.
   그러면 수평눈금 하나는 50° 가 되고 작은 눈금하나는 10° 가 됩니다.

6. 보이지 않게 움직여 놓은 다른 파형도 수평눈금 중앙에 오도록 3항에서와 같은 절차를 수행합니다.

7. 두 파형의 수평축 상에서의 시작점사이의 거리가 곧 위상차가 됩니다.
   예를 들면, 그림 4.10.에서 보이는 위상차는 5.2칸이므로 60° 가 됩니다.

8. 만약 위상차가 50° 이내이면 ×10확대 모드를 이용하여 세밀히 측정할 수도 있습니다. 이때의 한 칸은 5° 를 나타내는데 유의하시기 바랍니다.

(2) 리사쥬 도형법 :

이 방법은 입력파형이 정현파일 경우에만 가능합니다. 수평 증폭기의 대역폭에 따라서 측정은 500KHz이상도 가능할 수가 있습니다. 특성에서 규정한 최대 정확도를 유지하기 위해서는 20KHz이하에서 측정하는 것이 좋습니다.

리사쥬 도형법에 의한 위상차 측정은 다음 절차에 따릅니다

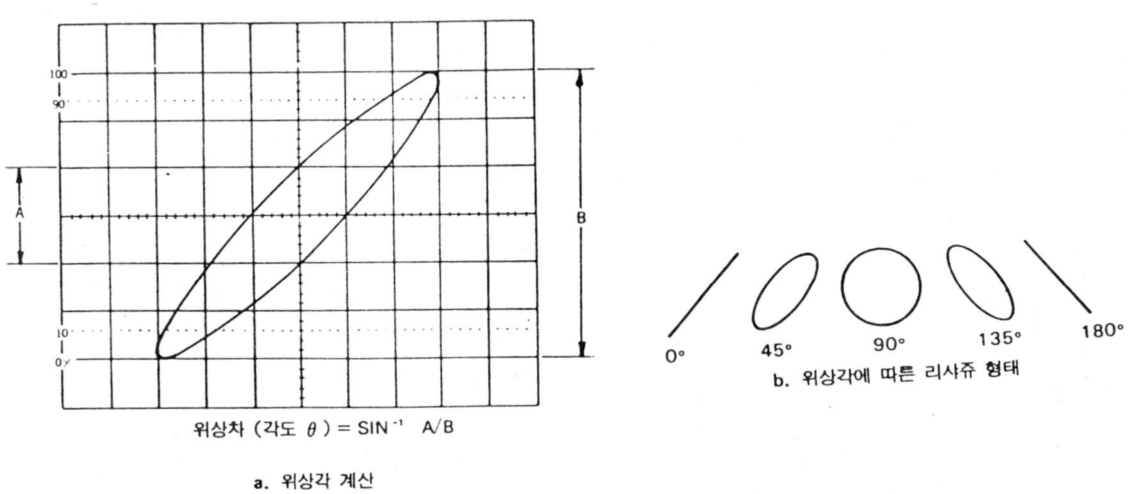

그림 4.11. 리사쥬 도형법에 의한 위상측정

1. TIME/DIV 스위치를 최대 시계방향으로 돌려 X-Y위치에 설정합니다.
   <주의>이때 CRT상에 휘도가 너무 밝아 형광면을 손상시키는 경우가 있기 때문에 휘도를 적당히 낮추기 바랍니다.

2. CH2 POSITION [18]과 PULL ×10MAG [16]을 눌러진 상태로 합니다.

3. 한 신호를 CH1, X IN 콘넥터 [9], 다른 신호는 CH2, Y IN 콘넥터 [10]에 연결합니다.

4. CH2 수직 POSITION [18]로 파형이 관면의 중앙에 오도록 조정하고 CH2 VOLTS/DIV [14]와 VARIABLE [16]을 함께 조정하여 파형이 6칸이 되도록 조정합니다.(파형은 100%와 0%눈금선 상에 존재합니다.)

5. CH1 VOLTS/DIV [13]과 VARIABLE로 4.항과 같은 수평 6칸이 되도록조정 합니다.

6. 수평 POSITION [26]으로 정확하게 조정하여 파형이 수평중앙에 오도록 조정합니다.

7. 파형이 수직 중앙눈금에서 몇 눈금을 지시하는가를 셉니다. 만약 세밀한 측정을 위해서는 CH2 POSITION으로 움직이면서 세어도 무방합니다.

8. 두 신호의 위상차 (각도 θ)는 $\Lambda \div B$ (7항에서 6으로 나눈 수)의 아크사인 값과 같습니다. 예를 들어 그림 4.11a와 같은 파형일 때 7항에 의해서 계산하면 $2 \div 6 = 0.3334$의 아크사인값인데, 각도로 환산하면 19.5° 가 됩니다.

   위상차(각도 θ) $= \sin^{-1} \dfrac{A}{B}$

9. 간단한 방법으로 90° 보다 작은 각도에서는 바로 적용이 가능합니다.
   90° 보다 큰 각도에 대해서는 90° 씩을 더해주는데 그 값은 그림 4.11b의 여러가지 위상각을 보고 결정하시기 바랍니다.
   <참고>사인각의 변환은 삼각함수표와 삼각함수 계산식에 의해 구할 수 있습니다.

10. READOUT기능을 가진 제품인 경우는 CURSORFMF 그림과 같이 이동시킨 후 A, B값을 측정하면 위상차 θ를 계산할 수 있습니다.

13. 상승시간 측정

상승시간은 총 펄스 신폭의 상승부 10%부터 90%까지의 도달시간을 말합니다.
하강시간은 총펄스 진폭의 하강부 90%로부터 10%까지의 도달시간을 말합니다.
상승시간 및 하강시간을 통틀어서 모두 과도시간이라고 하고 측정은 같은 방법으로 합니다. 상승 및 하강시간의 측정방법은 다음과 같습니다.

1. 측정하고자 하는 펄스를 CH1 IN 콘넥터 [9]에 연결하고 AC/GND/DC [11]은 AC에 놓습니다

2. TIME/DIV [22]를 조절하여 펄스가 2주기 정도 나타나도록 합니다.
   TIME VARIABLE [25]를 최대 시계방향으로 돌리고 눌러진 상태로 측정합니다.

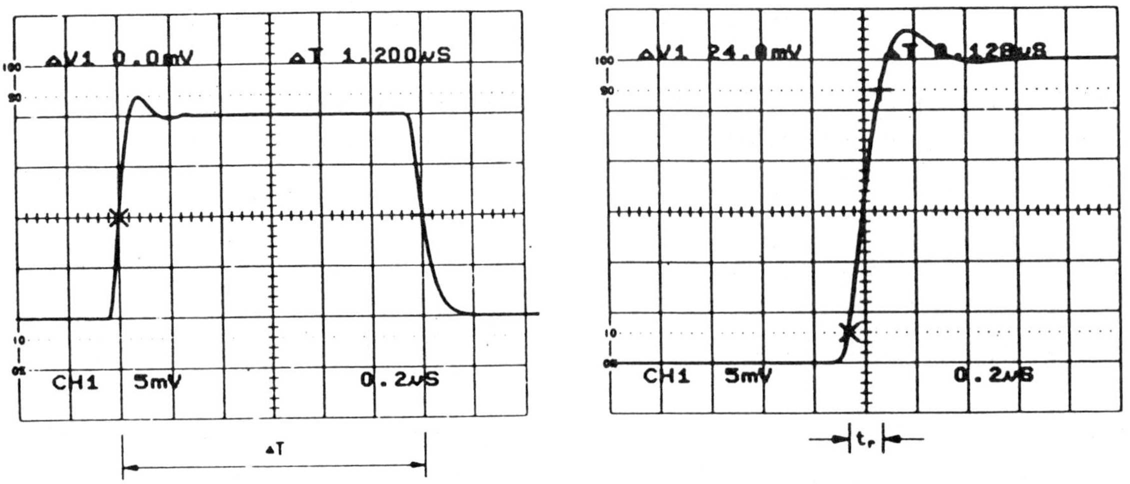

a. 기본표시설정 b. 수평확대표시

그림 4.12. 상승시간측정

3. CH1 POSITION [17]을 조정하여 펄스를 수직 중앙에 일치시킵니다.

4. CH1 VOLTS/DIV [13]을 조정하여 펄스의 윗부분이 100%눈금선에, 펄스의 아랫부분이 0%의 눈금선에 가장 가깝게 합니다. 맞지 않을 경우는 양쪽 눈금선을 약간 벗어나게 하여 VARIABLE [15]를 반시계방향으로 조금 돌려 100%선과 0%선에 정확히 맞춥니다. (그림 4.12. 참조)

5. 수평 POSITION [26]을 조정하여 펄스의 상승부가 수직중앙 눈금에 (10%지점에서 만남)오도록 합니다.

6. 주기에 비하여 느린 상승시간은 확대할 필요가 없지만 상승시간이 짧아서 거의 수직눈금과 일치할 정도이면 TIME VARIABLE/PUSS ×10 MAG [25]를 당겨서 5항과 같이 조정합니다. (그림 4.12b. 참조)

7. 수평상으로 10%지점 (수직눈금중앙)과 90%지점과의 사이의 눈금을 셉니다.

8. 7항에서 세어둔 값과 TIME/DIV 스위치의 숫자값을 곱하면 상승시간이 됩니다. 만약 ×10 확대 모드일 경우는 그 값에다 10을 나누어 줍니다. 예를 들어, TIME/DIV 스위치가 1μs에 설정되어 있을 때 그림 4.12a와 같이 측정되었다면 상승시간은 360ns가 됩니다.

9. 하강시간을 측정할 때는 하강시점의 10%되는 지점을 수직중앙 눈금에 일치시키고, 7항과 8항 절차에 따라 측정하면 됩니다.

10. 상승과 하강시간을 측정할 때 OS-9020A 에서는 17.5nS, OS-9040D, OS-904RD에서는 8.8nS의 과도 시간이 포함되어 있음에 유의해야 합니다.
이러한 오차는 측정시간이 70nS이상일 경우는 무시해도 좋지만 그보다 짧을 경우에는 다음공식에 의해서 구하도록 하십시오.

$tc=\sqrt{tm^2-77}$ tc : 실제 과도시간 tm : 측정 과도시간

14. 구성도

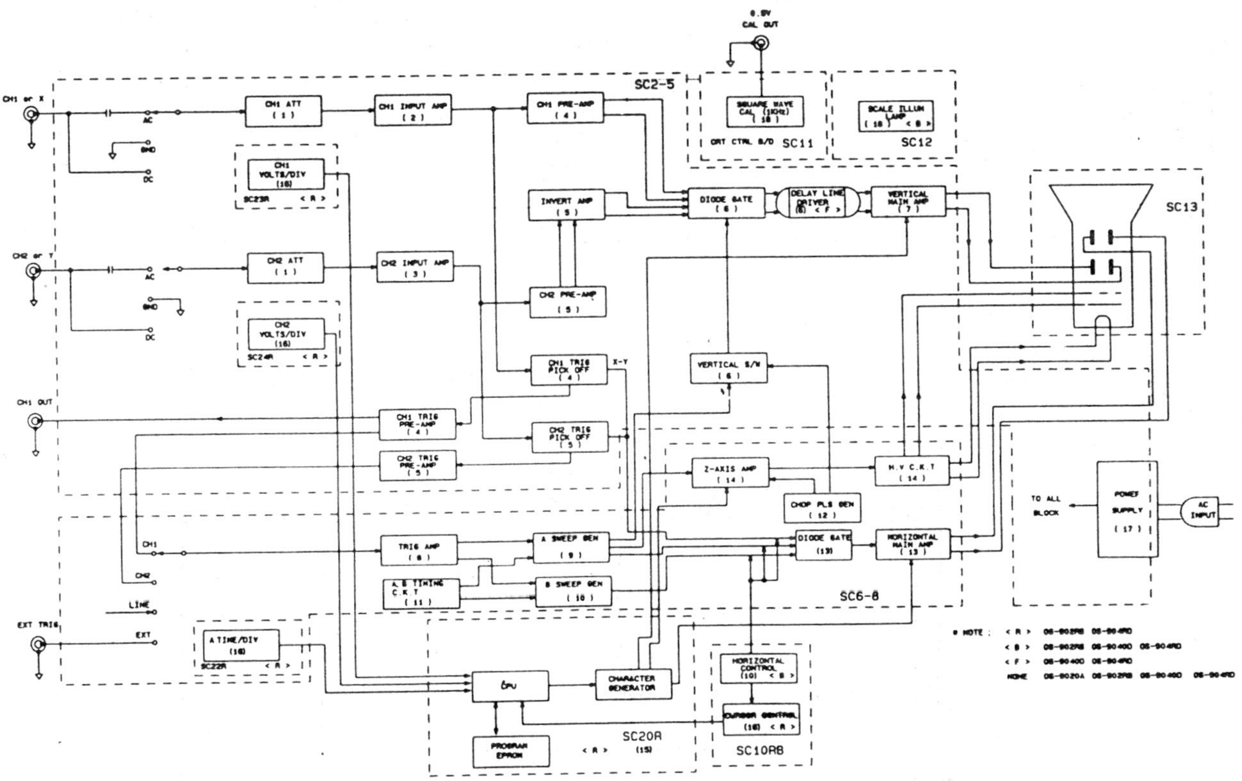

그림 4.13. 구성도

2-5. 디지털 오실로스코프(TDS210)

5.1. 작동기본

프론트 패널은 사용하기 쉽고 찾기 쉬운 기능분야로 구분되어 있다.
본 장에서는 제어기 및 화면에 디스플레이 되는 정보를 간단히 훑어 볼 수 있다.

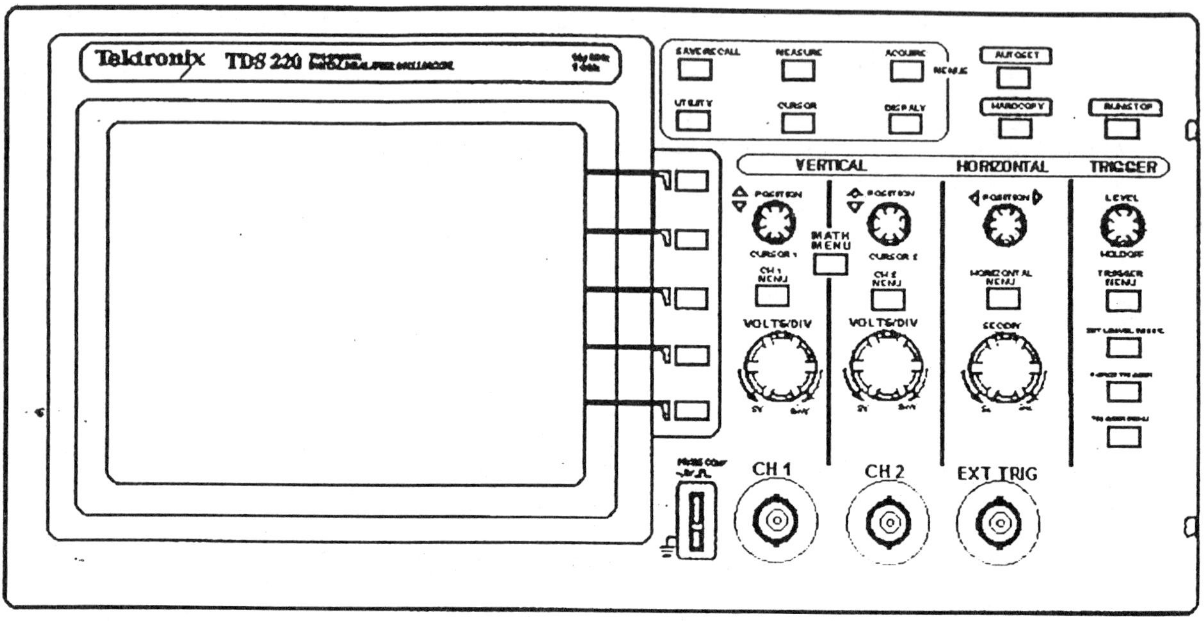

1. 디스플레이 영역

파형을 디스플레이 하는 것 이외에도, 디스플레이에는 파형 및 계기제어 설정에 관한 여러 가지 세부사항으로 채워져 있다.

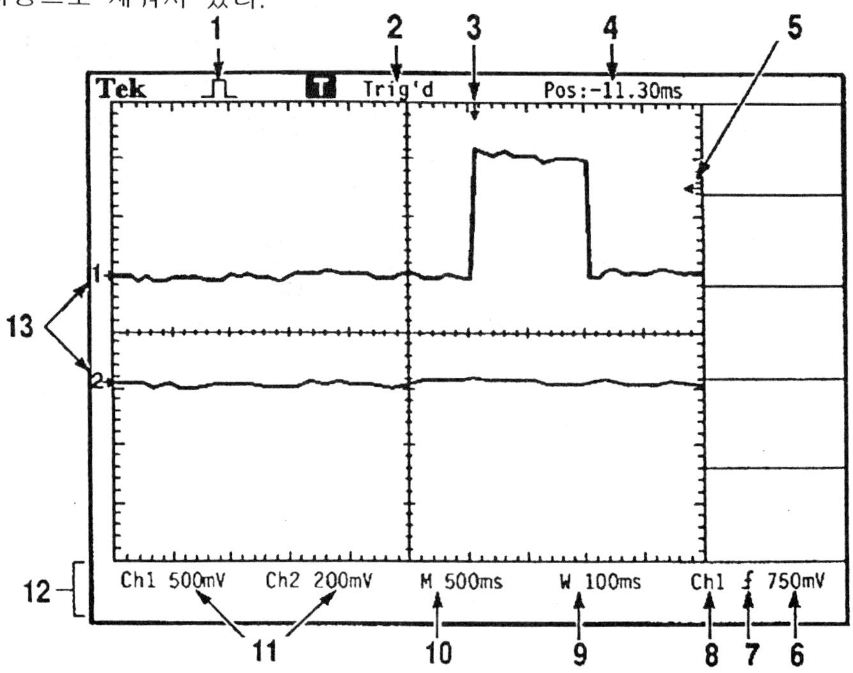

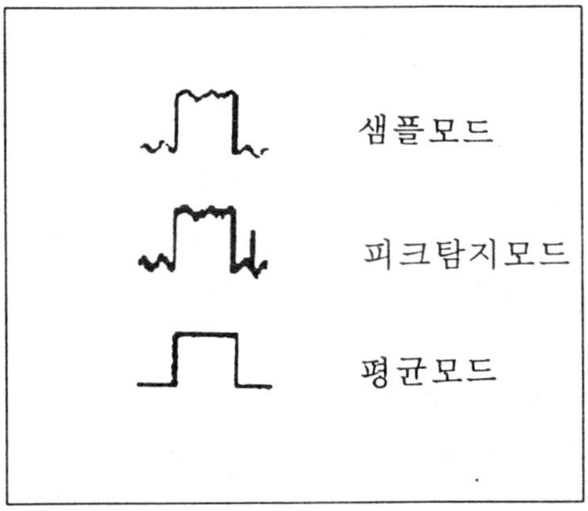

1. 아이콘 디스플레이는 획득 모드를 보여준다.
2.. 트리거 상태는 적당한 트리거 신호원(trigger source)이 있는지, 혹은 획득이 정지되었는지를 보여준다.
3. 표시기는 수평 트리거 위치를 보여준다.
   또한 수평 위치 제어기가 트리거 위치를 사실상 수평으로 움직이므로 수평 위치를 나타낸다.
4. 트리거 위치 디스플레이는 중심 격자선(center graticule)과 트리거 위치 사이의 간격을(시간 상의)보여준다. 화면중심은 0과같다.
5. 표시기는 트리거 레벨을 보여준다.
6. 판독(Readout)은 트리거 레벨의 수치를 보여준다.
7. 아이콘은 에지 트리거링을 위해 선택된 트리거 경사를 보여준다.
8. 판독은 트리거링에 사용된 트리거 신호원을 보여준다.
9. 판독은 확대 범위 시간대 설정을 보여준다.
10. 판독은 주 시간대 설정을 보여준다.
11. 판독은 1번 및 2번 채널 수직배율 계수를 보여준다.
12. 디스플레이 영역은 온라인 메시지를 잠시 보여준다.
13. 화면상 표시기는 디스플레이된 파형의 접지 레퍼런스 포인트를 보여준다.
    채널이 디스플레이 되지 않았음을 나타내는 표시기는 없다.

2. 파형 디스플레이

파형 디스플레이 획득은 여러 계기 설정에 따라 달라진다. 일단 파형을 얻으면, 측정을 할 수 있다. 이러한 파형들의 형태는 또한 파형에 대한 주요 정보를 제공한다.
종류에 따라 파형은 다음의 3가지 형태로 디스플레이 된다.(검은색, 회색 및 절선)

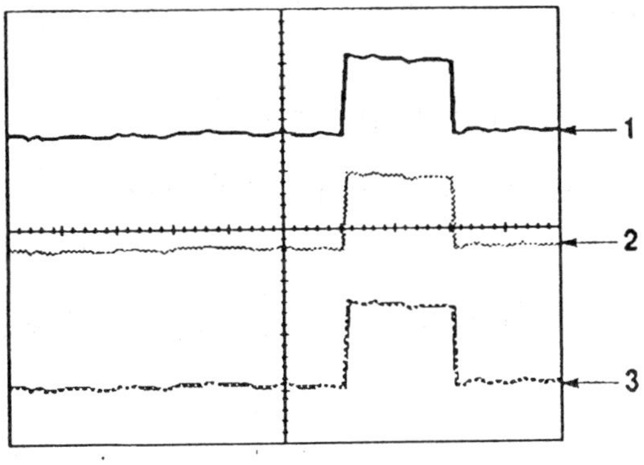

1. 연속된 검은색 파형은 파형 디스플레이를 나타낸다. 미정의 디스플레이 정확도를 불안정하게 만드는 제어기가 변경되지 않을 경우, 획득이 정지되었을 때 파형은 검은색을 유지한다. 정지된 획득 상태에서 수직 및 수평 제어기 변경은 허용된다.

2. 레퍼런스 파형 및 지속 기능이 적용된 파형은 회색으로 나타난다.

3. 절선 출현은 파형 디스플레이 정확도가 불확실하다는 것을 나타낸다. 이것은 획득이 정지된 다음 제어 설정을 변경한 결과이다. 이 제어 설정에서 계기는 디스플레이된 파형과 일치하도록 수정할 수 없다. 예를 들어, 정지된 획득 상태에서의 트리거 제어기 변경은 절선 파형의 원인이 된다.

3. 수직 제어기

CH1 및 CURSOR 1 POSITION. 1번 채널 디스플레이 혹은 1번 커서 위치를 수직으로 조정한다.

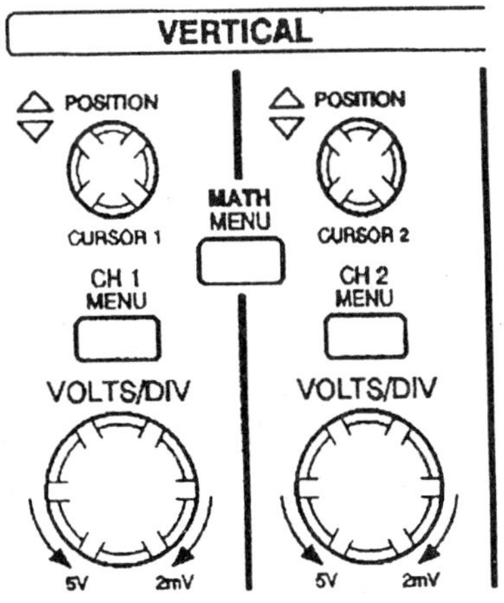

CH2 및 CURSOR 2 POSITION. 2번 채널 디스플레이 혹은 2번 커서 위치를 수직으로 조정한다.

MATH MENU. 파형 math 작동 메뉴를 디스플레이 한다.

CH 1 및 CH 2 MENU. 채널 입력 메뉴 선택을 디스플레이하고 채널 디스플레이 on/off를 바꾼다.

VOLTS/DIV (CH 1 및 CH 2). 교정된 배율계수를 선택한다.

4. 수평제어기

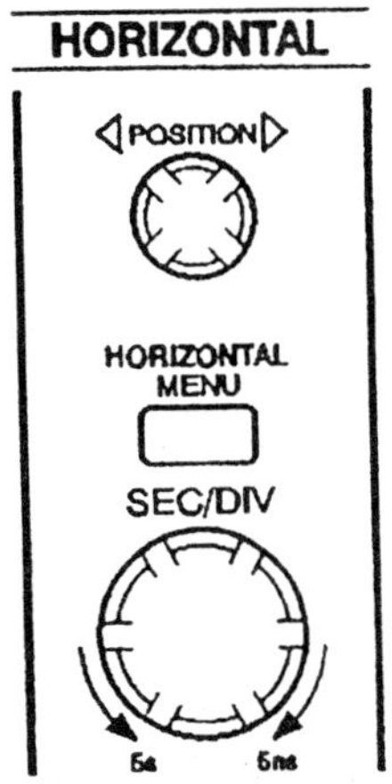

POSITION. 모든 채널의 수평 위치를 조정한다.

HORIZONTAL MENU. 수평 메뉴를 디스플레이 한다.

SEC/DIV. 주 시간대 및 확대 범위에 대해 수평 시간/div(배율계수)를 선택한다.

확대범위 작성 및 사용에 관해서는 레퍼런스 수평(2.5.)참조

5. 트리거 제어기

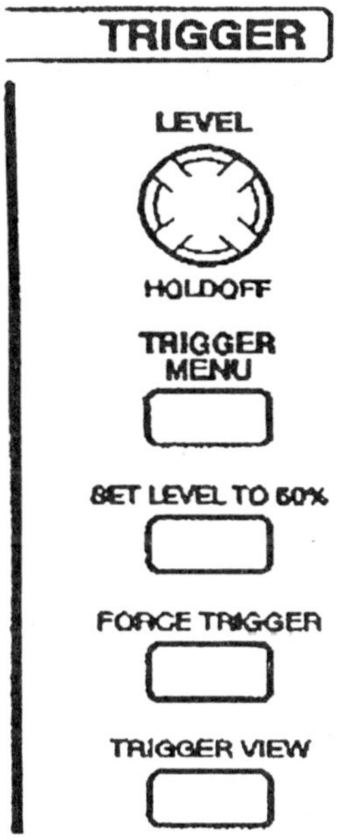

LEVEL 및 HOLDOFF. 본 제어 과정은 수평 메뉴 시스템에서 정의된 이중 목적을 가진다. 트리거 레벨 제어기로서, 신호가 획득을 유발시키기 위해 통과해야 하는 진폭 레벨을 설정한다.
또한 지연 제어기로, 다른 트리거 이벤트가 접수되기 전까지의 시간의 양을 정한다. 2.9.참조.

TRIGGER MENU. 트리거 메뉴를 디스플레이 한다.

SET LEVEL TO 50%. 트리거 레벨은 신호 레벨의 50%까지 설정된다.

FORCE TRIGGER. 적당한 트리거 신호가 없어도 획득을 시작 한다.

TRIGGER VIEW. TRIGGER VIEW 버튼이 눌러져 있는 동안에 트리거 파형을 채널 파형 자리에 디스플레이 한다.

6. 제어 버튼

SAVE/RECALL. 설정 및 파형을 위해 저장 및 호출 메뉴를 디스플레이 한다.
MEASURE. 자동 측정 메뉴를 디스플레이 한다.

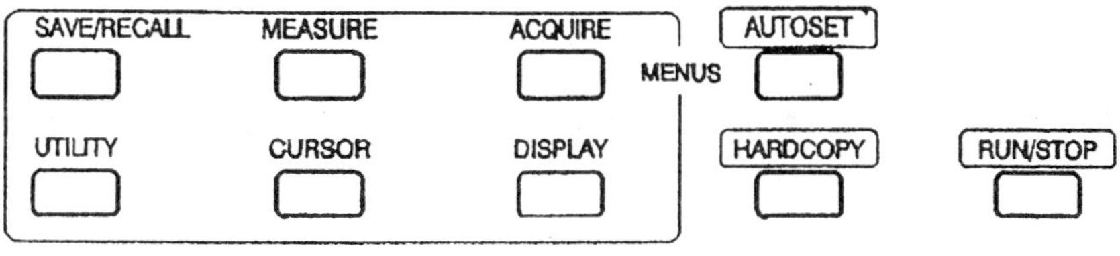

ACQUIRE. 획득 메뉴를 디스쁠레이 한다.

DISPLAY. 디스플레이 종류 메뉴를 디스플레이 한다.

CURSOR. 커서 메뉴를 디스플레이 한다. 커서 메뉴가 디스플레이 되는 동안 수직 위치 제어기는 커서 위치를 조정한다. 커서는 커서 메뉴가 없어진 후에도 디스플레이 된 상태를 유지하지만 (끄지 않은 이상) 조정할 수는 없다.

UTILITY. 유틸리티 메뉴를 디스플레이 한다.

AUTOSET. 입력 신호 중에서 사용 가능한 디스플레이를 만들도록 계기 제어기를 자동적으로 설정한다.

HARDCOPY. 프린트 작동을 시작한다. 센트로닉스 혹은 RS-232포트를 가진 확장 모듈을 필요로 한다.

RUN/STOP. 파형 획득을 시작하거나 정지한다.

7. 커넥터

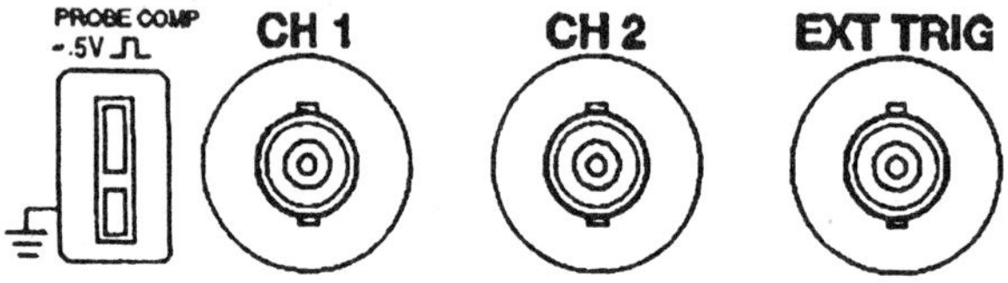

PROBE COMP. 전압 프로브 보상 출력 및 접지. 프로브가 입력회로에 전기적으로 일치하도록 이 보상기를 사용한다.

CH 1 및 CH 2. 파형 디스플레이를 위한 입력 커넥터.

EXT TRIG. 외부 트리거 신호원을 위한 입력 커넥터. 트리거 신호원을 선택하기 위해 트리거 메뉴를 사용한다.

5.2. 레퍼런스

본 장에서는 각 프론트 패널 메뉴버튼에 관련된 메뉴 및 작동 세부사항을 설명하고 있다.

1. 획득

메뉴	설정	비 고
샘플		이것을 디폴트 모드이며 가장 빨리 획득을 제공함.
피크 검출		돌발사고를 검출하거나 엘리어싱의 가능성을 줄이기 위해 사용함
평균		신호 디스플레이에서 불규칙하거나 무관한 소음을 줄이는데 사용함. 평균 수치는 선택 가능함.
평균횟수 N>	4 16 64 128	평균 수치를 선택함.

획득 매개 변수를 정하기 위해 ACQUIRE 버튼을 누른다.

중요 사항

협소한 돌발사고가 간헐적으로 포함된 소음 방형파 신호를 프로브 할 경우, 디스플레이 된 파형은 선택한 획득 모드에 따라 다양하게 변할 것이다.

다음 페이지는 획득 모드의 각 종류 및 그 차이를 설명한다.

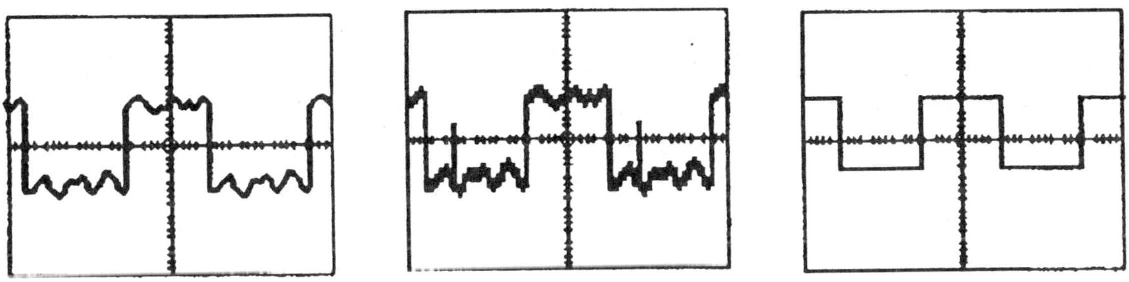

샘플 피크검출 평균

샘플 2,500 포인트를 획득해서 SEC/DIV 설정에서 디스플레이하기 위해 샘플 획득 모드를 사용한다. 샘플 모드는 디폴트 모드이다.

샘플 모드는 각 간격에서 단일 샘플 포인트를 획득한다.

최대 샘플 비율은 1GS/s 이다. 몇 개의 SEC/DIV 설정치에서, 이 샘플 비율은 2,500 포인트를 충족시키기 위해 샘플 포인트 사이에서 포인트를 생성한다.

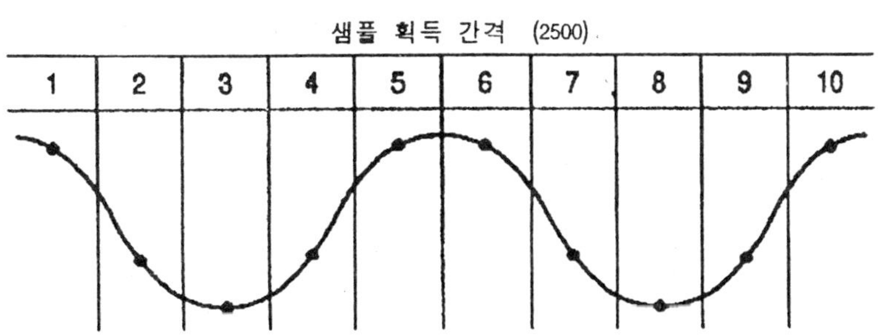

● 샘플 포인트 샘플 모드는 각 간격에서 단일 샘플 포인트를 획득한다.

피크검출. 엘리어싱의 가능성을 제한하도록 피크 검출 획득 모드를 사용한다.

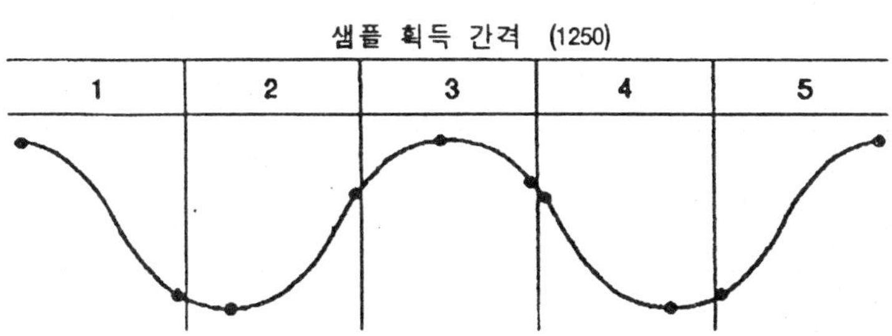

● 디스플레이된 샘플 포인트

피크 검출 모드는 각 간격에서 최고 및 최저 획득 전압을 디스플레이한다

또한, 10ns의 좁은 범위에서 돌발사고를 탐지하는 데 피크 검출을 사용한다.
피크 검출은 5μs/div 이하의 속도로 SEC/DIV 설정치에서 기능을 수행한다. 2.5μs/div 이상의 속도에서의 SEC/DIV 설정의 경우, 획득 모드는 자동적으로 샘플로 전환한다.

평균. 디스플레이를 원하는 신호에서 불규칙하거나 무관한 소음을 줄이기 위해 평균 획득 모드를 사용한다. 데이터는 샘플 모드에서 획득되며, 그 때 파형 수치가 함께 평균화된다. 파형을 평균화하기 위해 획득 수치 (4, 16, 64 혹은 128)를 선택한다.

스캔 모드 디스플레이(Scan Mode Display). SEC/DIV 제어가 100μs/div 이하의 속도로 정해지거나 트리거모드가 자동을 정해질 때, 계기는 스캔 획득 모드를 입력한다. 이 모드에서, 파형은 왼쪽에서 오른쪽으로 최근 정보를 디스플레이 한다.
스캔모드 동안에는 파형의 수평위치 혹은 트리거 제어는 없다.

획득 정지(Stopping the Acquisition). 획득이 실행되는 동안, 파형 디스플레이는 활성화 상태이다. 획득을 정지시키면 디스플레이가 멈춘다. 어떤 모드에서건, 파형 디스플레이가 수직 및 수평 제어기와 함께 배율 혹은 위치되어 질 수 있다.

2. 자동설정

기 능	설 정
획득 모드	샘플
수직 커플링	DC (GND가 선택된 경우)
수직 VOLTS/DIV	조정
대역폭	충족
수평 위치	중앙
수평 SEC/DIV	조정
트리거 종류	에지
트리거 신호원	최저치 채널 디스플레이
트리거 커플링	DC, 잡음 제거 혹은 HF 제거에 맞춤
트리거 경사	상승
트리거 지연	최소
트리거 레벨	50%까지 세트
디스플레이 형식	YT
트리거 모드	자동

자동 설정의 특성은 입력 신호 중에서 사용 가능한 디스플레이를 산출하도록 제어기를 자동적으로 조정하는 데 있다. AUTOSET를 눌러서 다음 목록에 나와있는 각 항목을 설정 혹은 조정한다.

3. 커서

측정 커서 및 커서 메뉴를 디스플레이 하려면 CURSOR를 누른다.

메뉴	설정	비고
종류	전압 시간 OFF	측정 커서를 선택하고 디스플레이함 전압은 진폭을 측정하며 시간은 시간 및 주파수를 측정함
신호원	CH1 CH2 MATH REF A REF B	커서가 붙어있는 채널 혹은 신호원의 파형을 선택함
절대차		커서 사이의 차이 (절대차)는 여기에 디스 플레이 됨
커서 1		1번 커서 위치를 디스플레이 함(시간은 트리거 위치에 레퍼런스 되고, 전압은 접지에 레퍼런스 됨)
커서 2		2번 커서 위치를 디스플레이 함(시간은 트리거 위치에 레퍼런스 되고, 전압은 접지에 레퍼런스 됨)

중요 사항

커서 이동(Cursor Movement). 1번 및 2번 커서를 이동하려면 수직 위치 놉을 사용할 수 있다. 커서 메뉴가 디스플레이 되어있는 동안에만 커서를 이동할 수 있다.

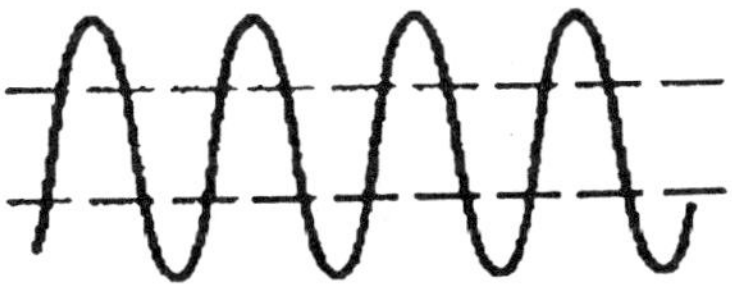

전압커서

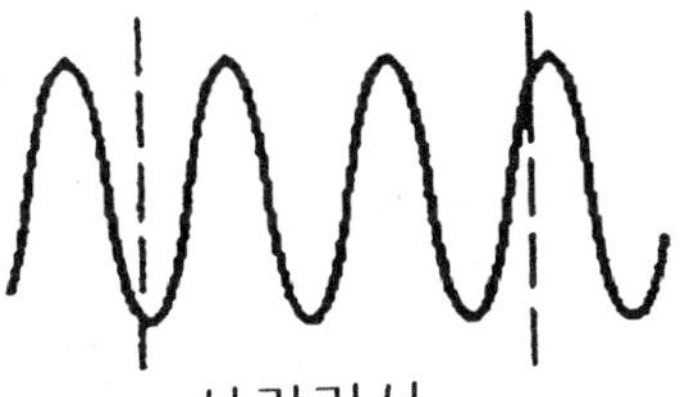

시간커서

4. 디스플레이 (Display)

파형이 나타나는 방법을 선택하고 전체 디스플레이 형태를 변경하기 위해 DISPLAY 버튼을 누른다.

중요 사항

지속기능(Persistence) 지속 기능을 사용할 때, 새 데이터가 검은색 영역에 디스플레이 되는 반면, 보유하고 있는 이전 데이터는 회색 영역에 디스플레이 된다. 무한으로 지속기능을 설정함과 동시에, 제어 조건이 변경될 때까지 레코드 포인트는 누적이 된다

메뉴	설정	비 고
종류	벡터 도트	전압은 디스플레이에서 인접한 샘플 포인트 간의 공간을 채움 도트는 샘플 포인트만 디스플레이 함
지속기능	OFF 1초 2초 5초 무한대	여분의 샘플 포인트가 디스플레이 된 각각에 대해 시간의 길이를 설정함
형식	YT XY	YT 형식은 시간(수직 눈금)에 대한 수직 전압을 디스플레이 함. XT 형식은 수평축에서 1번 채널을, 수직측에서 2번 채널을 디스플레이 함.
대비증가		디스플레이의 검은색(혹은 회색)영역을 어둡게 함.
대비감소		디스플레이의 흰색 영역을 밝게 함.

XY 형식. 수평축의 1번 채널과 수직축의 2번 채널을 디스플레이 하기 위해 XY 디스플레이 형식을 선택한다. 샘플 획득 모드가 사용되고 있으며 데이터는 도트로 디스플레이 된다. 샘플링 비율은 1ms/s이다.

제어기는 다음과 같이 동작한다 :

- 1번 채널 VOLTS/DIV 및 수직 POSITION 제어기는 수평 배율 및 위치를 설정한다.
- 2번 채널 VOLTS/DIV 및 수직 POSITION 제어기는 수직 배율 및 위치를 계속설정 한다.

다음 기능들은 XY 디스플레이 형식에서 동작하지 않는다.

- 레퍼런스 혹은 Math 파형
- 커서
- 자동설정(디스플레이 형식을 YT로 재설정한다.)
- 시간대 제어기
- 트리거 제어기

***하드 카피**

디스플레이의 하드 카피를 프린트하려면 HSRDCOPY 버튼을 누른다. 하드 카피는 Centronics 혹은 RS-232 포트를 가진 확장 모듈이 프린트에 설치, 연결되어 있어야 기능을 수행할 수 있다.

5. 수 평

시간대. 수평 위치. 파형의 수평 확대를 변경하기 위해 수평 제어기를 사용할 수 있다.

메뉴	설정	비 고
주 시간축		주 수평시간대 설정은 파형을 디스플레이 하는데 사용함.
확대 범위		커서 2개가 확대 범위를 규정함. 수평 위치 및 SEC/DIV 제어기와 함께 확대 범위를 조정함
확대 시간축		확대 범위 안에서 파형 세그먼트(화면 폭까지 확장됨)가 보이도록 디스플레이를 변경함.
트리거	레벨지연	트리거 레벨 높이 트리거 레벨(전압)을 조정할지 지연 시간(초)을 조정할지 선택. 지연값(holdoff value)이 디스플레이됨

중요 사항

SEC/DIV. (RUN/STOP버튼을 사용하여) 파형 획득이 정지될 경우,SEC/DIV 제어는 파형을 확대 혹은 압축한다.

스캔 모드 디스플레이. SEC/DIV 제어가 100μs/div 이하의 속도로 설정되거나 트리거 모드가 자동으로 설정될 때. 계기는 스캔 획득 모두를 입력한다. 이 모드에서. 파형은 왼쪽에서 오른쪽으로 최근 정보를 디스플레이 한다. 스캔 모드 동안에는 트리거나 파형의 수평 제어는 없다.

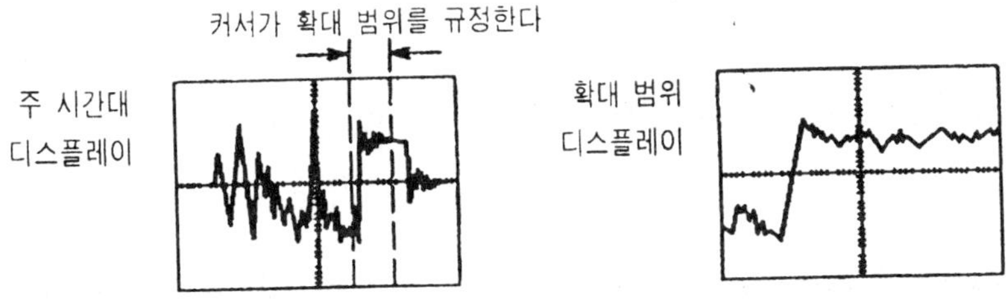

Window Zone (확대 범위). 보다 자세한 내용을 보려면 확대범위를 파형의 세그먼트를 확장하는데 사용한다. 확대시간대 설정치는 주시간대 설정치 보다 느리게 설정할 수 없다.

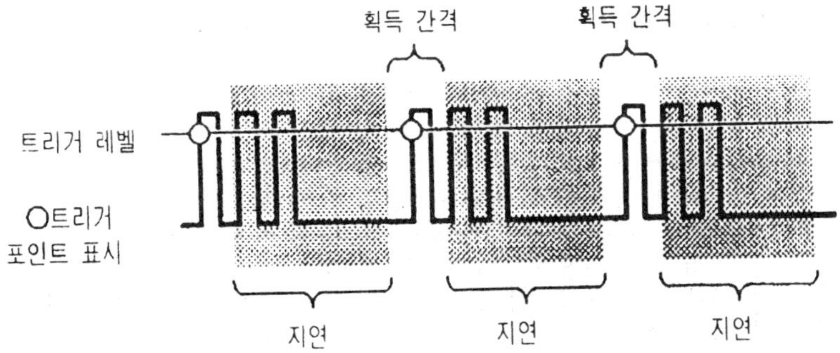

지연 시간 동안 트리거는 인식되지 않는다.

Holdoff(지연). 비정기적인 파형 디스플레이를 안정시키는 것을 돕기 위해 지연을 사용한다. 자연은 계기가 트리거 이벤트를 인식할 때 시작하며 획득이 완성될 때까지 트리거 시스템을 기동 억제한다. 트리거 시스템은 각 인식된 트리거 이벤트에 따르는 지연 시간 동안 기능 억제 상태를 유지한다.

2.6. Math

파형 Math 작동을 디스플레이 하려면 MATH MENU 버튼을 누른다. Math 파형 디스플레이를 끄려면 MATH MENU 버튼을 다시 누른다.
수직 시스템 설명은 158페이지를 참조.

메 뉴	설정	비 고
CH1-CH2		1번 채널 파형에서 2번 채널 파형을 뺀 것임
CH2-CH1		2번 채널 파형에서 1번 채널 파형을 뺀 것임
CH1+CH2		1번 및 2번 채널을 함께 더한 것임
CH1반전		1번 채널 신호 디스플레이가 반전 된 것 (2번 채널이 반전되면 1번 채널은 반전될 수 없음)
CH2반전		2번 채널 신호 드스플레이가 번전 된 것 (1번 채널이 반전되면 2번 채널은 반전될 수 없음)

중요 사항

VOLTS/DIV. 1번 채널과 2번 채널의 파형을 배율하여 Math 파형을 배율하기 위해 VOLTS/DIV 제어를 사용한다.

채널 디스플레이(Channel Display). math 파형을 자동적으로 디스플레이 하여 math 파형 작성에 사용된 채널의 디스플레이를 지운다. 작동에 사용된 채널이 켜진 상태일 경우. math 작동은 꺼진다.

Math 작동. 하나의 Math 작동만 허용된다. 감산기 선택을 사용하면 감산기 작동을 위해. 먼저 반전하고 그 다음 파형을 더하는 절차가 필요 없게 된다.

메 뉴	설정	비 고
신호원		하이라이트된 신호원으로, 측정하고자 하는 채널을 선택함
	CH1 CH2	측정하고자 하는 채널을 선택함 선택된 신호원(채널)이 디스플레이 되지 않으면. CHx off가 디스플레이됨

2.7. 측 정

자동측정 성능에 들어가려면 MEASURE 버튼을 누른다. 5개의 측정이 가능하며 한 번에 4개까지 디스플레이할 수 있다. 하이라이트된 신호원으로 측정 기능을 수행하고자 하는 채널을 정한다.

메 뉴	설 정	비 고
종 류		하이라이트된 종류(Type)로, 화면상 메뉴 (on-screen -menu)버튼 옆에 다스플레이하도록 측정 종류를 선택함
	실효치 평균치 주기 첨두치 주파수 무	각 메뉴 위치에 디스플레이 되도록 측정종류를 선택함 정지한 후 제거하도록 무를 선택함

측정 메뉴를 디스플레이하고 종류를 하이라이트 하여. 사용 가능한 각각의 메뉴 위치에 디스플레이 하도록 측정 종류를 선택함으로써 메뉴 구조를 정한다.

중요 사항

측정 종류	정 의
실효치	파형의 완전한 사이클 1개에 관한 RMS 측정치 참값을 제공함
평균치	산술 평균 전압(arithmetic mean voltage)을 전체 레코드에 제공함
주기	한 사이클에 대한 시간을 제공함
첨두치	전체 파형의 최대 및 최소 피크간의 절대치 차이를 제공함
주파수	파형 주파수를 제공함

측정 수행. 단일 파형(혹은 두 파형 간의 분리된 파형)에 대해 한번에 자동 측정용 4개가지 디스플레이할 수 있다. 파형 채널은 측정을 할 수 있도록 켠 (디스플레이됨) 상태에 있어야 한다.

자동 측정은 레퍼런스나 Math 파형 혹은 XY모드가 사용중인 동안에는 취득할 수 없다.

2.8. 저장 및 호출

계기 설정치 혹은 파형을 저장하거나 호출하려면 SAVE/RECALL 버튼을 누른다.

중요 사항

설정치 저장 및 호출. 완료된 설정치는 비휘발성 메모리 내에 저장되어 있다. 그 설정치를 호출하면 특정 모드로 들어가게 되는데 그 모드로부터 설정치가 저장되었다

설정치

메 뉴	설정	비 고
셋업		하이라이트된 셋업은 계기 설정치를 저장 혹은 호출하기 위해 메뉴를 디스플레이함
초기치 호출		사전 정의된 초기치 설정을 위해 계기 제어기를 정함
셋업	12345	한 계기 제어 설정을 저장하도록 기억장치 장소를 지정함
저장		저장 작업을 완료함
호출		설정필드 내에서 선택한 장소에 저장되어 있는 계기 설정을 호출함

계기를 작동시킬 때. 모든 설정치는 계기를 멈췄을 때 있었던 설징치로 돌아간다.
초기치 설정 호출. 알려진 설정치로 계기를 초기화하기 위해 초기치 설정을 호출할 수 있다.

파형

메뉴	설정	비 고
파형		하이라이트된 파형은 파형 저장 혹은 호출용 메뉴를 디스플레이함
신호원	CH1 CH2 Math	저장할 파형 디스플레이를 선택함
Ref	A B	파형을 저장 혹은 호출하도록 레퍼런스 장소를 선택함
저장		선택된 레퍼런스 장소에 신호원 파형을 저장함
Ref(×)	ON OFF	레퍼런스 파형 디스플레이를 켜거나 끔.

파형 저장 및 호출. 비휘발성 메모리에 2개의 레퍼런스 파형을 저장할 수 있다. 이 파형들은 현 파형 획득과 동시에 디스플레이할 수 있다.

2.9. 트리거링(Triggering)

2가지 종류(에지 및 비디오)의 트리거링이 사용 가능하다. 메뉴의 각기 다른 세트가

트리거 종류별로 디스플레이 한다.

에지트리거

트리거 임계값에서 입력 신호의 에지상에 트리거하기 위해 에지 트리거링을 사용한다.

메뉴	설정	비 고
에지		하이라이트된 에지로. 입력 신호의 상승 혹은 하강 에지로 트리거에 사용됨
경사	상승 하강	신호의 상승 혹은 하강 에지에서 트리거 하도록 선택함
신호원	CH1 CH2 EXT EXT/5 AC Line	트리거 신호로 입력 신호원을 선택함
모드	사동 보통 단발	트리거 종류를 선택함
커플링	AC DC 잡음제거 HF제거 LF제거	트리거 회로에 적용된 트리거 신호의 구성용소를 선택함

중요 사항

보통 및 자동모드. 유효 트리거상에서만 트리거 하려면 보통 트리거모드를 사용한다. 유효 트리거의 부재 상태에서 획득 임의 실행(free-run)을 시키려면 자동 트리거 모드를 사용한다.

자동 모드는 100ms/div 이하의 시간대 설정에서 트리거 되지 않은 스캐닝 파형만 허용한다.

단발 모드. 이벤트 가운데 단발 획득을 포착하려면 단발 트리거 모드를 사용한다. 단일 획득순서의 내용은 획득 모드에 따라 다르다

AC라인 신호원. ACLine 트리거 신호원은 전력 신호를 트리거 신호원으로 사용한다. 트리거 커플링은 DC로 정해지며 트리거 레벨은 0볼트로 된다.

커플링. 커플링은 획득을 트리거하는 데 사용되는 트리거 신호를 통과하도록 한다.

획득 모드	단일 획득 순서
샘플 혹은 피크 탐지	획득이 이루어질 때. 순서가 완료됨
평균	획득 한성치에 도달될 때. 순서가 완료됨

■ AC는 DC 구성부품을 차단한다.

■ DC는 신호의 모든 구성부품을 통과한다.

■ 잡음제거는 신호의 모든 구성부품을 통과하지만 요구되는 피크-투-피트 신호를 증가시킨다.

■ HF 제거는 80㎑ 이상인 고주파 구성부품을 감쇄한다.

■ LF 제거는 DC구성부품을 차단하고 30㎑ 이하인 저주파 구성부품을 감쇄한다.

사전 트리거. 트리거 위치는 대표적으로 화면의 수평 중앙에 설정된다. 이 경우 사전 트리거 정보 가운데 5개의 디비전(divisions)을 관찰할 수 있다. 파형의 수평 위치를 조정함으로써 사전 트리거 정보를 더 많이 또는 더 적게 볼 수 있게 해준다.

트리거 관찰. TRIGGER VIEW 버튼을 눌러서 트리거 파형을 디스플레이 한다.(버튼을 해제할 때까지 계속된다).

트리거 획득이 디스플레이할 때. 모든 프론트 패널 버튼은 HARDCOPY를 제외하고는 사용할 수 없다.

메뉴	설정	비 고
비디오		하이라이트된 비디오와 함께,트리거링은 NTSC,PAL 혹은 SECAM 표준 비디오 신호 상에 발생함. 트리거 커플링은 AC에 사전 설정됨
극성	정상 반전	동기 펄스 음의 에지에서 정상 트리거 및 동기펄스 양의 에지에서 반전 트리거
신호원	CH1 CH2 EXT EXT/5	트리거 신호로 입력 신호원을 선택함 EXT및 EXT5는 신호원으로 EXTTRIG 커넥터에 적용된 신호를 사용함
동기	필드 라인	필드 혹은 라인에서 트리거하기 위해 선택함

비디오 트리거

NTSC, PAL 혹은 SECAM표준 비디오 신호의 필드나 라인에서 트리거 하려면 비디오 트리거링을 선택한다.

중요 사항

동기 펄스(Sync Pulses). 정상 극성을 선택할 때. 트리거는 항상 음극화(negative-going) 동기 펄스에서 발생한다. 만일 비디오 신호가 양극화(positive-going)동기 펄스를 가질 경우.반전 극성 선택을 사용한다.

*유틸리티

유틸리티 메뉴를 디스플레이하려면 UTILITY버튼을 누른다. 유틸리티 메뉴는 확장 모듈의 부가사항(addition)과 함께 변경된다. 여기에 설명된 메뉴는 확장 모듈 설치가 되지 않은 제품과 관련이 있다. 여기서 논의되지 못한 항목에 대해서는 확자 모듈과 함께 제공된 지침서를 참조.

메뉴	설정	비 고
시스템 상태		시스템 메뉴를 디스플레이함
자체 교정 시작		자체 교정을 수행함
에러 목록		기록된 어떤 오류든지 그 목록을 디스플레이함 이 목록은 Tektronix 서비스 센타에 도움을 청할 때 유용함
언어	English Francais Deutsch Italiano Espanol Portugues 日本語 한국어 中文 中文	작동 시스템의 디스플레이 언어를 선택함

중요 사항

자체 교정. 자체 교정 루틴은 수위 온도에 대해 오실로스코프 정확도를 최적화한다. 최대 정확도를 가하기 위해, 주위 온도가 섭씨 5도 이상 별할 경우 자체 교정을 수행한다. 신호 경로 보상을 위해. 1번 채널 및 2번 채널 입력 커넥터로부터 일체의 프로브 혹은 케이블을 분리한다. 그 다음. 진행 준비 완료를 확인하려면 자체교정 시작을 선택한다.

시스템 상태

유틸리티 메뉴로부터 시스템 상태를 선택함으로써 계기 제어기의 각 그룹에 대한 제어 설정 목록을 얻을 수 있는 메뉴를 디스플레이 한다.

2.10. 수 직

파형 디스플레이. 수직 배율 및 위치 조정. 그리고 입력 매개 변수 설정을 위해 수직 제어기를 사용할 수 있다. 수직 math 설명에 대해서는 152페이지 참조.

1번 채널 혹은 2번 채널 수직 메뉴

수직 메뉴는 1번 채널 혹은 2번 채널을 위해 다음 항목을 포함하고 있다. 각 항목은 각 채널에 대해 개별적으로 설정된다.

메뉴	설정	비 고
수평		수평 시스첾의 모든 매개 변수를 열거함
수직	.	1번,2번 및 기타 레퍼런스 파형에 대한 수직 매개변수를 열거함
트리거		트리거 시스템의 매개 변수를 모두 열거함
기타		계기 및 확장 모듈, 소프트웨어 버전 및 GPIB와 RS-232 정보에 관한 모델을 열거함

중요 사항

GND 커플링. 0볼트 파형을 디스플레이하기 위해 접지 커플링을 사용한다. 접지 커플링을 사용할 때. BNC 커넥터는 내부 회로로부터 분리된다. 내부적으로. 채널 입력은 0볼트 레퍼런스 레벨에 접속된다

메뉴	설정	비고
커플링 .	DC AC 접지	
대역 제한	20MHz Off	디스플레이 노이즈를 줄이도록 대역폭을 제한함
전압범위	보통조정 미세조정	Volts/Div 놉의 해상도를 선택함 보통조정은 1-2-5순서를 정의함. 미세조종은 보통조정 설정치 사이에서 해상도를 적은 단계로 변경함
프로브	1× 10× 100× 1000×	수직 배율 판독을 정확히 하기 위해 프로브 감쇠계수를 일치시킬 때 이것을 선택함

미세조정 해상도(Fine Resolution). 미세조정 해상도를 설정에 있는 동안 수직 배율 판독은 실제 Volts/DIV설정치를 디스플레이 한다. 설정치를 보통 조정으로 변경하여도 VOLTS/DIV제어가 조정될 때까지 수직 배율은 변경되지 않는다.

파형 오프(Waveform off). 디스플레이로부터 파형을 제거하기 위해. 수직 메뉴가

디스플레이 하도록 CH 1 MENU 혹은 CH 2 MENU 버튼을 누른다. 파형을 끄기 위해 메뉴 버튼을 다시 누른다. 입력 채널은 파형이 꺼져 있는 동안 트리거 신호원 혹은 math 디스플레이로 계속 사용할 수 있다.

용어 해설

AC커플링(AC Coupling)
신호의 DC 구성부품을 방해하지만 신호의 동적(AC)구성부품은 통과하는 모드, DC신호에 보통 겹쳐서 나오는 AC신호를 관찰하는 데 유용한다.

획득(Acquisition)
입력 채널에서 들어 온 신호 샘플링, 샘플 디지타이징, 결과치를 데이터 포인트로 프로세싱, 또 데이터 포인트를 파형 레코드로 어셈블링하는 프로세스, 파형 레코드는 기억장치내에 저장되어 있다.

앨리어싱(Aliasing)
고주파 혹은 고속 전송의 불충분한 샘플링에 기인한 신호의 가장 표현. 속도가 너무 느려 입력신호를 재생산하지 못하는 유효한 샘플링 비율에서 오실로스코프가 다지타이즈할 때 일어나는 상태. 오실로스코프에 디스플레이된 파형은 실제 입력 신호보다 낮은 저주파를 가질 수 있다.

감쇠(Attenuation)
프로브 혹은 감쇄기와 같은 감쇠 장치를 통과할 때 감소되는 신호의 진폭 정도. (입력 측정 대 출력 측정 비율) 예를 들어. 10× 프로브는 신호의 입력 전압을 10의 계수만큼 감쇠 혹은 감소한다.

자동 트리거 모드(Auto Trigger Mode)
오실로스코프가 트리거할 수 있는 결과를 탐지하지 못할 경우. 자동적으로 획득하게 하는 트리거 모드.

평균 획득 모드(Average Acquisition Mode)
여러 번 획득한 것중 평균 결과치 파형을 오실로스코프가 획득 및 디스플레이 하는 모드. 이것은 분명한 노이즈를 감소시킨다. 오실로스코프는 샘플 모드에서와 같이 데이터를 획득한 뒤

백라이트(Backlight)
액정 디스플레이 후면에서의 밝기.

베젤 버튼(Bezel Buttons)
메뉴에서 항목을 선택하는 디스플레이의 옆에 있는 일련의 버튼.

커서(Cursors)
두 개의 파형 위치간 측정에 사용할 수 있는 쌍 표시기(paired markers). 오실로스코프는 각 커서의 위치 값 (볼트 혹은 시간으로 나타냄) 및 두 커서간의 거리를 디스플레이 한다.

DC커플링(DC Coupling)
AC 및 DC 신호 구성부품 모두를 통과해 회로에 가는 모드. 트리거 시스템 및 수직 시스템 모두에 이용 가능한다.

디지털 실시간 디지타이징(Digital Real Time Digitizing)
최소한 오실로스코프 대역폭의 4배가되는 샘플 주파수를 가진 입력 신호를 샘플하는 디지타이징 기술.(TDS 210 및 TDS220는 최소한 대역폭의 10배가 샘플이 된다). (sinx)/x 보간법과 결합하여. 대역폭까지의 모든 입력 주파수 구성부품은 정확히 디스플레이 된다.

디지타이징(Digitizing)
파형과 같이 지속적인 아날로그 신호를 특정 시점에 있어 신호의 진폭을 니티내는 일련의 개별 숫자로 변환시키는 과정.

디스플레이(Display)
화면 혹은 LCD(액정화면)와 관련하여 사용되는 워드(word).

에지 트리거(Edge Trigger)
특정한 방향(트리거 슬로프:the trigger slope)으로 특정한 전압 레벨을 통과하는 신호원을 오실로스코프가 탐지할 때 일어나는 트리거링.

접지 커플링(GND Coupling)
수직 시스템으로부터 입력 신호를 분리하는 커플링 옵션.

하드카피(Hard Copy)
프린터로 사용할 수 있는 형식에서 디스플레이의 전자식 복사.

지연(Holdoff)
트리거 회로가 다른 트리거 신호를 받기 전에 트리거 신호 후 경과해야 하는 특정한 시간. 지연은 안정한 디스플레이가 보장되도록 돕는다.

전압커서(Voltage Cursors)
파형의 전압 매개변수를 측정하기 위해 위치시키는 2개의 수평 막대. 오실로스코프는 두 막대 간의 접지 및 전압값에 대해 각 커서의 값을 디스플레이 한다.

메뉴(Menu)
베젤 버튼의 기능을 판명하기 위해 디스플레이에서 보여주는 일련의 레이블. 특정한 메뉴의 내용은 선택한 메뉴 버튼에 따라 다르다.

보통 트리거 모드 (Normal Trigger Mode)
유효한 트리거 사건 (trigger event)이 발생하지 않는 한, 오실로스코프가 파형 레코드를 획득하지 못하는 곳에서의 모드. 이것은 파형 데이터를 획득하기 전에 유효한 트리거 이벤트를 기다린다.

피크 탐색 모드(Peak Detect Mode)
각 샘플 간격 동안 오실로스코프가 한 쌍의 레코드 포인트를 작성하는 모드. 그 간격동안 각 쌍은 최대 및 최소 입력 전압으로 구성된다.

지속기능(Persistence)
일정 기간 도안 디스플레이 상에 이전 데이터를 보유하는 방법.

픽셀(Pixel)
디스플레이에서 볼 수 있는 포인트. 디스플레이는
폭 320 필셀 × 높이 240픽셀이다.

사전트리거(Pretrigger)
트리거 이벤트 전에 획득한 데이터를 포함하는 파형 레코드의 특정한 부분.

레코드 길이(Record Length)
파형에서 샘플의 특정한 숫자.

레퍼런스 파형(Reference Waveform)
디스플레이 하도록 선택된 저장되었던 파형. 2roml 레퍼런스 파형을 파형 A(Wfm A) 및 파형 B(Wfm B)로 디스플레이할 수 있다.

RS-232
하드 카피 장치. 컴퓨터. 제어장치. 혹은 터미널과 연결하는 데 사용하는 직렬 통신 포트(serial communication port).

샘플 획득 모드(Sampie Acquistion Mode)
오실로스코프가 각 획득 간격 동안 샘플을 저장하여 레코드 포인트를 작성하는 모드.

샘플링(Sampling)
이산 시점 (discrete point)에서 전압과 같은 아날로그 입력을 포착하고 그것을 상수(constant)로 유지하여 양자화 하는 프로세스.

스캔모드(Scan Mode)
저속 수평 배율 설정에 유용한 획득 모드. 스캔 모드는 포인트 별로 획득되는 파형을 볼 수 있게 해준다. 관찰할 수 있게 한다. 파형은 왼쪽에서 오른쪽으로 디스플레이를 가로질러 나타난다.

시간대 (Time Base)
파형 레코드의 시간 및 수평축 속성(horizontal axis attributes)을 규정하게 해주는 일련의 매개변수. 시간대는 언제 그리고 얼마간 레코드 포인트를 획득해야 하는지 결정한다.

시간 커서(Time Cursors)
파형 레코드의 사간 매개변수를 측정하기 위해 위치시키는 2개의 수직 막대. 오실로스코프는 두 막대 간의 트리거 및 시간값에 대한 각 커서의 값을 디스플레이 한다.

비디오 트리거(Video Trigger)
합성 비디오 신호의 동기 펄스 상에서의 트리거링.

XY 형식(XY Format)
매 포인트별로 두 파형 레코드의 전압 레벨을 비교하는 디스플레이 형식. 이것은 두 파형간의 위상 관계를 연구하는 데 유용하다.

YT 형식(YT Format)
재래식 오실로스코프 디스플레이 형식.(수평축 상에서)초과 시간에 변화를 줄 때(수직축 상에서), 파형 레코드의 전압을 보여준다.

2-6A. AC VOLTMETER METER (HC112/HCV212)

INSTRUCTION MANUAL

1. 개 요

본기 HC-112는 절대치 5Hz에서 1MHz의 주파수 범위 내에서 1mV 300V까지의 전압의 실효치를 나타낼 수 있으며 넓은 주파수 레인지에 주어진 전압의 정확한 응답을 하는 고감도의 계기이다. 또한 HC-V212는 한 개의 case에 두 개의 독립된 AC VOLT METER가 있는 2 Channel 전자 VOLT METER 이다. 두 개의 지침 메타는 DUAL 측정과 내부 Channel Comparison을 용이하게 하며 어느 곳에서나 전압 측정이 용이하고, 넓은 주파수대에 걸쳐 측정이 가능하며 측정 전압은 0.3mV에서 100V, 입력 임피던스는 어느 레인지에서나 10MΩ이다.

2. 특 징

1) 모든Solid-State 회로는 높은 안정성과 짧은 Warm-up 시간과 전력소모가 적다.
2) 두 개의 ±전원회로 매우 안성된 DC bias와 매우 짧은 시간으로부터 회복된다.
3) 작은 Case 구조물은 운반하기 쉽고 큰 두 개의 지침메타는 판독하기 쉽다.
4) 많은 조정용 Trimer들은 정확하게 고안된 개방 100p gain과 정확도 1%의 Metal film 저항기를 통하여 부궤한 증폭기에 국소화 됐다.
5) 모든 Range에서 입력저항이 10MΩ으로 높으며, 병렬 캐피시턴스는 45pF이하이다.
6) 릴레이와 FET 스위치에 의한 간접감쇄기 스위치는 로터리 스위치의 직접적인 방법보다 높은 신뢰성 S/N을 더 높은 신뢰성을 준다.
7)메타 눈금은 정현파에 대하여 실효값으로 눈금이 매겨져 있고 상대값을 측정하기 편리한 dB , dBm 눈금을 갖고 있다.
 - 2채널 Range는 각기 또는 함께 설정할 수 있다.(2Ch)
8) Ground mode 셀렉터는 분리회로와 그라운드를 포함하는 회로로 전환할 수 있다.

3. 특 성

1.메타부

측정전압 : 1mV～300V(12Range) 1mV, 3mV, 10mV, 30mV, 100mV, 300mV, 1V, 3V, 10V, 30V, 100V, 300V
 (2Ch) 0.3mV～100V (12Range) 0.3mV, 1mV, 3mV, 10mV, 30mV, 100mV, 300mV, 1V, 3V, 10V, 30V, 100V

dB : -80dB～+50dB (0dB = 1V) (2Ch)-90dB～+40dB (0dB=1V)

dBm : -80dB～+52dBm(0dBm = 1mW 600Ω) (2Ch)-90dB～+42dBm(0dBm=1mW 600Ω)

오 차 : ±3%이내 1kHz 최대눈금

주파수 응답 : 5Hz～1MHz±10% 10Hz～500kHz±6% 20Hz～500kHz±3%
 1kHz 응답 기준시

입력 임피던스 : 10MΩ±5%병렬 캐피시던스 45pF

지속입력전압 : 500VDC + ACPEAK, 100VDC + ACPEAK -10dB 이상

안 정 도 : 최대눈금 ±0.5% 이내(line 전압변동 ±10%)

온도계수 : ±0.1%／℃
동작온도 : 0~50℃

2. 증폭기부
Gain : 60dB±1dB (2Ch) 약 70dB
출력 전압 : 1Vrms±10%
출력 저항 : 600Ω±10%
왜 율 : 1% 이하(S/N비 1㎷와 1V시 비율)
S/N 비 : 40dB이상
주파수 응답 : 5Hz-500㎑시 ±3dB 이내

3. 전원부
line 전압 : 100, 120, 200, 240/AC±10% 50/60Hz
소비전력 : 5W, 10W(2Ch)
치 수 :
중 량 : 약 3kg . 3.5kg(2Ch)
휴 즈 : 용량은 뒤판넬 참조
설 명 서 : 1부

4. 회로설명

본기의 각회로 동작연구는 " BLOCK DIAGRAM"과 뒷장의 도해를 참조하시오.

○ 동작개요

입력 콘넥터로 입력된 신호전압은 첫 번째 감쇄기를 통과할 때 임피던스 변환기에 의해 저 임퍼던스로 변화된다.
변환된 신호는 2, 3의 감쇄기를 통하여 main 증폭기에 공급된다.
증폭된 시그널은 출력 증폭기에 공급되고 출력 증폭기에 공급되고 출력 증폭기는 신호를 50 fold 확장하고 출력 콘넥타에 공급한다. 절대치 Detector는 절대치에 비례하는 DC 전류로 변화되어 메타를 구동한다. ATTENUATOR CONTROL은 감쇠제어 신호를 발생시키는 Range 선택기로부터 받은 신호를 코드화 한다.
이 신호는 제 1, 2, 3 감쇄기로 제어한다. 전원 공급은 IC. REGULATOR에 의해 안정화된 ±5V DC 전압을 각부에 공급한다.

○ 회로의 각부 설명 (1Ch 경우)

① First Attenuator
저항분할감쇄기로 릴레이 접촉에 의해 2단계로 되어있다. (0dB~60dB)

② Impedance Converter
Voltage follower 회로는 FET 자동입력이고 제1감쇄기 출력신호를 충분히 낮은 임피던스로 변환하고 제2감쇄기에 공급한다.

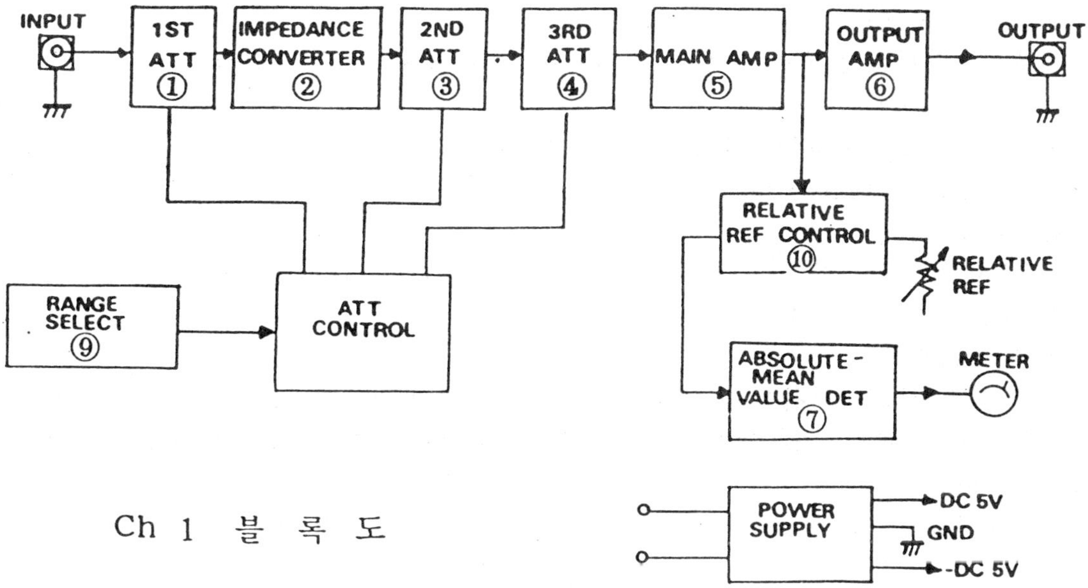

Ch 1 블 록 도

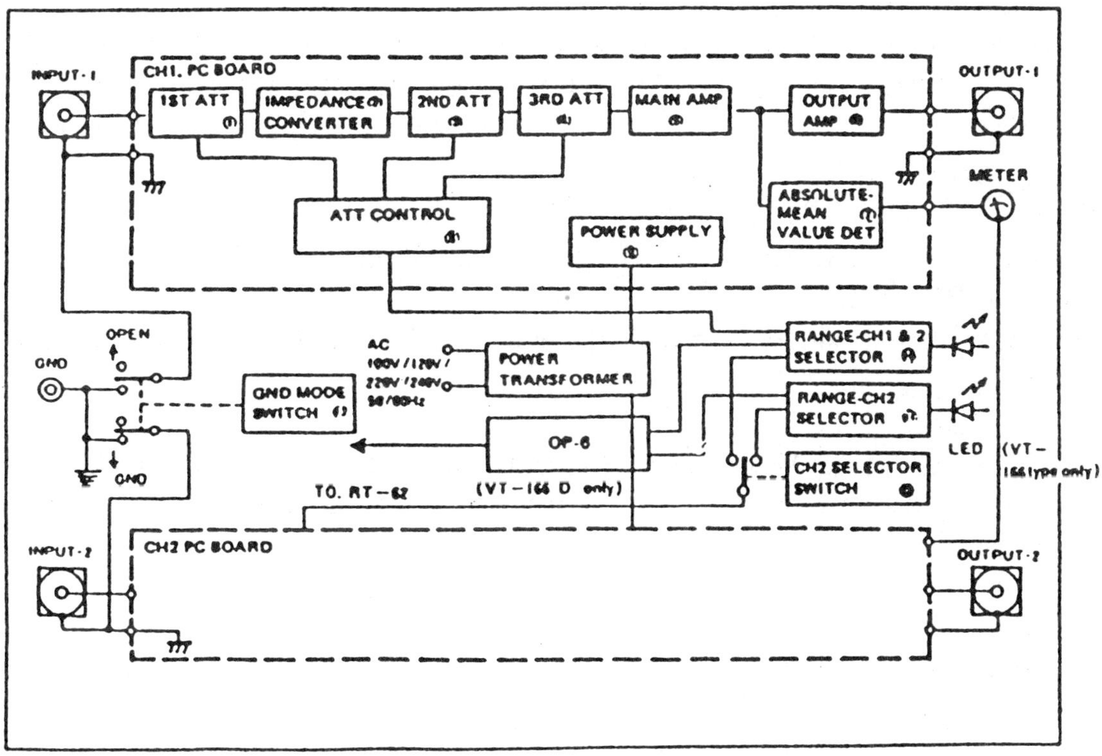

Ch 2 블 록 도

③ Second Attenuator
저항분할감쇄기로 감쇄량은 2단계 스위치로 되어 있다. (0dB~30dB)

④ Third Attenuator
저항분할감쇄기로 감쇄량은 FET에 의해 4단계스위치로 되어있다.
(0dB, -10dB, -20dB, -30dB)

⑤ Main Amplifier
광대역 비반전 증폭기로서 차등 입력을 가지며 고입력 임피던스 저출력 임피던스로서 20fold 이득을 가진다.

⑥ Out Put Amplifier
광밴드 차등입력의 비위상 반전증록기로써 용량성 부하일지라도 안정하게 동작하고 이득은 출력 임피던스 600Ω시 50 fold이다. 출력신호 레벨은 메타의 최대 눈금에 대하여 1Vrms이다.

⑦ Absolute-Mean Value Detector
이것은 메타 부하를 통하여 흐르는 전류로부터 감지한 전압에 의하여 부바이어스로 좋은 선형성을 갖는다. 이것은 고주파 위상 고정회로를 reset하기 위하여 충분히 넓은 주파수 범위를 갖는다.

⑧ Attenuator Control
논리 제어회로로서 Diode Matrix와 출력 버퍼 트랜지스터로 구성되어 있다. 이것은 1, 2, 3 감쇄기를 제어하는 6bit 신호스위치인 Range 셀렉타로부터 12bit 신호로 코드화 한다.

⑨ Range Selector(1Ch)
원하는 전압범위를 측정할 수 있는 12접점 로터리 스위치이다.
이것은 Attenuator Control에 있는 Range에 응답하는 신호를 공급한다.

⑩ Relative REF, Control
dB눈금의 사용시 비교값의 측정에 기준전압 세팅을 위한 것으로 10dB이상 변화할 수 있다.

⑪ Power Supply
입력측에 AC 10V로 변화된 공급전압은 ±DC 5V로 회로 각부에 공급된다. 이것은 전파정류를 위한 실리콘 다이오드를 가지며 평활용 고용량 전해 콘덴서와 안정화용 IC포함한다.

○ 2Ch 설명
①~⑧번 설명은 1Ch의 설명과 동일하다.

⑨ Power Supply
전원부로서 1Ch의 11번과 동일하다.

⑩ Range Ch1 & Ch2 Selector
12접점 로터리 스위치는 원하는 Channel 2측 정전압에 설정할 수 있다. 이것은 Attenuator Control 에 있는 Range에 응답신호를 공급한다.

⑪ Range Ch2 Selector

12접점 로터리 스위치는 원하는 Channel 2측 정전압에 설정할 수 있다. 이것은 Attenuator Control내에 있는 Range에 응답신호를 공급한다.

⑫ Ch 2 Selector Switch
셀렉타는 Channel 1,2 Range 설정시 단독 또는 함께 사용하는 셀렉타이다. 이 셀렉타는 Ch2 단독 Range 설정시·우측으로 위치한다. 또한 셀렉타를 좌측으로 했을시는 한번에 양쪽 Channel 1,2를 설정할 수 있다.

⑬ GND MODE Switch
스위치는 케이스 접지로부터 입력부 회로에 미연결시 사용된다. 스위치가 GND위치에 있을 때는 양쪽다 Case에 연결되며 Open위치에 있을 때는 Case와 분리된다.

5. 패널설명

전면구성도(HC-112)

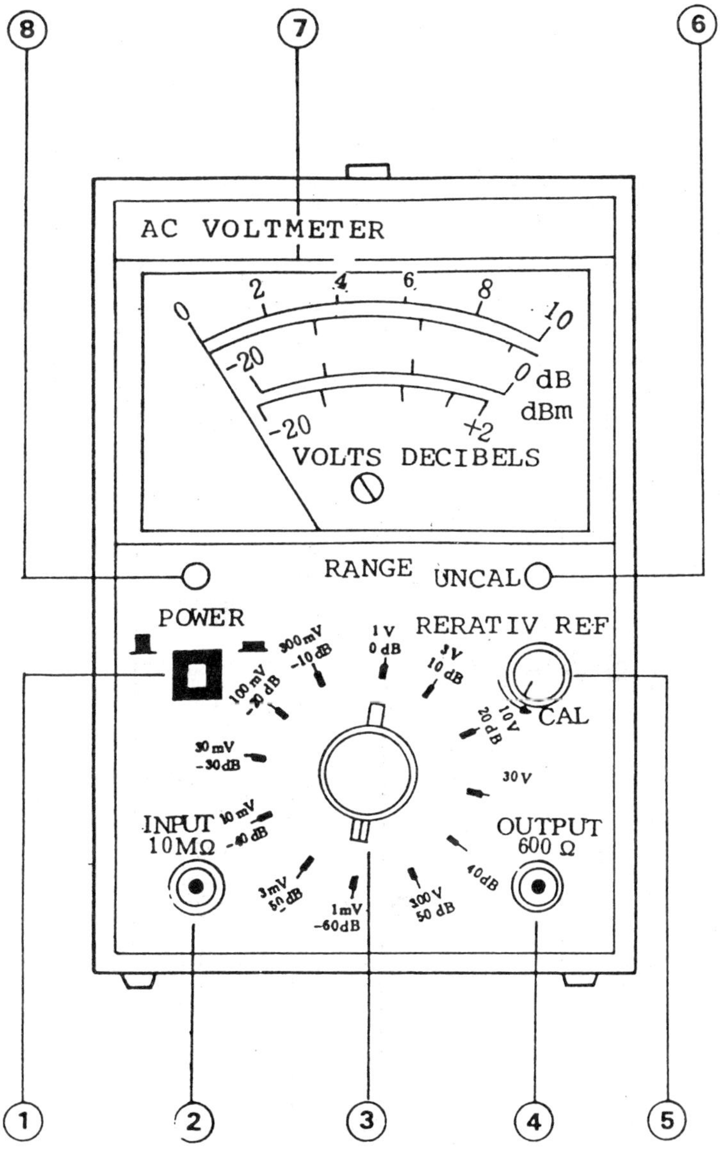

- 1Ch

1) 앞 판넬

1. POWER SWITCH : 전원공급 스위치
2. INPUT CONNECTOR : 입력 측정단자
3. RANGE SWITCH : 측정전압 선택스위치
4. OUTPUT CONNECTOR : 출력단자 임피던스 600
5. REF . CONTROL : 기준전압 설정 연속가변 10dB이상
6. UNCAL LED : uncalibation Indicator
7. METER : 전압지시, dB,dBm메타
8. LED : 전원공급 확인

2) 뒷 판넬 1. 휴즈(휴즈홀더) 2. 전원콘넥타 3. 입력전압 선택스위치

전면구성도(HC-V212)

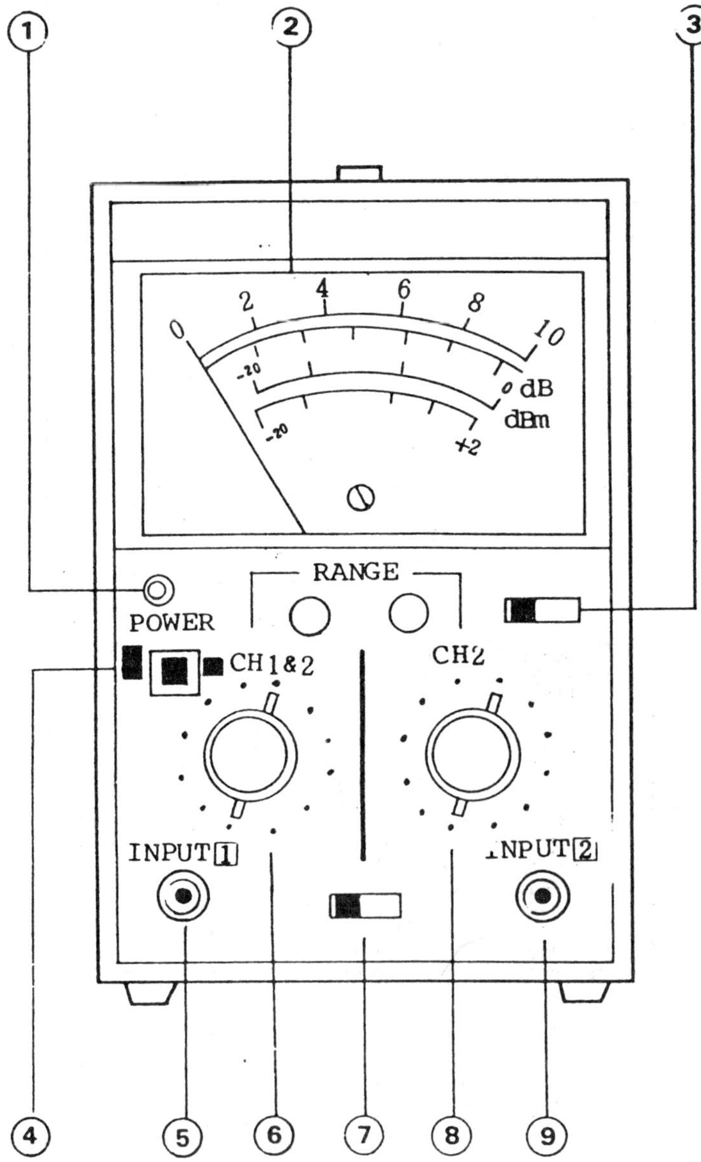

- 2Ch

1) 앞 판넬

1. LED : 전원공급 확인
2. 메타 : 전압지시 2눈금, dB눈금, dBm눈금
3. GND MODE Switch : 입력˙GND OPEN Switch
4. Power Switch : 전원공급 스위치
5. INPUT 1 : Channel 1 입력콘넥타
6. Range CH1 & 2 : Channel 1과 2를 감쇄기 선택 스위치
7. CH2 SELECTOR : Channel 1과 2를 동시 또는 각각 동작시키는 스위치
8. Range CH2 : Channel 2 감쇄기 선택 스위치
9. INPUT 2 :CHANNEL 2 입력 콘넥타

2) 뒷 판넬

1. 입력 전원라인 전압선택 2. 전원콘넥타 3. FUSE HOLDER
4. Ch2 출력단자 5. GND:Case GND Point 6. Ch1 출력단지

6. 동 작

1. Power 스위치를 ON 시키면 전원 공급 확인 LED에 불이 켜진다.
2. 입력 콘넥타에 측정 케이블을 꽂는다.
3. 2Ch의 경우는 Ch2 SW를 우측에 둔다.
4. Range 셀렉타는 최대로 놓는다. DC 전압이 섞인 AC 전압의 측정 시는 측정물을 연결하기 전에 Range 셀렉타를 고정시킨다. 그렇지 않으면 본기를 태울 수 있는 서지가 생긴다.
5. 2Ch의 경우 GND MODE 스위치는 우측 위치에 놓는다.
6. 측정접에 케이블을 연결한다.
7. Range 셀렉타는 메타의 바늘이 풀 스케일이 삼분의 일이 되게 한다.
8. 메타 눈금을 읽는다.

(1) VOLTAGE 눈금은 A와B 두 개의 눈금으로 되어 있다. A눈금은 0에서 10까지 B눈금은 0에서 3까지 지시한다.
예를 들면 레인지 셀렉터가 1V를 지시한다. 또한 레인지 셀렉터가 300㎷일 때 눈금은 300㎷를 가리킨다. 마찬가지로 그 밖의 다른 Range에서도 최대 눈금치를 가리킨다.

(2) dB 스케일
동상 dB값은 1V와 같은 값인 0dB를 기준으로 단위를 갖는 dBV로서 표현한다. 전압비율 범위는 10등분된 A눈의 0dB에 상응한다. 110dB 감쇠인 1㎷에서 300V의 전압비율은 10dB Step에서 Range Selector는 12개의 Range를 갖는다.
A눈금이 1V를 기준전압 레벨이라고 가정하면 Range Selector가 1V에서 Selector를 좌측방향으로 내리면 내릴수록 -60dB(1㎷) 전압 범위까지 읽을 수 있다. 또한 A눈금

은 -20dB(0.1㎷)를 읽을 수 있음을 허락한다.
전압 비율을 높이면 높일수록 -80dB 주위의 신호대 잡음비율을 -80dB와 같은 방법으로 읽는다. 또한 Selector는 우측 방향으로 돌리면 +50dB(1V에서 300V)까지 A눈금에서 연속 측정할 수 있다.

(3) dBm
동상 전압계는 600Ω의 부하 저항에 유도되는 0.775V와 (1㎽전력) 같은 값인 0dB의 기준 Level 등급을 갖는다. 그러므로 dBm 눈금은 순수한 600Ω의 저항인 전원회로에

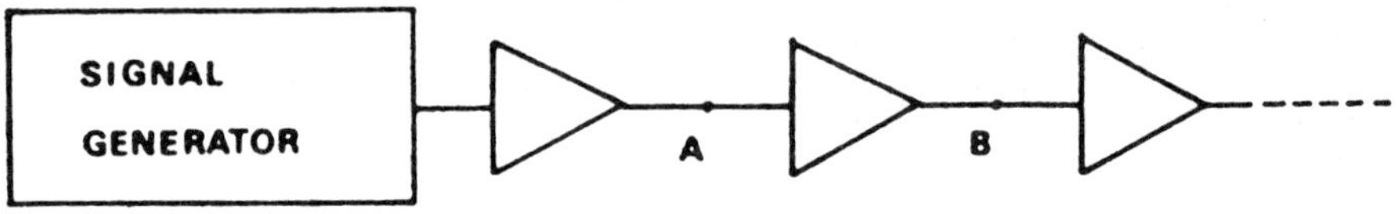

Amplifier Gain Measurement

주어진 임피던스로서 0dBm으로 기준된 Power Level을 측정할 수 있다.
특정의 부하 저항에서 측정할 때 예를 들면 10kΩ 600Ω의 부하보다 큰 값에서는 dBs로 level이 표시된다.

○ REF Control 사용법 (1Ch)
Relative REF는 눈금을 일반적인 경우에 절대값을 지시하는 메타에서 "Cal"이라 정해져 있다. 측정하는 것은 주파수 응답 level을 원하는 값을 조정할 때 Cal로 되지 않는 상황으로 바꾸는 것이다.
예를 들어 0dBm은 다른값과 비교하여 level을 읽을 수 있다.

7. 응 용

본기는 Sin wave 전압을 측정하는 AC-volt meter이나 아래에 설명한 것과 같이 다양하게 응용할 수 있다.

1) 증폭기 이득측정 (Amplifier Gain Measurement) 이득을 측정할 수 있다.

Amplifier Gain Measurement

그림에서처럼 증폭기의 입력측에 신호발생기를 연결하여 점 A에서 점 B까지 신호가 확대되는 것은 측정할 수 있다.
점 A에서 측정한 신호 level을 a라 하고 점 B에서 측정한 신호 level을 b라 하면
이득(Gain) = b-a(dB) 이다.
또 다른 방법은 부궤한 증폭기를 응용한 방법이다

. **Negative Feedback Amplifier Gain Measurement**

이것은 부궤한 신호를 응용한 각 증폭기 회로의 개방 이득을 측정하는데 응용할 수

있다. 더나아가 신호 발생기의 주파수를 변화시키므로 해서 주어진 회로의 응답을 측정하기 위해서도 사용할 수 있다.
예를 들어 위의 그림에서 점A에서 B까지 개방이득을 계산해 보자.

- 점A에서 -60dB range에서 +1.5dB
- 점B에서 +10dB range에서 -4dB였다면
- 점A에서 B까지의 이득은 다음과 같다.

(+10dB-4dB)-(60dB+1.5dB)=64.5dB가 된다.

2) RMS(Root-Mean-Spure)와 Peak값의 계산 :
HC-112는 입력정현파의 실효값을 읽는 평균값을 지시하는 Volt meter이다. 또한 주어진 입력파의 평균값에 비례하여 지시한다. 만약 입력파형의 파형율과 파고율을 알고 있다면 실효값과 최대값은 다음과 같이 계산할 수 있다.

a : meter가 V를 가리킨다면
평균값 (Absolute mean value)
실효값 (RMS) = 평균값×파형율
최대값 (peak) = 실효값×파고율

b : 구형파의 경우 단,파형율은 1 파고율은 1이다.
평균값 = $\frac{2\sqrt{2}}{\pi}$V = 0.9V 최대값 = 0.9V

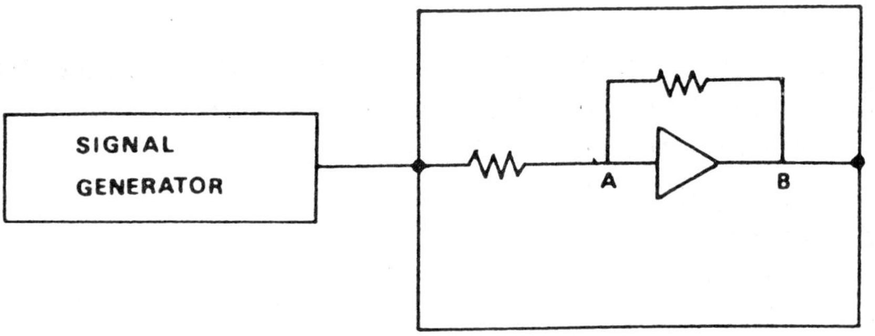

Negative Feedback Amplifier Gain Measurement

c : 톱니파의 경우 파형율은 2/$\sqrt{3}$ 파고율은 $\sqrt{3}$이다.

평균값 = $\frac{2\sqrt{2}}{\pi}$V = 0.9V

실효값 = $\frac{2\sqrt{2}}{\pi} \times \frac{2}{\sqrt{3}}$ V= $\frac{4\sqrt{2}}{\sqrt{3}}$V = 1.04V

최대값 = $\frac{4\sqrt{2}}{\pi\sqrt{3}} \times 3$V = $\frac{4\sqrt{2}}{\pi}$V = 1.8V

8. 수 리

○ Case분리

양면과 상단 부위의 screw를 제거한다.

○ 퓨즈 교체

1. 퓨즈홀더를 연다. 2. 퓨즈교체

※ 주의 : 110V, 120VAC에는 0.2A fuse, 220V, 240VAC에는 0.1A fuse

9. 조 정

본기 HC-112는 공장에서 사전에 정확하게 조정이 되어 있다. 그러나 재조정이 요구된다면 Case 분리후 오른쪽에 있는 PCB의 조정 hole를 통하여 조정할 수 있다.

먼저 준비된 측정기로서 라인 전압을 조정한다.

다음은 다음의 순서에 준 한다.

1. Power 스위치를 ON 하기 전에 Meter의 영점을 조정한다.
2. Input connector에 1㎑(0 R400Hz)측정 전압계를 연결한다.
3. 연결한 전압계의 출력 전압을 30㎷로 Setting 하고 HC-112의 Range를 30㎷서 Setting 한다.
4. VR 102를 최대눈금까지 Swing 할 때까지 조정한다.
5. 연결 전압계의 출력전압을 10V에 Setting 한후 선택기를 "10V"에 Setting 한다.
6. VR 101을 지침이 최대 눈금까지 swing 할 때까지 조정한다.
7. 연결한 전압계를 Input connector로부터 분리 시킨 후에 Signal - Generator를 Input connector에 연결한다.
8. SIG-GEN주파수를 1㎑에 Setting한후 VT-121의 Range를 "1V"에 Setting 한다.
9. SIG-GEN의 출력 전압을 최대 눈금까지 Swing하도록 조정한다.
10. SIG-GEN의 주파수를 1㎑에서 50㎑로 변화시킨다.
11. TC 101을 눈금이 최대가 되도록 조정한다.
12. 2~11까지 되풀이하여 조정한다.

10. 사용상 주의점

1. 정확한 측정을 위하여 Power 스위치를 ON 시킨 후 약 5분간 시간을 가져라.
2. 강한 자장이나 전장의 영향을 받을 수 있는 장소는 피하라.
3. INPUT CABLE은 저용량선 실드 코드나 동축케이블이 제공된다.
4. 본기는 RANGE 범위 -60dB에서 -10dB까지는 연속 최대 입력 전압은 80Vrms이다. 고전압의 측정시 주의하여야 한다.
5. 본기는 고감도의 VOLT METER이기 때문에 line잡음이나 그 밖의 유사한 잡음에 주의하여야 한다.
6. 본기를 장시간 동안 높은 온도와 습도에 방치하지 말라.

2-6B. AC LEVEL METER (LM0202)

1. 개 요

SPECIFICATIONS(설명)

* VOLTAGE MEASURING(전압측정)

Range(측정범위) --------Volt; 1mV~300V Full Scale in 12-Range
dB ; -80dB~+50dB
dBm ; -80dBm~+53dBm(0dBm=1mW, 600Ω)

Accuracy(정도) -------------Within ±3% of full. scale at 1㎑

Frequency Response --- ±10% at 5㎐~1㎒, ±3% at 20㎐~200㎑
(주파수응답) Referenced to 1㎑ frequency

Stability(안정도) ---------Within ±0.5% of full scale for ±10%
line voltage fluctuation.

Input Impedance(입력임피던스) --10㎒±5%, with less than 45㎊ parallel capacitance.

Operating Temperature(사용온도) ----0℃~+50℃

Residual Voltage(오차전압) --Less than 15㎶ with input shorted on 1㎷ range

Crosstalk(혼신) -Individual : Less than -80dB with other input terminated with 600Ω
Interlock : Less than -50dB with other input terminated with 600Ω

* AMPLIFIER(증폭기)

Circuit Gain(이득) -------60dB Approx.

Output Voltage(출력전압) ----------$1V_{rms}$(Full Scale)±20%

Output Impedance(출력임피던스) -------- 600Ω±20%

Frequency Response(주파수특성) ------ Within±3% at 5㎐~500㎑

Distortion(왜율) ---------------Less than 1% at full scale

S/N Ratio(신호대잡음비) -------- Over 40dB fill scale

* GENERAL SPEC.(일반적특성)

Input Power(입력전력) ------------- AC 110V(220V), 60Hz

Power Consumption(소비전력) ------- Approx. 6W

Dinension(크기) ------------------- 135(W)V×200(H)×240(D)

Weight(무게) --------

Accessory(부속품) ----Power Cable : 1pc Input Cable : BNC Cord 2pcs
Instruction Manual: 1 EA

2. 작동준비와 점검

1. 전원 연결

Model LM-0202 AC Level Meter의 입력전원은 AC단상(50㎐~60㎐) 110V±10% 또는 220V±10%에서 사용할 수 있게 되어 있다.

2. Initial Checkout (측정전 점검)

먼저 Power 스위치를 켜기 전에 Meter의 바늘이 정확히 "0"을 지시하도록 Meter의 영점 조정기를 조정하라. CH2 SELECTOR 스위치를 단독 축에 설정한 후에 그림 6B1.과 같이 저주파 발진기를 연결하고 다음과 같은 순서로 Test한다.

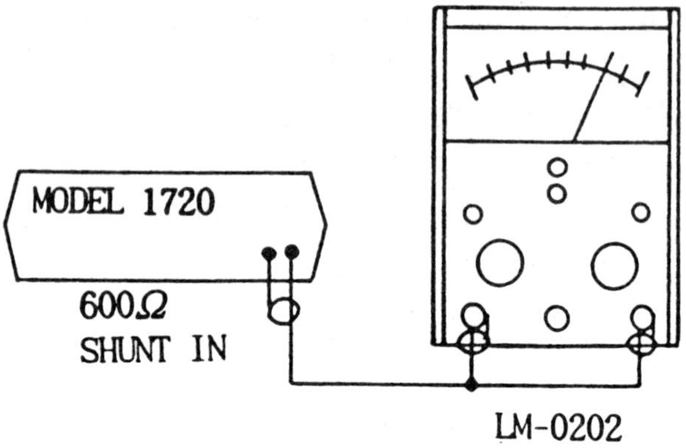

그림 6B1. 조기시험

참 고

정상적인 장비일지라도 Level Meter Range를 1㎷(-60dB)에 선택하여 놓고 입력 Probe를 개방한 상태에서는 입력 신호가 없어도 Meter의 바늘이 지시 될 수 있다.
이것은 입력 임피던스가 높은 관계로 주위의 Noise를 지시하는 것이다.

● 저주파 발진기의 Setting(조정)

1. 출력 주파수를 1㎑(sine wave)로 하라.
2. 출력 Level을 Vrms 30㎷(RMS)가 되도록 하라.

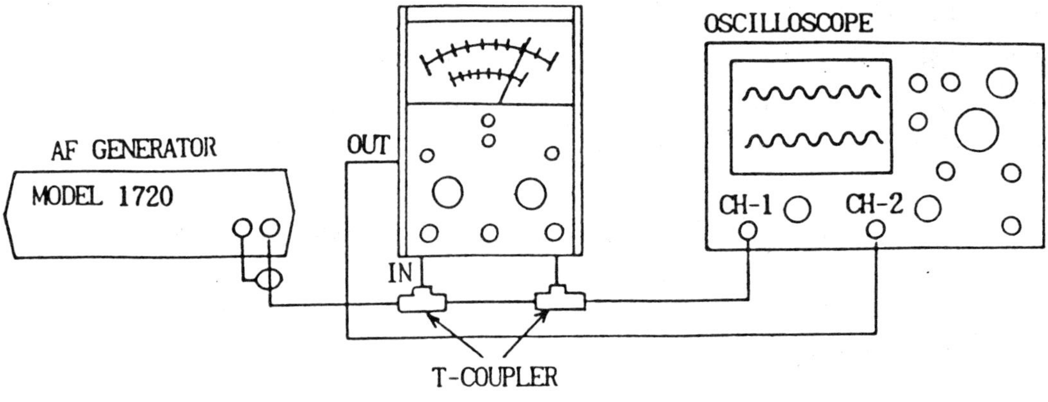

그림 6B2. 작동시험

● LM-0202의 Check순서

순서	조작부	조작 및 조정	관찰 및 지시	특 기 사 항
1	CH2와 SELECTER와 GND MODE Switch를 OFF한다.			
2	Range	100V(+40dB) (그림 6B1과 같이 연결)		피측정 입력전압 범위를 모를 때는 Range를 일단 높은 전압으로 한다.
3	Power	ON	Pilot Lamp에 점등	
4	Range	30㎷(-30dB)로 하라.	Voltage 눈금 "3"지시	저주파 발진기의 출력과 동일 지시. 만약 같지 않으면 출력 섬섬 요.
5	Range	300㎷, 3V에 돌려본다.	상과 동일	AF발진기의 출력도 역시 0.3V 및 3V로 한다.
6	순서 3,4와 같은 Check를 저주파 발진기의 출력 주파수를 5Hz,50Hz,500Hz,5㎑, 50㎑,500㎑,1㎒로 변화시켜 가면서 역시 1㎑때와 같게 지시하는가 check한다. 정상일 경우 ±10%이내 일 것이다.			
7	Range	1㎷(-60dB)	Voltage눈금"10"을 지시하도록 AF발진기 출력 저하	필요에 따라서는 외부 Attenuator(600:600Ω)를 사용하여 1㎷가 되도록 하라.
8	Output 측정	그림 6B2와 같이 연결	1Vrms (약) 2.8 Vp-p를 지시 할 것이다.	그림 6B2의 Oscilloscope에 나타난 파형이 입력 파형과 같은가 확인하라.
9	CH2 측에 대해서도 CH1과 동일하게 Check한다.			

3. 동작설명

1. PANEL 설명

① POWER 스위치 -------------- LM-0202의 입력 전원 스위치

② CH1/2, CH2 RANGE 스위치 --- 입력 Level에 따라서 그 Level을 측정할 수 있도록 하는 Range 변환 스위치

③ CH1, CH2 INPUT 콘넥터 ------ CH1과 CH2의 BNC 콘넥터에 측정할 입력을 연결한다.

④ CH2 SELECTOR ------------- 스위치 "OFF" 상태에서는 CH1/2와 CH2를 단독 MODE로 설정할 경우에 사용되고, 스위치 "ON" 상태는 CH1/2 Range 변환 스위치로 CH1/2과 CH2의 양쪽 Range를 동시에 변환시키는 연동(Interlock)

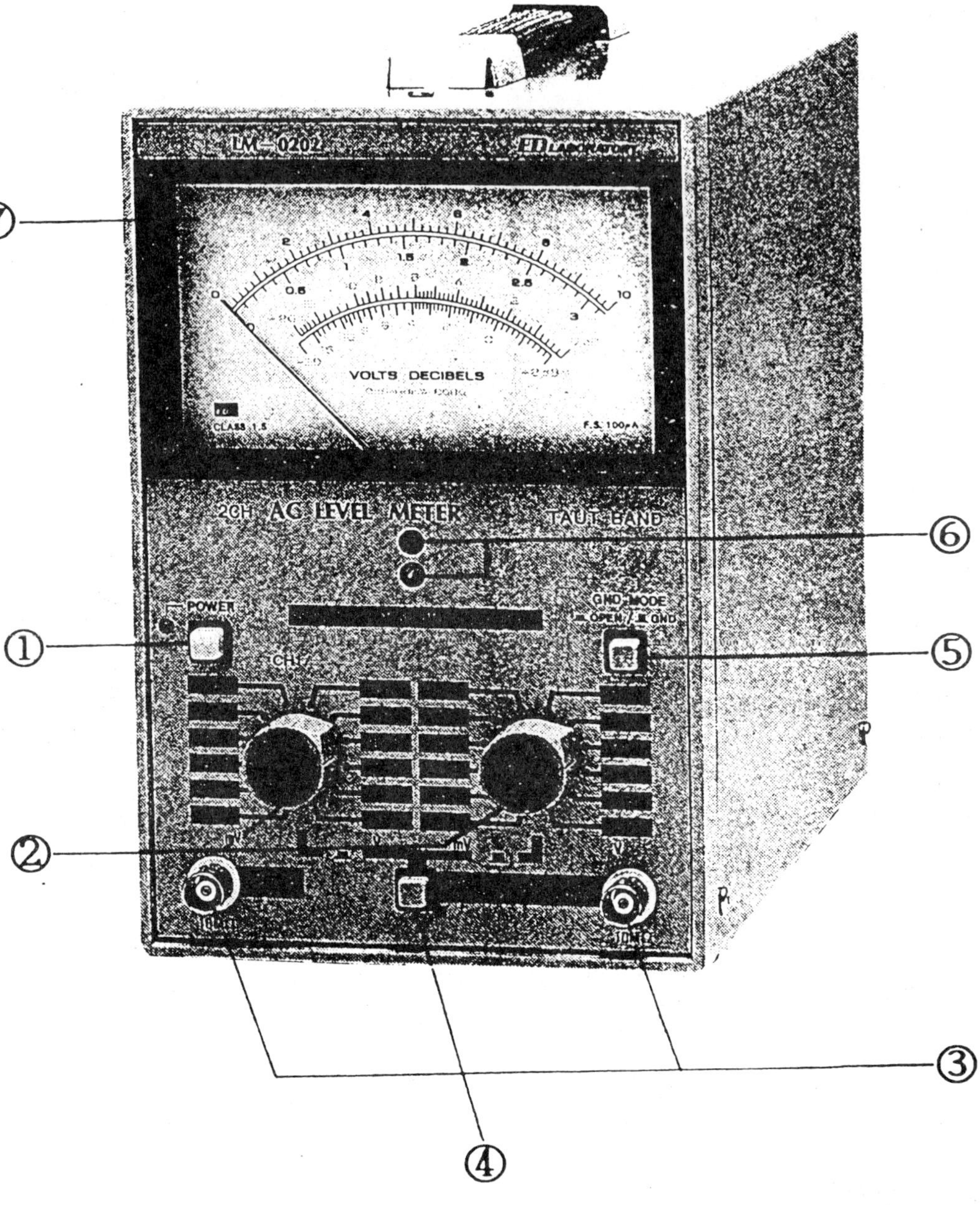

MODE로 사용된다. 연동 MODE에서는 CH2 Range를 변환 시킬 수 없다.

⑤ GND MODE ------------------ 스위치 "GND" 상태에서는 CH1과 CH2가 함께 Case의 Ground 단자에 접속된 GND 상태가 되고, 스위치가 "OPEN" 상태일때는 CH1과 CH2가 Ground가 Floating된 Open 상태가 되어 신호원측에 Earth

Point를 옮기는 것이 가능하다. 보통은 GND MODE를 "GND" 상태로 사용한다.

⑥ Meter Zero ADJ ---------------- 무 입력시의 Meter의 지침이 Zero에 있지 않을 경우 이 Zero ADJ를 "⊖"형 드라이버로 Zero가 되도록 조정한다.

⑦ Meter -------------------------- 바늘이 두 개이고, 상부에 Voltage Scale (FS10 및 3)이 있고 그 아래에 dB Scale이 있으며, 그 밑에 dBm Scale이 그려져 있다.

⑧ CH1, CH2 OUTPUT 콘넥터 -------- BNC 콘넥터에서는 LM-0202 증폭기의 출력 전압이 출력된다. 즉 증폭기의 출력은 설정 Range에 관계없이 Meter가 Full Scale을 지시할 때 1Vrms로 증폭된 입력 파형이 출력된다.

⑨ AC INPUT ----------------------- 전원 입력 Inlet 및 전원 전환 S/W

⑩ GND ---------------------------- Casing ground terminal

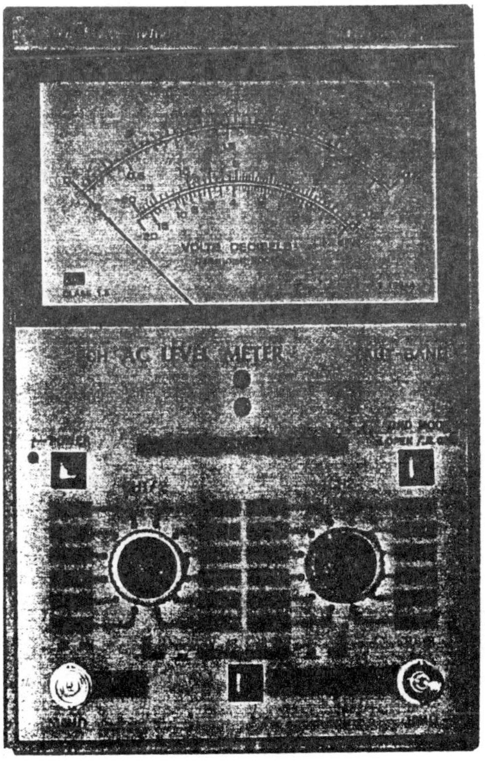

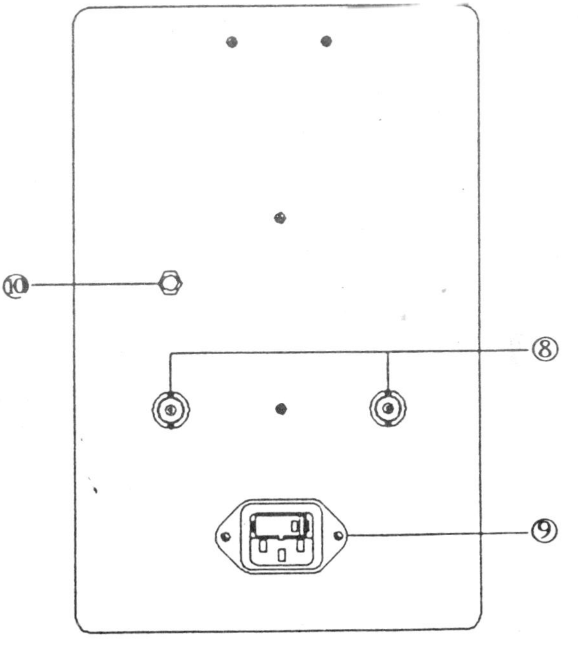

2.. 사 용 법

본 LM-0202는 최대 입력 전압이 1㎷~300㎷의 Range에서 100V(DC+ACpeak), 1V ~ 300V의 Range에서 500V(DC+ACpeak)가 넘지 않도록 한다.

1) 입력 코드를 입력(BNC 콘넥터)에 연결한다.

2) Power 스위치를 "ON"하라.

3) CH2 SELECTOR 스위치는 측정의 필요에 따라 단독 (Individual)과 연동

(Interlock) 으로 선택하라.

4) GND MODE는 보통은 "GND" 상태로 사용하고, Stereo Amplifier의 출력부 방식에 있어서 전압계측의 좌·우 채널이 공통 접속이 아닌 경우에는 GND MODE를 "OPEN"측으로 변환하고 본 장비의 Rear Panel의 GND 단자를 Amplifier의 Ground 에 연결하라.

5) Range 변환 스위치의 CH1/2과 CH2의 Range 선택을 300V(+50dB)로 설정한다. 이것은 직류와 중첩된 교류 전압을 측정하는 경우에 직류 전압에 의해 큰 Surge 전압이 걸려 본 장비를 훼손할 염려가 있기 때문이다.

6) 측정용 케이블을 측정할 점에 연결 또는 접속시켜라.

7) Meter 지시가 Meter의 Full Scale의 1/3이하를 지시할 경우에는 Range를 1단 낮은 Level로 내려 놓아라. 이는 측정 Accuracy를 올리기 위함이다.

· 증폭기로 사용할 경우

8) 출력 BNC 콘넥터로부터 출력을 연결하라.

9) 출력전압이 $1V_{RMS}$의 +20% 이상으로 출력될 경우에는 Range를 1단 높은 Level로 변화하라. 출력전압이 $1V_{RMS}$의 +20% 이상되면 출력 파형이 찌그러지기 때문이다.

다음은 각 Range별 증폭기의 입력대 출력의 이득을 나타내고 있다.

INPUT RANGE		INPUT : OUTPUT		AMP.GAIN
Voltage	Decibel	INPUT SIG.	OUTPUT	Decibel
0 ~ 1㎷	-60dB	1㎷ (RMS)	1V (RMS)	60dB Approx.
0 ~ 3㎷	-50dB	3㎷ 〃	1V 〃	50dB 〃
0 ~ 10㎷	-40dB	10㎷ 〃	1V 〃	40dB 〃
0 ~ 30㎷	-30dB	30㎷ 〃	1V 〃	30dB 〃
0 ~ 100㎷	-20dB	100㎷ 〃	1V 〃	20dB 〃
0 ~ 300㎷	-10dB	300㎷ 〃	1V 〃	10dB 〃
0 ~ 1V	0dB	1V 〃	1V 〃	0dB 〃
0 ~ 3V	+10dB	3V 〃	1V 〃	-10dB 〃
0 ~ 10V	+20dB	10V 〃	1V 〃	-20dB 〃
0 ~ 30V	+30dB	30V 〃	1V 〃	-30dB 〃
0 ~ 100V	+40dB	100V 〃	1V 〃	-40dB 〃
0 ~ 300V	+50dB	300V 〃	1V 〃	-50dB 〃

● **입력대 출력 이득표**

3. 증폭기와 출력

LM-0202 AC Level Meter는 표준 증폭기로 사용할 수 있으므로 미소한 신호를 증폭할 경우에도 LM-0202를 사용할 수 있다.

증폭기의 출력전압은 $1V_{RMS}$이며 그 특징은 다음과 같다.

- 입력 임피던스 - - - - - - - - - - - - - 10MΩ ± 5%, 병렬 용량 45pF 이하
- 출력 임피던스 - - - - - - - - - - - - - 600Ω ± 20%
- 증폭기의 주파수 특성 - - - - - - - - - 5Hz ~500㎑ (±3dB 이내)
- 최대 이득 : 약 60dB
- Distortion(왜율): Less than 1% at full scale

4. LM-0202의 조정법

1. Power 스위치를 "ON"하면 LED가 점등되면서 전원이 들어온 것을 가리킨다.
2. CH/2의 Range 변환 스위치를 30㎷(-30dB) Range로 설정하고 Meter의 전압눈금이 "3"을 지시하도록 VR102를 조정하라.
3. CH/2의 Range 변환 스위치로 1V Range로 설정하고, 저주파 발진기의 출력 전압을 V_{RMS} 10V(20dB)가 되도록 한 후 Meter의 전압 눈금이 "10"을 지시하도록 VR101를 조정하라.
4. ch/1의 Range 변환스위치로 1V Range로 설정한 후 출력 주파수를 1㎑로 고정한 다음 Meter의 전원 눈금이 "10"을 지시하도록 발진기의 출력 전압을 설정하라.
5. 발진기의 주파수를 10㎑, 20㎑, 30㎑, 40㎑, 50㎑로 변환시키면서 Meter가 Full Scale을 지시하도록 TC101을 조정하라.
6. 그림 2-2와 같이 연결하고 Oscilloscope에 나타난 출력 파형이 1VRMS의 ±20%의 범위에 들어가는가 확인하라.
7. 순서 2~6을 다시 반복하여라.
8. CH2 측에 대해서도 순서 2~7을 다시 반복하여라

2-7 함수발진기(Function Generator/FG2002)

FG2002는 함수발진기(Function Gen.), 소인발진기(Sweep Gen.), 펄스발진기(Pulse Gen.)의 3가지 기능을 가지고 있다.
내장된 VCF(voltage controlled frequency)로 0.02Hz~2MHz 범위의 정밀한 정현파, 삼각파, 구형파 신호를 발생하고 소인(sweep) 발진기의 소인범위는 100:1 이상이며, 소인비율(sweep rate)과 소인폭(sweep width)을 조정할 수 있다.
초저주파(subaudible) 가청주파(audio) 초음파(ultrasonic) 고주파(RF)에 응용하며, 가변 DC offset로 정확한 바이어스를 인가할 수 있고, 가변symmetry 기능이 있어 duty cycle을 바꿀 수 있다. 출력임피던스는 오디오용으로 600Ω, 기타50Ω으로 변환된다.

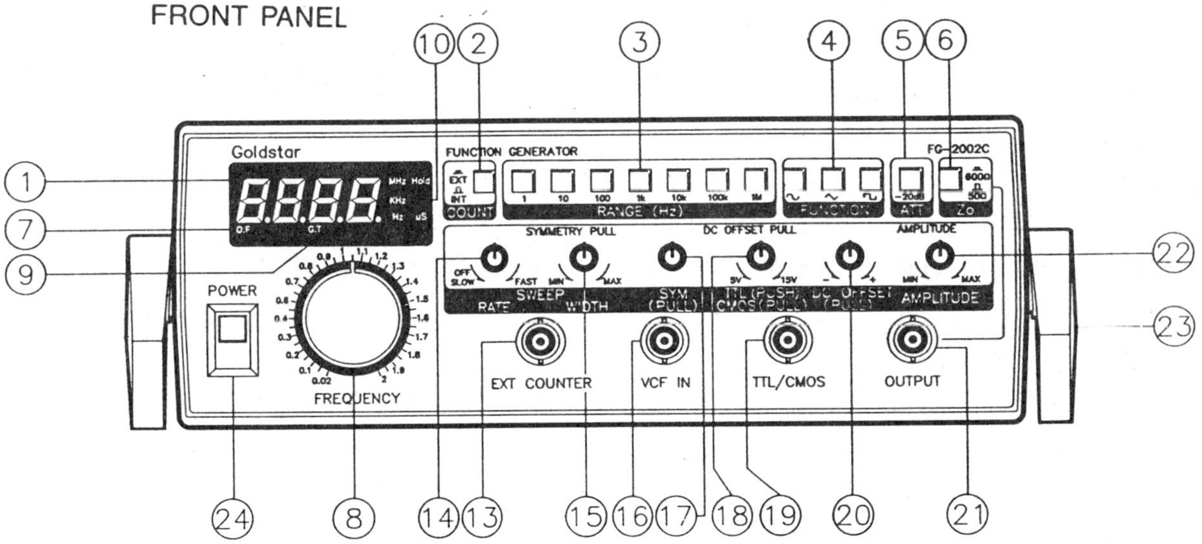

그림 7.1. 전면구성도

1. OPERATOR'S CONTROLS

[1] GREEN LED DISPLAY:
frequency display LED: 4 digit의 주파수 표시 LED이다. switch[2]가 INT로 되었을 때는 내부 발진 주파수를 표시하고, EXT로 되었을 때는EXTERNAL COUNTER INPUT BNC[13]에 입력되는 신호의 주파수를 표시한다.
[2] INT/EXT SWITCH: 주파수counter의 입력신호를 선택한다.
PUSH IN; EXT, OUT; INT
[3] RANGE SWITCHS: 발진주파수의 범위를 선택하는 switch.
[4] FUNCTION SWITCH: 출력(sin, triangle, square)파형을 선택하는 switch이다.
[5] ATTENUATOR: 감쇄기, 출력레벨 감쇠(-20dB)를 선택한다.
[6] OUTPUT IMPEDANCE SELECTOR: 출력임피던스(50Ω, 600Ω)선택
[7] OVERFLOW INDICATOR: 점등시 주파수범위가 증가조정 된다.

[8] FREQUENCY DIAL: 발진주파수를 조절. 발진주파수는 LED표시를 보며 맞춘다.
0.02Hz~2Hz의 낮은 주파수의 눈금을 지시한다.
[9] GATE TIME INDICATOR
[10] Hz, kHz, MHz INDICATOR: 주파수 표시값 단위
[11] EXTERNAL COUNTER INPUT BNC.
[14] SWEEP RATE CONTROL: 내부 sweep 발진주파수를 조절하는 ON/OFF스위치
[16] VCF IN: 발진기의 주파수를 제어하는 외부입력 전압을 연결하는 connector이다.
외부전압으로 소인(sweep)또는 발진주파수 제어할 수 있다.
[17] SYMMETRY CONTROL: 스위치를 당기면 1:1~4:1 범위 출력파형 대칭비를 조절.
[18] TL/CMOS CONTROL: TTL, COMS 모드선택, 당기면 CMOS 레벨이다.
[19] TTL / CMOS OUTPUT:
[20] DC OFFSET CONTROL: 출력신호에 직류전압를 더하거나 부(-)전압를 가한다.
[21] MAIN OUTPUT BNC : 출력임피던스 50Ω
[22]. AMPLITUDE CONTROL : 출력레벨을 0~ 20dB 조절한다.
[23]. TILT STAND : 당기서 TILT를 조절한다.
[24.] POWER SWITCH : 전원스위치

2. 발진기 동작순서

1. 전원 스위치 [24]를 ON한다.
2. 주파수 카운터의 입력신호 선택 스위치 [2]를 INT로 한다.
3. function switch [4]로 출력파형을 선택한다.
4. sweep switch [14]를 눌러 sweep 신호를 OFF 한다.
5. symmetry switch [17]을 눌러 놓는다.
6. DC offset switch [20]을 눌러 offset을 0으로 한다.
7. frequency range switch [3]과 frequency control dial[8]로 출력 주파수를 맞춘다.
8. amplitude VR [22]으로 output connector [19, 21]의 출력 level을 맞춘다.

3. 사용방법

1. 기본파형의 출력(sine, triangle, square wave)

1) function switch[4]로 필요한 파형을 선택한다.
2) 주파수 카운터 입력 신호 선택 스위치[2]를 INT로 한다.
3) sweep switch 손잡이 [14]를 눌러 sweep 신호를 OFF한다.
4) symmetry switch 손잡이 [17]을 눌러 놓는다.

5) DC offset[20] : 필요에 따라 사용한다. 필요시에는 손잡이를 당겨서 ON한 후
offset 값을 적당히 조정하여 사용한다.
6) frequency range switch[3]와 frequency control dial[8]로 출력 주파수를 맞춘다
7) output connector[21]를 연결한다.
8) attenuator[5]로 감쇄레벨을 선택한다.

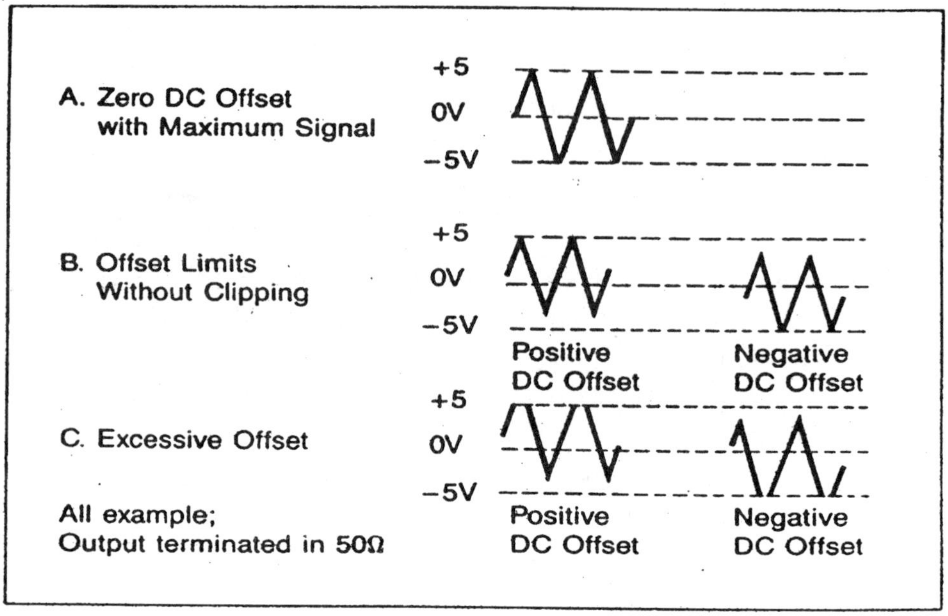

그림 7.2. 출력파형

9) amplitude VR[22]으로 필요한 출력 전압level로 맞춘다.

2. DC offset

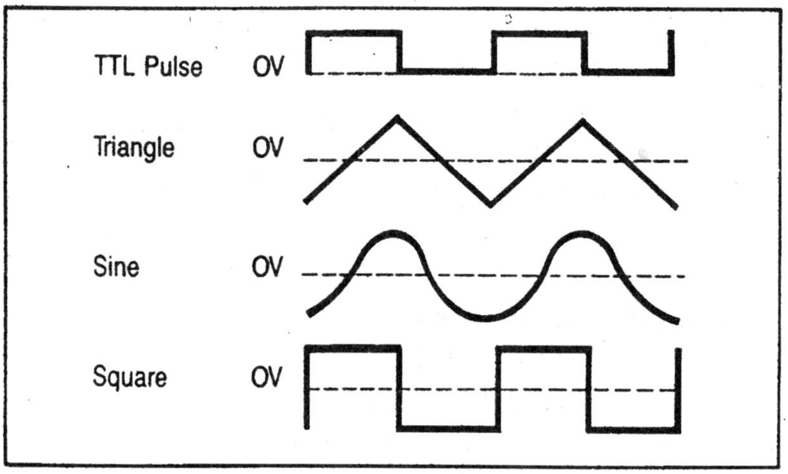

그림 7.3. DC offset 조절

DC offset control[20]을 당게 놓고 돌리면 DC offset을 조절할수 있다. DC offset은 50Ω 부하시 ±5V까지 무부하시는 ±10V까지 가변된다. 발진 신호가 없는 상태에서는 DC offset 전압만 출력된다.

3. Symmetry

symmetry control off시 파형의 정부대칭 비율은 1:1이다.
이손잡이를 당겨서 돌리면 최소 4:1까지 비율로 변하므로 squar wave 등을 pulse나 톱니파(saw-tooth wave)로 변화 시킬수 있다. 일반적인 사용시는 동작을 시키지 않는다.

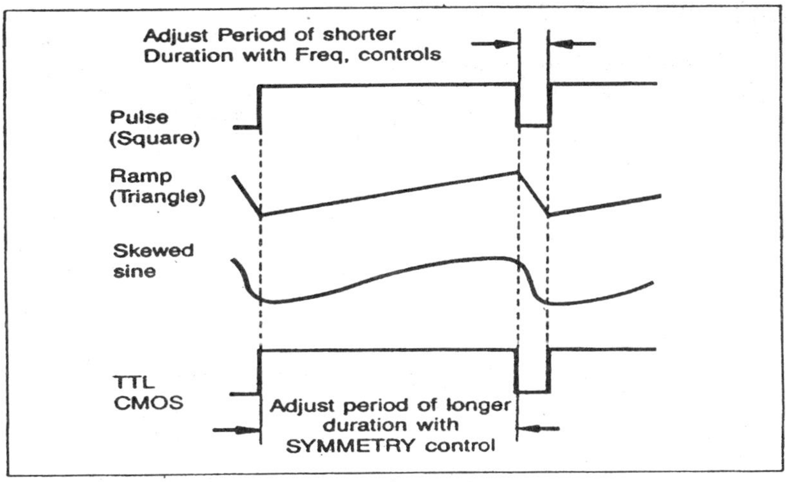

그림 7.4.파형의 대칭조절

4. VCF

voltage controlled frequency는 외부입력 전압에 의하여 출력 주파수를 변경시키는 기능으로 입력전압 0~10V에서 출력주파수 변화는 dial의 2.0~0.18의 범위가 된다.

4. 기타동작

펄스발진기, TTL/CMOS용발진기, FM발진기, 외부제어VCF, 소인발진기,
외부제어소인발진기, 외부신호주파수측정,

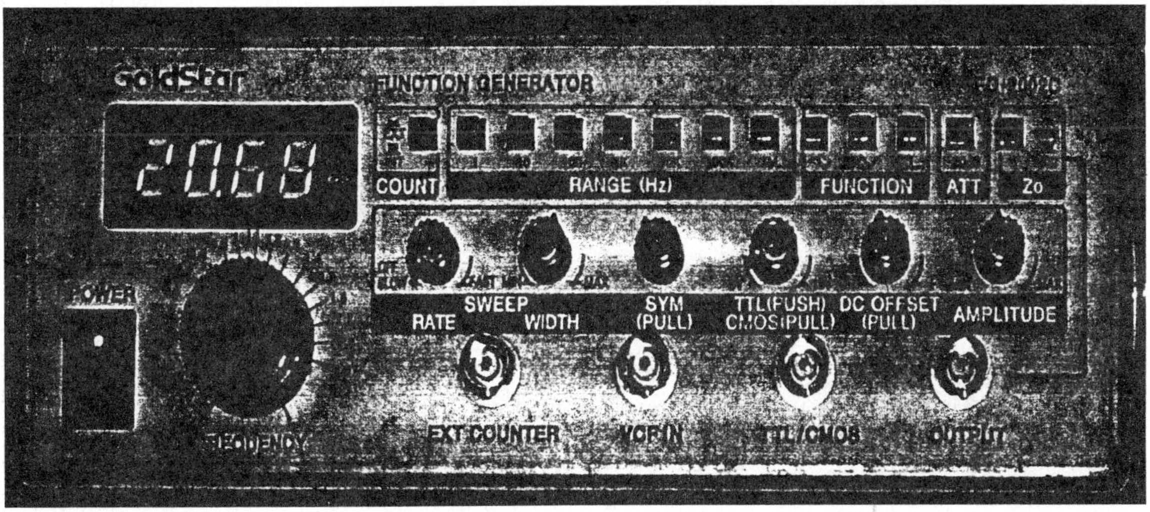

그림 7.5. FG2002C

5. 성능평가시험

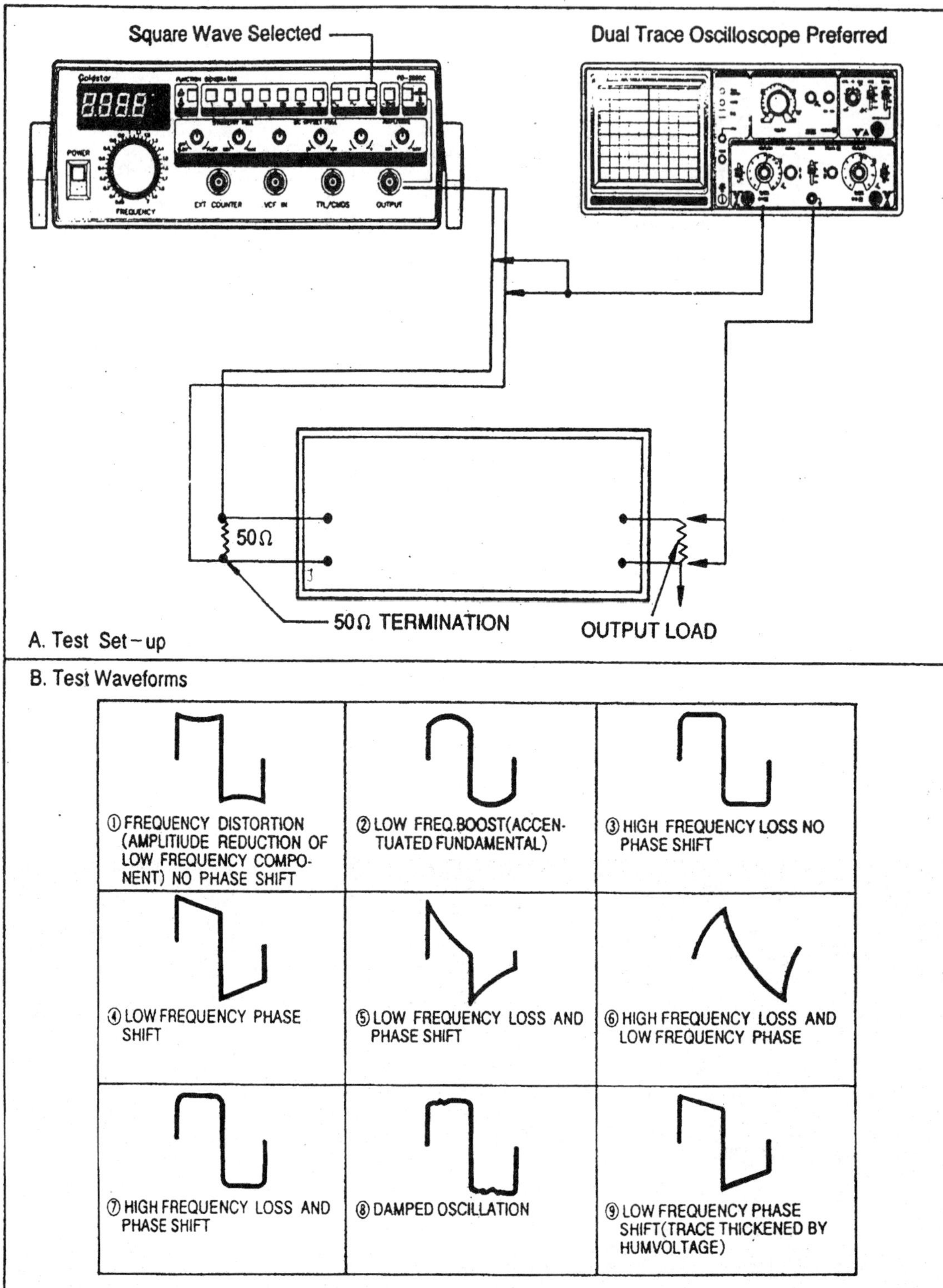
Square Wave Selected
Dual Trace Oscilloscope Preferred
50Ω
50Ω TERMINATION
OUTPUT LOAD
A. Test Set-up
B. Test Waveforms
① FREQUENCY DISTORTION (AMPLITIUDE REDUCTION OF LOW FREQUENCY COMPONENT) NO PHASE SHIFT
② LOW FREQ.BOOST(ACCENTUATED FUNDAMENTAL)
③ HIGH FREQUENCY LOSS NO PHASE SHIFT
④ LOW FREQUENCY PHASE SHIFT
⑤ LOW FREQUENCY LOSS AND PHASE SHIFT
⑥ HIGH FREQUENCY LOSS AND LOW FREQUENCY PHASE
⑦ HIGH FREQUENCY LOSS AND PHASE SHIFT
⑧ DAMPED OSCILLATION
⑨ LOW FREQUENCY PHASE SHIFT(TRACE THICKENED BY HUMVOLTAGE)

• 제 3 장 •

전자기초 실험실습과제

실험실습과제

3-1 전자기초	과제명	Dice (전자주사위)

1. 회로도

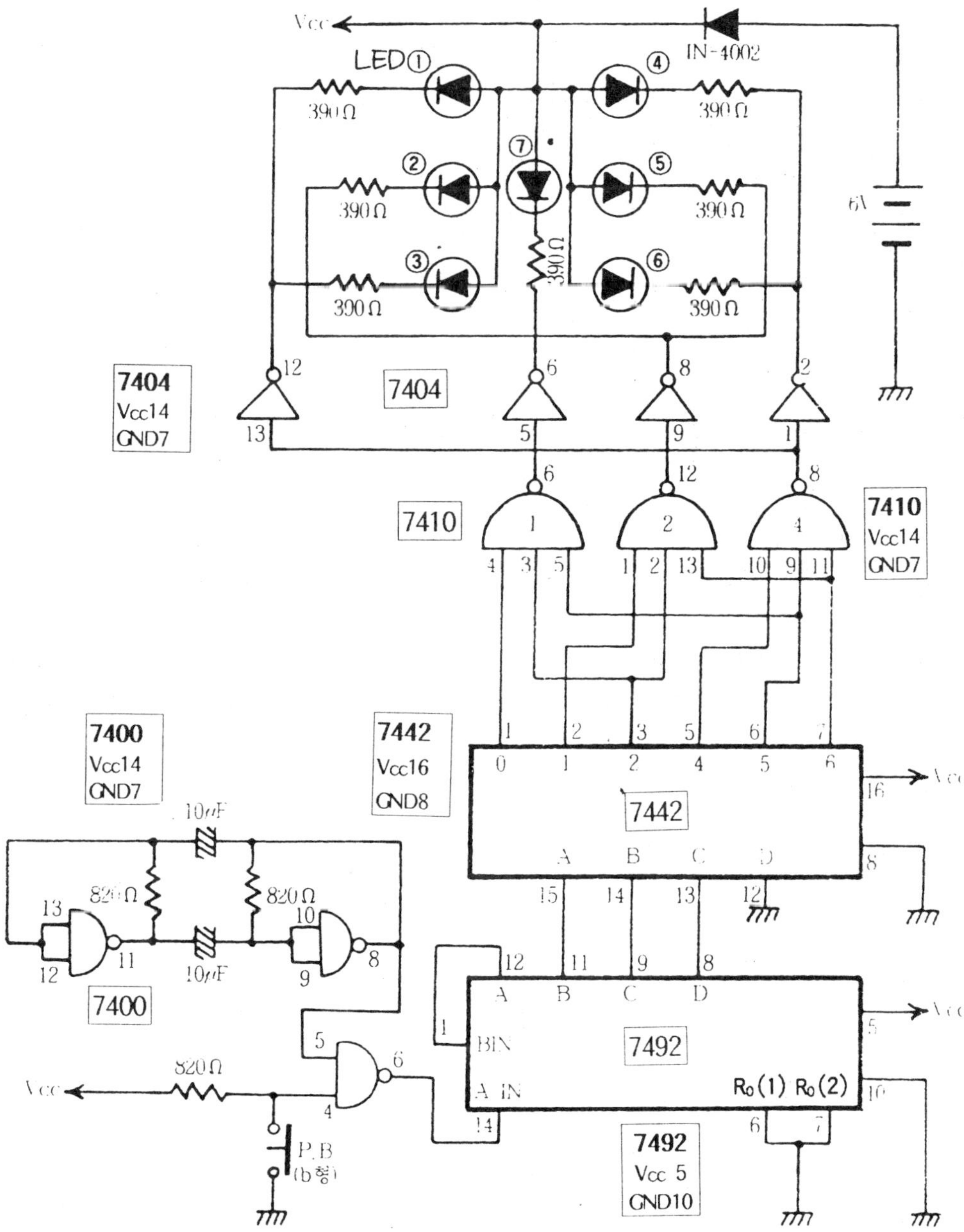

2. 재료목록

※ 3-1 Dice(전자주사위) ※

번호	재 료 명	규 격	단위	수량	비 고
1	I C	SN7400	개	1	
2	〃	SN7404		1	
3	〃	SN7410		1	
4	〃	SN7442		1	
5	〃	SN7492		1	
6	다이오드	1N4002		1	
7	발광다이오드	LED		7	
8	저항(resister)	390Ω,1/4W		7	
9	〃	820Ω, 1/4W		2	
10	전해콘덴서	10㎌/16V		2	
11	스위치	Push Button(b)		1	
12					

3. 동작

1)동작원리

SN7400 무안정MV 발진제어SW ⇨ SN7492 6진카운터 ⇨ SN7442 6진디코더 ⇨ SN7410 SN7404 로직매트릭스 ⇨ LED 주사위표시

전원을 연결하면 주사위 모양으로 배치된 LED 7개중에서 무작위로 1개~6개가 점등되고, 푸쉬버튼 스위치를 누르면 LED7개 모두가 약 0.05초 주기로 점멸하며 푸쉬버튼을 떼면 1개~6개의 LED가 임의로 켜진 채 정지된다.

2) SN7400 무안정MV 발진제어SW

IC7400으로 무안정멀티바이브레이트(Astable Multivibrate)회로를 구성하고 그 발진출력을 push button SW로 차단 할 수 있는 게이트회로에 연결하였다. 무안정MV 발진주파수는 T(주기)=1.4RC, (R=820Ω, C=10㎌=10x10^{-6}F) f(주파수)=1/T에서 계산하면 약 87㎐이다. push button SW는 B형(NormalON)이 사용되고 있으나 A형(N-OFF)이 실용에 편리하다.

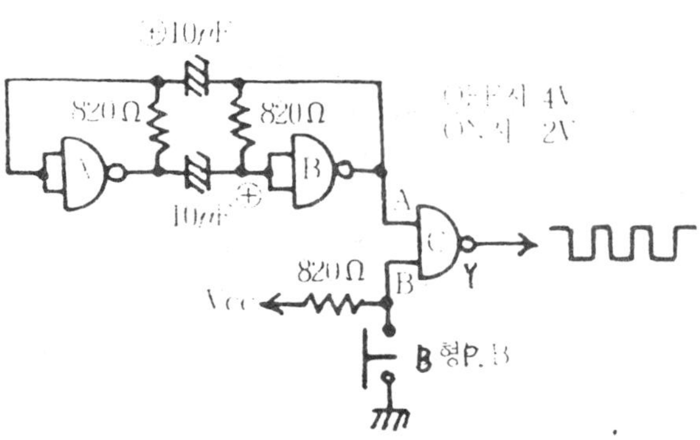

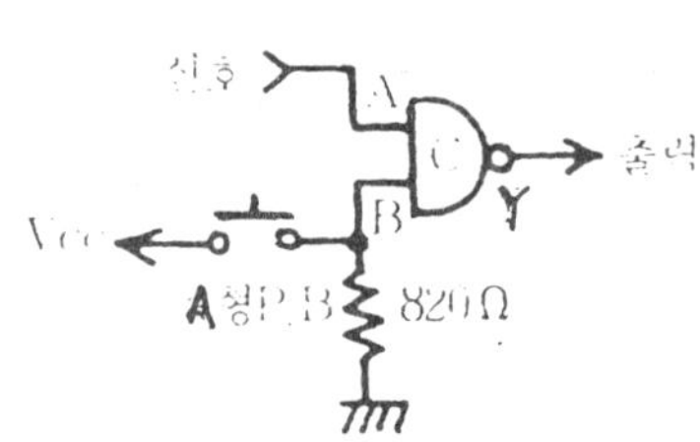

3) SN7492 6진카운터

IC7492카운터는 내부에 2진과 6진카운터를 내장하고 있어 직결하면(1번을 12번단자에 연결) 12진 카운터로 동작한다. 여기서 2진 카운터를 분주기로 사용하고 6진 카운터의 Q_B, Q_C, Q_D의 (Q_A제외) 출력만을 SN7442 디코더 입력 A, B, C 에 공급하고 있다. $R_{O(1)}$6번, $R_{O(2)}$7번단자는 L(접지)연결시 정상count 동작이 된다. SN7492의 6진 카운터 부분의 Q_B, Q_C, Q_D출력을 보면 0, 1, 2, (x), 5, 6, (x)으로 되어 있어서 3과 7이 빠지고 2에서 4로, 6에서 0으로 바로 넘어간다. 따라서 7442의 출력 핀에서 로직매트릭스 회로에 접속할 때는 0, 1, 2, 4, 5, 6 순으로 3을 건너뛰고 접속한다. 그러면 정확한 6진 카운터로 동작한다.

IC7492(2진,6진카운터)출력Q

CP입력 펄스수	count	6진(7442입력)		
		$Q_B(A)$	$Q_C(B)$	$Q_D(C)$
0	0	L	L	L
1	1	H	L	L
2	2	L	H	L
3	4	L	L	H
4	5	H	L	H
5	6	L	H	H
6	*reset*	*L*	*L*	*L*

CP	7442입력 (7492출력)				7442출력 (7410입력)						7404출력 (LED접속)				LED표시
	D	C	B	A	1(0)	2(1)	3(2)	5(4)	6(5)	7(6)	Q1	Q2	Q3	Q4	
0	L	L	L	L	L	H	H	H	H	H	H	H	L	H	
1	L	L	L	H	H	L	H	H	H	H	L	H	H	H	
2	L	L	H	L	H	H	L	H	H	H	L	H	L	H	
3	L	H	L	L	H	H	H	L	H	H	H	L	H	L	
4	L	H	L	H	H	H	H	H	L	H	H	L	L	L	
5	L	H	H	L	H	H	H	H	H	L	L	L	H	L	

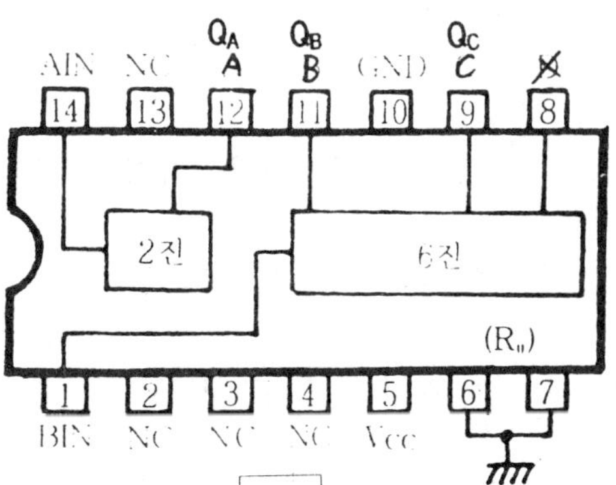

7492

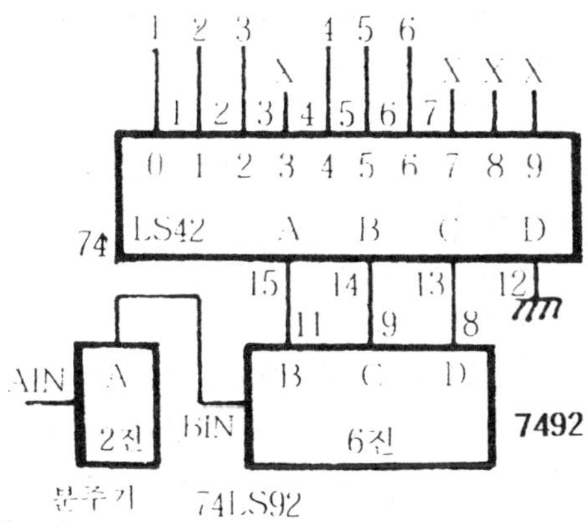

7442

7492

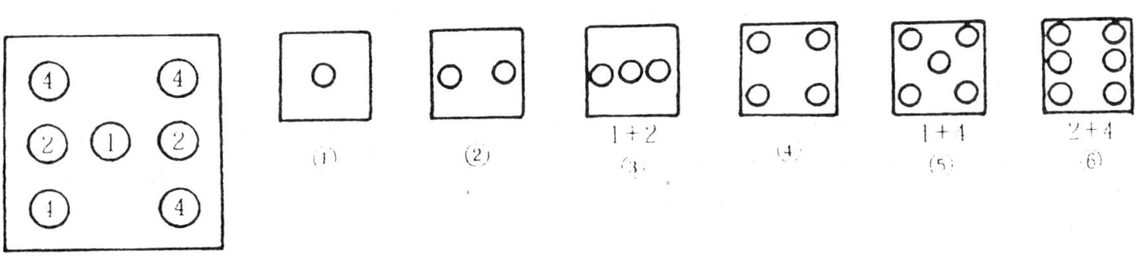

4) SN7442 6진디코더

디코더IC SN7442의 입력단자 A, B, C에 앞의 SN7492카운터 출력 Q_B, Q_C, Q_D를 연결하고, SN7442의 D입력단자는 접지(L)시킨다. 이때 SN7442의 출력단자 4(3)에서는 출력이 나오지 않으므로 주사위용 6진 카운터로 사용할 때는 1(0), 2(1), 3(2), 5(4), 6(5), 7(6) 단자만 사용한다.

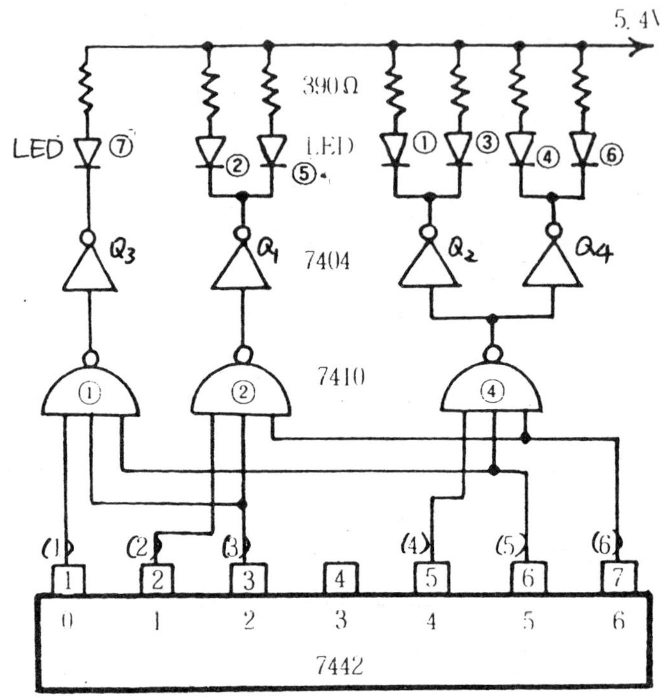

5) SN7410, SN7404 논리게이트회로

인버터SN7404는 NAND게이트 SN7410에서 선택출력하는 "H(1)"출력을 반전시켜서 "L(0)"전압으로 순방향전압이 되게하여 LED를 점등한다.

SN7410 3입력NAND게이트 3개 ①, ②, ④를 조합해서 주사위 숫자 ①, ②, ④, ③, ⑤, ⑥을 만들어 내는 회로이다.

즉 SN7442 디코더의 출력 "0(L)"이 입력되는 NAND게이트의 출력은 모두 "1(H)"이 되므로 여기서 접속된 인버터SN7404에 연결된 LED들이 켜지는 것이다.

LED에 연결된 390Ω저항은 전류를 약 8mA로 제한한다. 따라서 LED 1개의 전류는 8mA이고, LED 2개의 전류는 16mA, LED 4개의 전류는 32mA로 된다. 여기서 LED 동작용 SN7404의 정격은 LED 1개의 8mA는 여유가 있고 2개의 16mA는 적당하지만 4개의 32mA는 과다하다. 그래서 2개의 인버터를 사용하여 전류용량을 크게 늘인다.

6) LED주사위표시

주사위를 표시하는 6가지 모양은 LED7개로 배치하여 구성한다. 그림①, ②, ④ 모양의 LED가 있으면 나머지 ③, ⑤, ⑥모양은 이들의 합으로 만들 수 있다. LED소자는 다리가 긴쪽 Anode가 양극(+), 짧은쪽 cathode(K)이 음극(-)전원에 연결(순방향)한다.

IC회로도에서는 전원배선이 생략된 경우가 많다. 제작시 확인하고 누락배선은 표시를 한다.

4. 참고

1) SN74xx시리즈

74시리즈 IC는 bipolar standard TTL, high speed(H) TTL, lowpower(L) TTL, schottky(S) TTL, low power schottky (LS)TTL과 ALS, AS, F로 시리즈가 추가되어 왔다.
이 시리즈 가운데, H시리즈와 L시리즈는 이미 단종 되었다.
표준형(standard)은 소비전력의 관점에서 스피드가 변하지 않는 LS시리즈로 이행되었다.
이행에 의해 대부분의 스탠더드 TTL은 제조중지가 되었다.

또 74ALS100번 대는 버퍼타입이므로 다른 품종으로 하지 않고, 동일 기능의 페이지에 넣어져 있다. 74시리즈와 핀 컴패티블한 CMOS로직이 사용된다.
TTL의 LS시리즈 상당의 74HC(C-MOS 인터페이스), 74HCT(TTL 인터페이스) 및 TTL의 F 시리즈 상당의 74AC, 그 위에 고속인 바이폴러 C-MOS 74BC가 있다.
그 외에 AS 시리즈 상당의 C-MOS가 일부 메이커에서 만들어지고 있지만, 핀 접속이 74시리즈와 다른 것은 제외됐다. 4000/4500시리즈의 IC에서도 HC, AC, BC 시리즈가 있고, 74시리즈에 없는 편리한 기능이 수록되어 있다.

2) IC외형

TTL의 외형은 각 메이커에 따라 여러 가지 다르지만 DIP(듀얼 인 라인 패키지)의 핀레이아웃은 공통으로, 8핀, 14핀, 16핀, 20핀, 24핀, 28핀이 사용되고 있다. DIP에서는 핀과 핀의 사이는 2.54㎜이고, 발의 열과 열의 사이는 24핀을 경계로 해서, 24핀 미만이 7.62㎜폭, 24핀 이상이 배인 15.24㎜폭이지만, 고유면적의 저감 때문에 24핀의 7.62㎜폭 패키지도 있다.
74800번 대는 24핀 와이드 타입을 슬림타입으로 바꾼 것이 많다.
패키지는 이외에 미니 플랫형이 있지만 핀 레이아웃은 같으므로, DIP만이 실려 있다.
패키지는 세라믹과 플라스틱이 있고, 일반적으로 전자는 사용 온도 범위가 넓고, 특성적으로 엄격하게 되어 있다. 용도로써는 군사용, 우주 항공용 등 특별한 곳이다.
IC는 통상적으로 명칭을 읽을 수 있는 방향에 놓고, 앞의 좌단의 핀이 1번이고, 그곳에서 시계와 반대 방향으로 번호를 붙여간다.
규격표 안의 IC의 핀 레이아웃 그림은 전부 IC를 위에서 본(TOP VIEW)것이므로, 프린트 기판에 넣어 뒤쪽에서 보면 반대 방향이 되므로 주의한다. IC 명칭의 인자만으로는 불명확하므로 통상 그림 1과 같이 1번핀 쪽에 무엇인가의 마크가 붙여 있다.

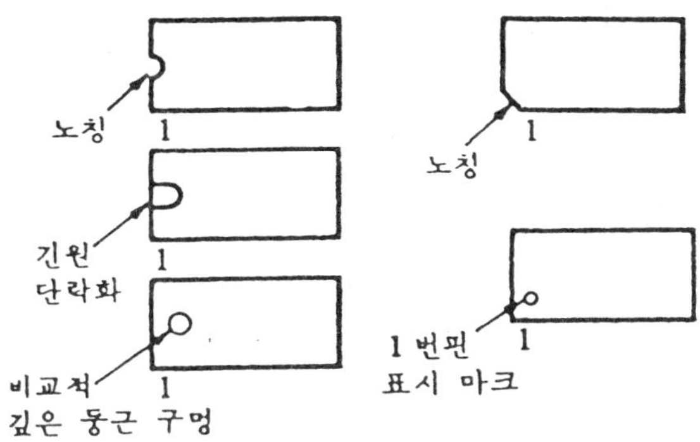

5. 과제

1) SN7400 무안정MV가 발진동작할 때 ⓐ점의 전압(파형)은?
2) PB-SW ON/OFF때의 ⓐⓑⓨ점의 전압(또는 파형)을 측정하라.
3) SN7400 무안정MV의 발진주파수를 구하는 식은?
4) B형 PB-SW보다 A형 PB-SW접점의 접촉이 확실한 이유는?
5) SN7492 카운터의 6번과 7번 핀이 접지 되지 않으면 LED는 몇 개 켜지는가.
6) SN7492 내의 2진 카운터 역활은?
7) SN7442의 12번 핀이 접지 되지 않으면 LED가 몇 개 켜지는가.
8) SN7442 디코더의 12번 D입력 핀을 접지 시킨 이유는?
9) SN7410 3input NAND게이트의 어떤 출력(부논리)일때 LED가 켜지는가?
10) SN7410 NAND게이트 입력이 어떠할 때 LED가 점등하는가?
11) SN7410 ④에서 SN7404에서 인버터 2개를 사용하는 이유는?
12) SN7404 인버터를 사용한 목적은?

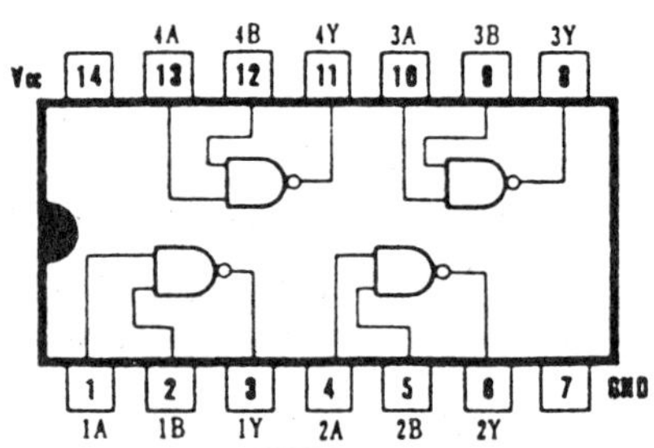

SN7400

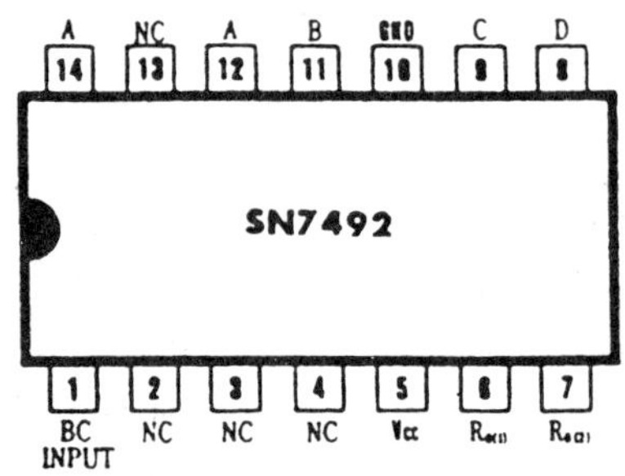

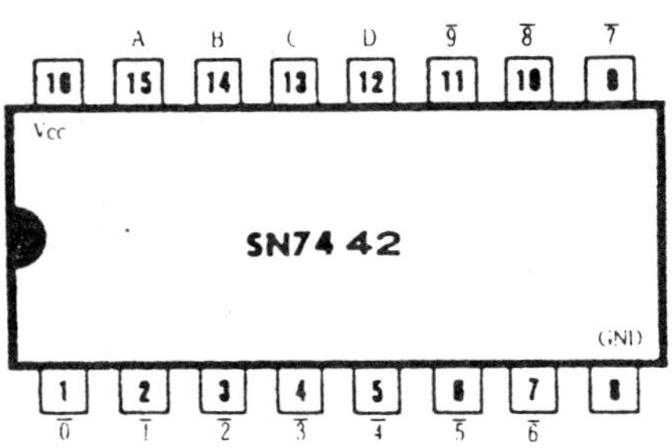

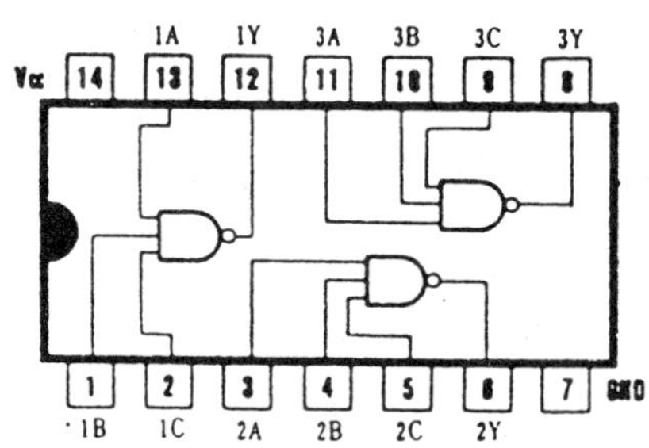

SN7410

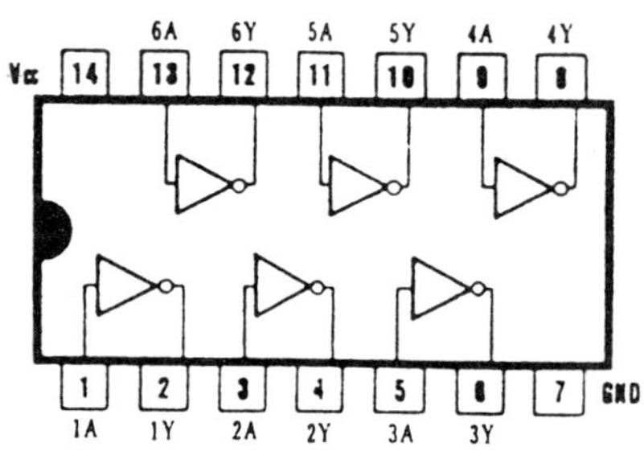

SN7404

3-2 전자기초	과제명	Timer (지연 점멸기)

1.회로도

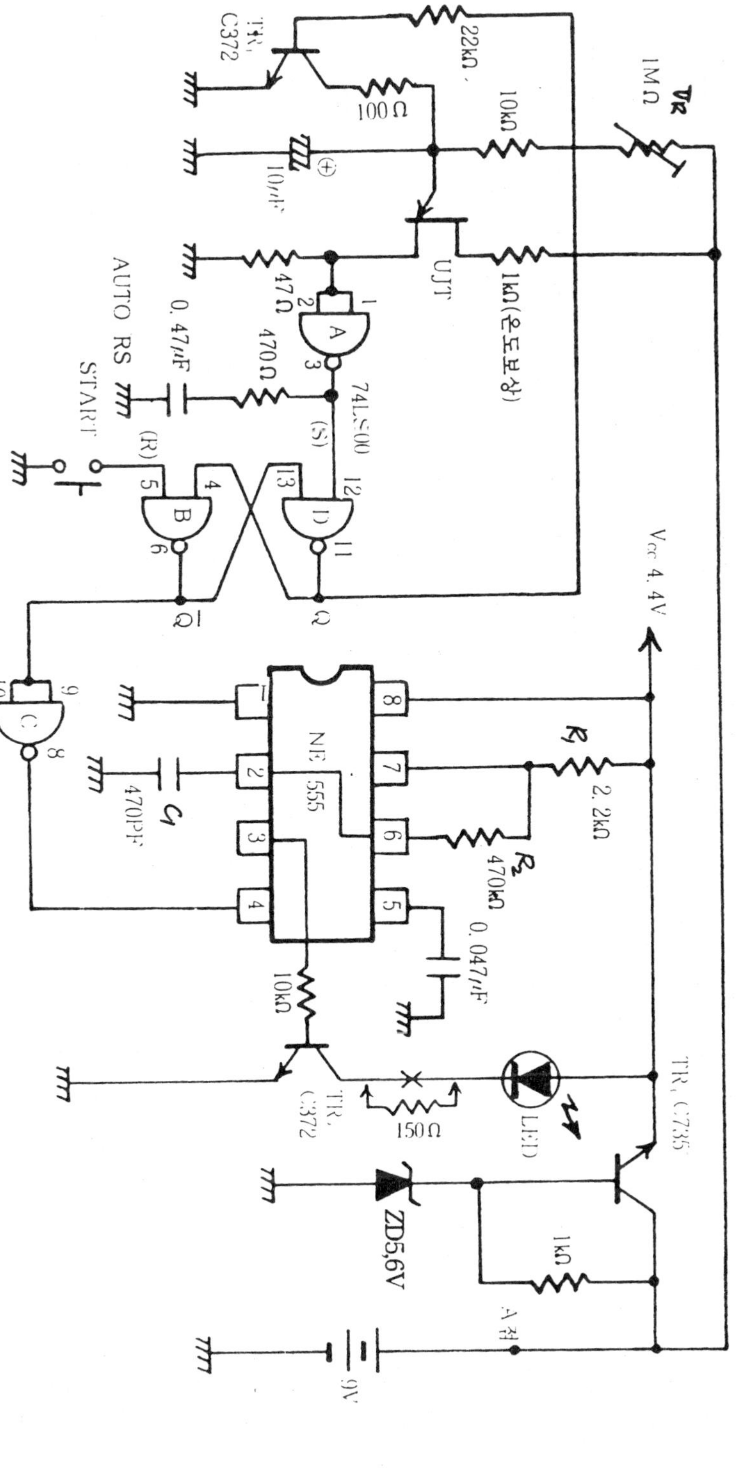

2. 재료목록

번 호	재 료 명	규 격	단 위	수 량	비 고
1	IC	NE555	개	1	
2	〃	SN7400	〃	1	
3	TR	C372	〃	2	
4	〃	C735	〃	1	
5	UJT	2SH21	〃	1	
6	다이오드	LED	〃	1	
7	〃	ZD5.6V	〃	1	
8	저항(resistor)	47Ω 1/4W	〃	1	
9	〃	100Ω 1/4W	〃	1	
10	〃	150Ω 1/4W	〃	1	
11	〃	470Ω 1/4W	〃	1	
12	〃	1kΩ 1/4W	〃	1	
13	〃	10kΩ 1/4W	〃	1	
14	〃	22kΩ 1/4W	〃	1	
15	〃	470kΩ 1/4W	〃	1	
16	VR	1MΩ 1/4W	〃	1	
17	콘덴서(전해)	10μF/16V	〃	1	
18	〃 (마일러)	0.47μF	〃	1	
19	〃 (마일러)	0.047μF	〃	1	
20	〃 (마일러)	470pF	〃	1	
21	스위치	Push Button(a)	〃	1	
22					
23					

3. 동작

1) 동작원리

전원을 연결하면 auto Reset가 동작하여 LED는 켜지고 대기상태로 된다.
타이머동작이 시작되는 Start버튼을 누르면 타이머가 작동하여 LED표시는 꺼진다.
1MΩ VR으로 설정한 시간(0.1초~10초사이)이 지나면 다시 LED가 켜져서 타이머의 작동이 완료되었음을 알려준다.

2) UJT 및 RS F/F회로
47Ω의 Pull Down작용으로 인버터 7400 Ⓐ의 출력은 "H"가 되겠으나 9V 전원을 접속하는 순간은 0.47μF의 용량과 470Ω 저항의 충전으로 인한 전압강하(Pull Down)작용에 의해서 잠시 "L"전압을 유지하므로 RS F/F의 출력Q는 "H"로 $\bar{Q}$는 "L"로 Set되는 auto-reset동작을 한다.

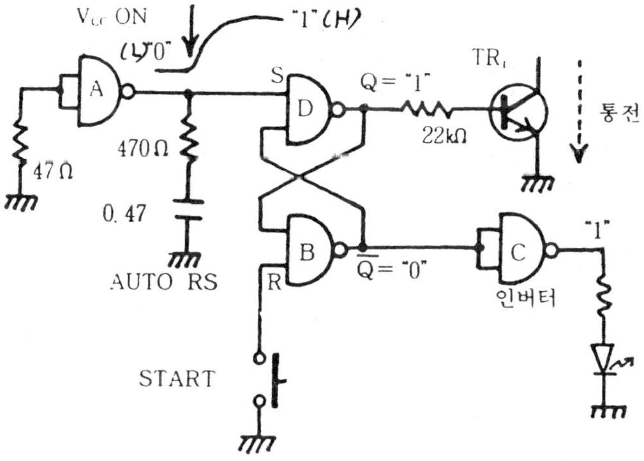

Q출력 "H"는 TR을 통전상태로 하여 UJT의 이미터측을 접지 시키므로 10μF는 충전이 될 수 없다. 한편 $\bar{Q}$출력 "L"은 인버터 ©로 반전시켜서 출력 "H"로 하여 LED를 켜주고 있다.
타이머 작동을 시키기 위해서 버튼을 눌렀다 놓으면 RS F/F의 Q출력은 "L"가 되고 TR은 차단되므로 10μF는 충전이 시작되며 $\bar{Q}$출력은 "H"로 되어 인버터의 출력을 "L"로 되게 하므로 LED는 꺼진다. 즉 타이머가 작동 중임을 알 수 있는 것이다.

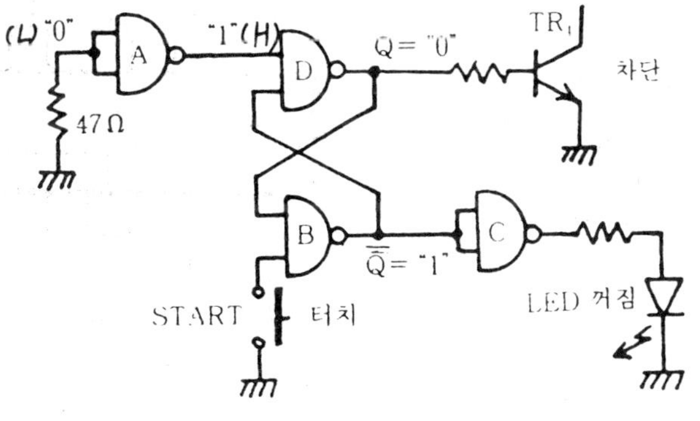

TR_1이 차단되면 1MΩ VR과 10kΩ을 통해서 10μF는 서서히 충전이 시작된다.
10μF의 충전전압이 UJT의 방전개시 전압까지 높아지면 10μF의 전하는 47Ω을 통하여 순간적으로 방전하여 "H"펄스를 낸다.

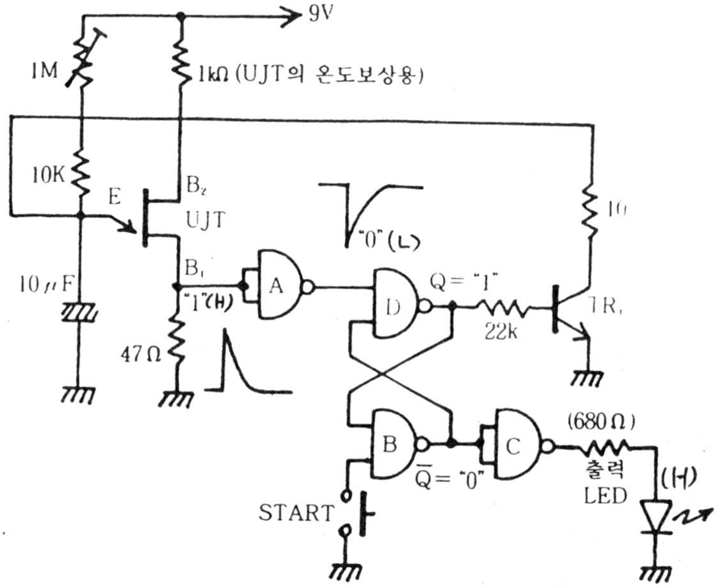

이것은 인버터 A로 다시 반전해서 RS F/F의 Q를 "H"로 $\bar{Q}$를 "L"로 Set한다.

Q의 "H"출력은 TR을 통전상태로 하여 UJT의 이미터를 접지 시키므로 10㎌의 충전은 정지한다. $\bar{Q}$의 "L"출력은 인버터ⓒ로 반전시켜서 출력"H"로 하여 LED를 켜 주므로 타이머는 완료되고, 대기상태로 되어 있음을 알린다.

여기서, 10㏀은 1㏁이 0Ω으로 조작되었을 때 과 전류에 의해서 UJT가 파손되는 것을 방지하기 위한 것이고 100Ω은 10㎌의 과도한 방전 전류로 TR이 파손되는 것을 방지하는 것이다.

47Ω은 UJT의 출력을 얻는 부하저항이다.

3)NE555 무안정멀티바이브레이트

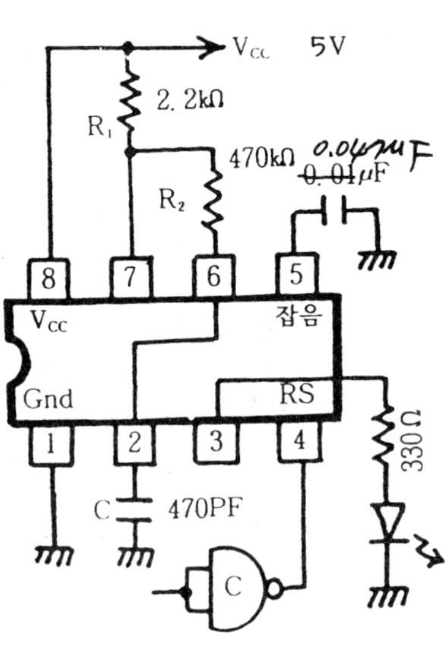

NE555는 +4.5~16V 전원전압으로 동작되며 출력전류는 200㎃이하 발진주파수는 1/20~300㎑가 적당하다.

무안정(AMV)와 단안정(MMV)으로 회로동작을 시킨다.

NE555 AMV회로와 TR_2 C372의 전류증폭 회로는 타이머 작용에 직접적인 관계가 없다.

AMV의 발진주파수는 약 3㎑되므로 시력으로 점멸을 구별할 수 없고, NE555의 출력전류는 100㎃ 정도 되므로 LED를 직접 구동할 수 있다.

NE555 AMV에서 리세트 4번 핀에 "H"전압이 가해지면 동작상태로 된다.

470PF는 R_1과 R_2를 통하여 충전이 시작되고 3번 출력핀은 "H"전압을 출력한다.

@ 충전이 진행되어 C의 전압이 V_{CC}의 2/3이상으로 높아지면 6번핀이 이를 감지해서 7번핀을 접지 시키므로 이번에는 C의 전하가 R_2를 통해서 방전이 개시되고 3번핀은 "L"전압을 출력한다.

@ 방전이 진행되어 C의 전압이 VCC의 1/3이하로 낮아지면 2번핀이 이를 감지하여 7번핀을 접지로부터 차단시키므로 C는 R_1과 R_2를 통하여 충전이 진행되고 3번핀은 다시 "H"전압을 출력한다. 이러한 현상이 반복되어 발진이 지속된다.
발진주기는"H"출력(충전기간)때 T1=0.685(R_1+R_2)C 이고 "L"출력(방전기간)때는 T_2 = 0.685RC 이다. 따라서 1주기는 T=T_1 + T_2 즉 T=0.685(R_1+R_2)C로서 본 작품의 경우는 약 3㎑가 된다.
00.47㎌는 전원에서 발생하는 잡음을 방지한다.

4)TR_2의 LED 여진회로
R1=2.2kΩ과 C=500pF로 결정되는 LED가 켜지는 시간폭이 1㎲이하로 좁으므로 LED 전류는 1A이상 흘려도 관계없다. 한편 TR의 콜렉터전류 I_C는 최대로 계산을 해도 100㎃ 이상은 되지 않으므로 LED전류 제한용 저항이 필요 없게 된다.

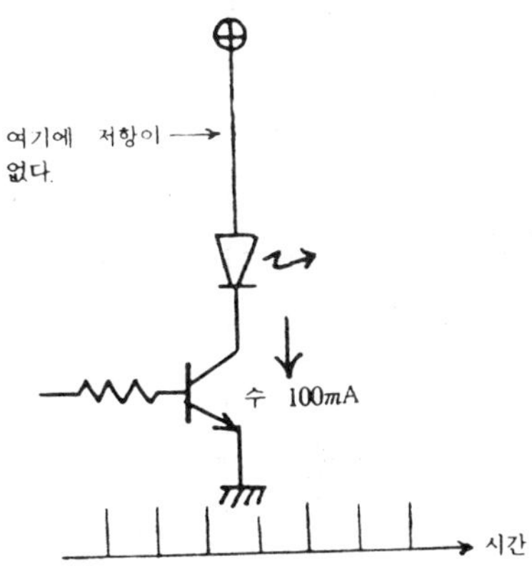

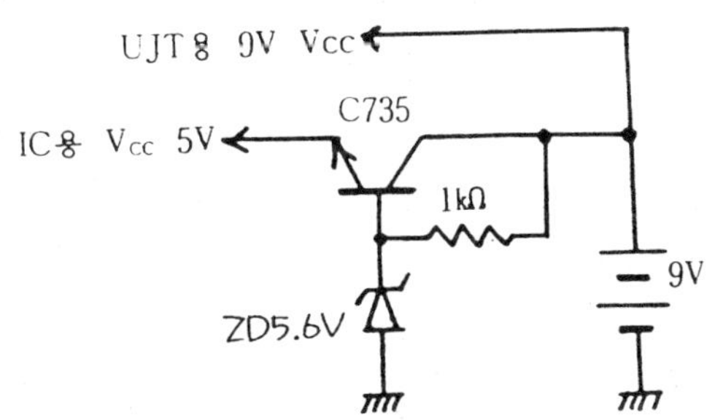

5)정전압회로
큰 펄스를 얻기 위해서 위의 그림과 같이 UJT에는 9V를 그대로 공급하고 74LS00과 NE555에는 정전압전원 V_{CC} +5V를 공급하고 있다.

4. 과제
1) 전전원전류 A점의 전류를 측정하여라
2) 470Ω과 0.47㎌로된 회로의 작용과 명칭은?
3) TR1의 100Ω저항과 NE555의 10kΩ저항 및 TR_2의 150Ω저항의 역할은 무엇인가?
4) NE555 AMV의 주기와 발진주파수를 식을 사용하여 구하라.
5) TR_2의 LED구동회로에 전류제한 저항이 없는 이유는 무엇인가?

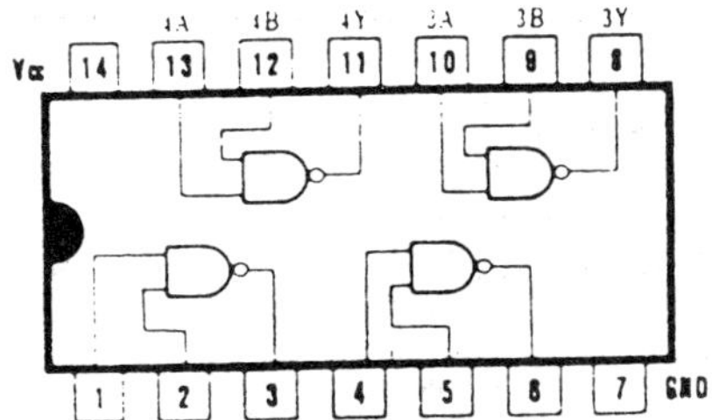

SN7400

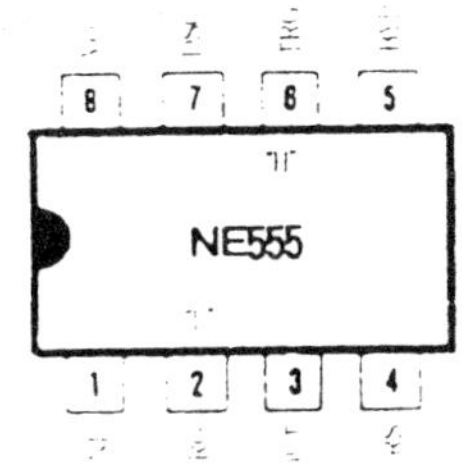

3-3 전자기초	과제명	Leveler (전압판정기)

1.회로도

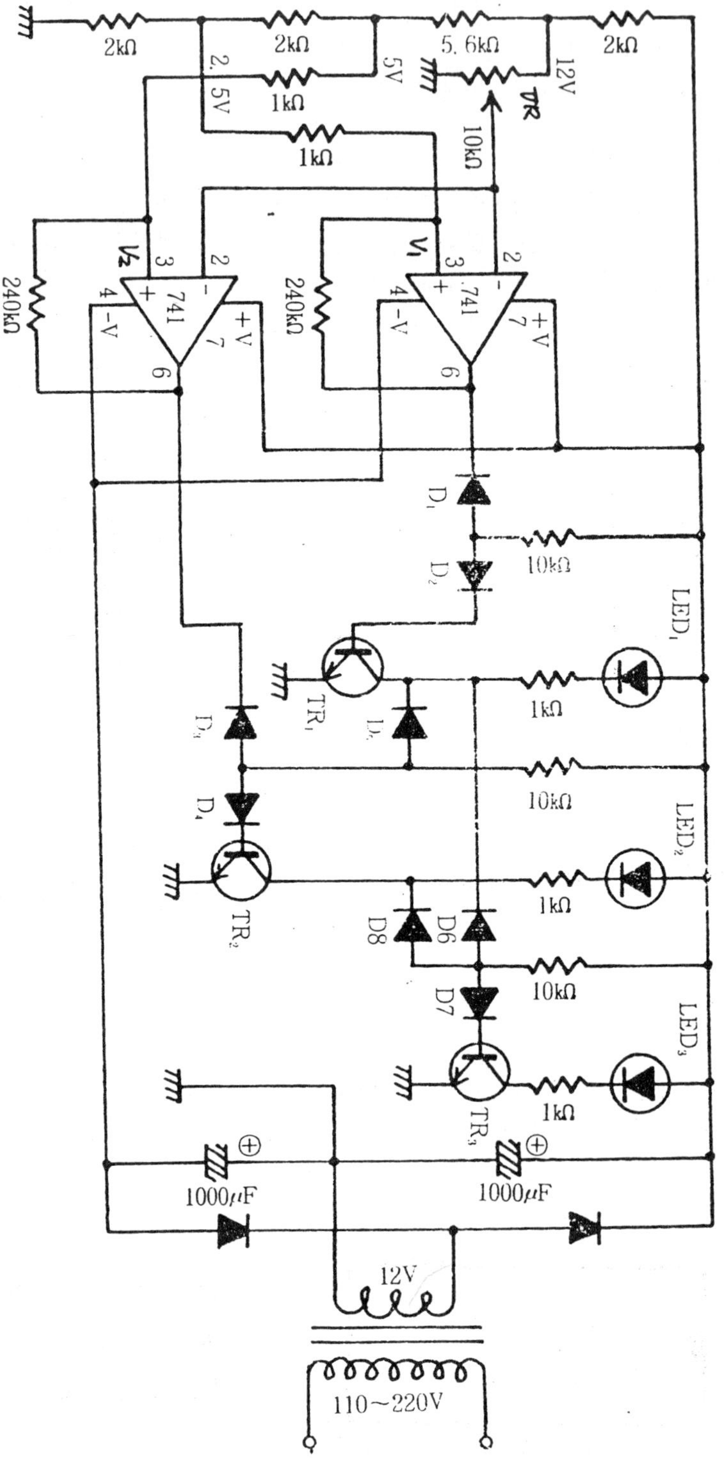

2. 재료목록

번 호	재 료 명	규 격	단 위	수 량	비 고
1	IC	741	개	2	<BB용>
2	TR	C3202	〃	3	C735
3	다이오드	1S1588	〃	8	
4	다이오드	1N4001	〃	2	/
5	발광다이오드	LED(R,G,Y)	〃	3	
6	저항(1/4W)	1kΩ	〃	5	
7	〃	2kΩ	〃	3	
8	〃	5.6kΩ	〃	1	
9	〃	10kΩ	〃	3	
10	〃	240kΩ	〃	2	
11	가변저항(반고정)	10kΩ	〃	1	
12	콘덴서(전해)25V	1000μF	〃	2	/
13	트랜스(SW, Fuse부)	220V/12V1A	〃	1	/

3. 동작

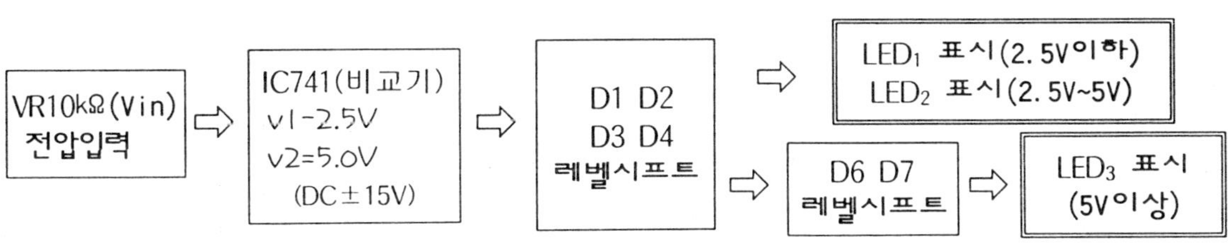

1) 동작원리

1. 2개의 Comparator(전압비교기) OPamp(IC741) 비반전 입력단자에 전원전압을 저항으로 분압한 기준전압(Vref) V_1=2.5V와 V_2=5V를 공급하고 있다.
2. VR10kΩ을 조절해서 입력전압(Vin)을 0V부터 12V까지 변화시켜 가면 LED_1부터 LED_2, LED_3 순서로 켜지고 꺼지면서 이동한다.
3. LED 점멸동작은 입력전압 Vin에 의해서 선택된다. Vin이 2.5V보다 낮으면 LED_1이 켜진다. LED_1 turn on 전압; 2.5V이하
4. Vin이 2.5V와 5V 중간이면 LED_2가 켜진다. LED_2 turn on 전압범위; 2.5V이상 ~ 5V이하

5. Vin이 5V보다 높을 때는 LED3이 켜진다. LED3 turn on 전압; 5V이상

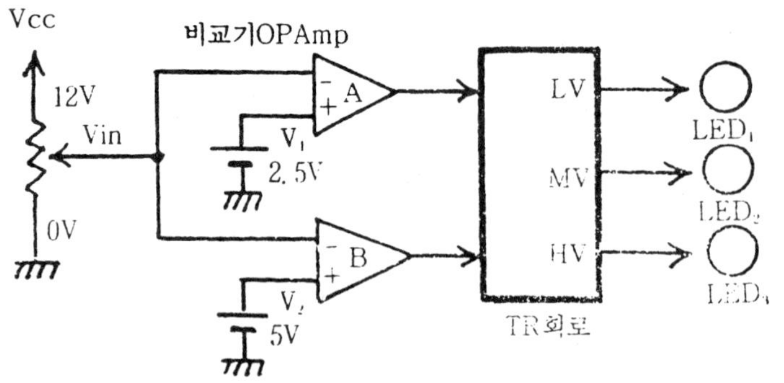

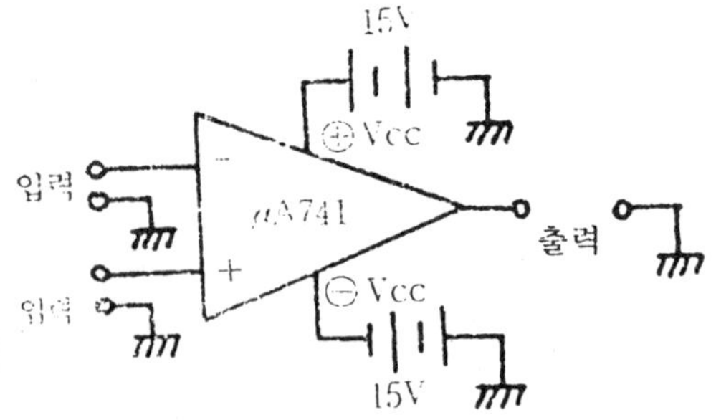

2) OP-Amp 741

1. GND를 기준해서 ⊕15V와 ⊖15V의 2개 전원을 사용한다.
2. GND를 기준해서 반전(-)과 비반전(+)의 2개 입력단자가 있고 1개의 출력단자가 있다.
3. OP-Amp는 증폭도가 약 10만배로 커고 감도가 0.1㎷이내여서 우수한 비교기로 사용된다.
4. 반전입력단자와 비반전 입력단자의 작용은 출력신호 전압의 극성을 좌우한다.

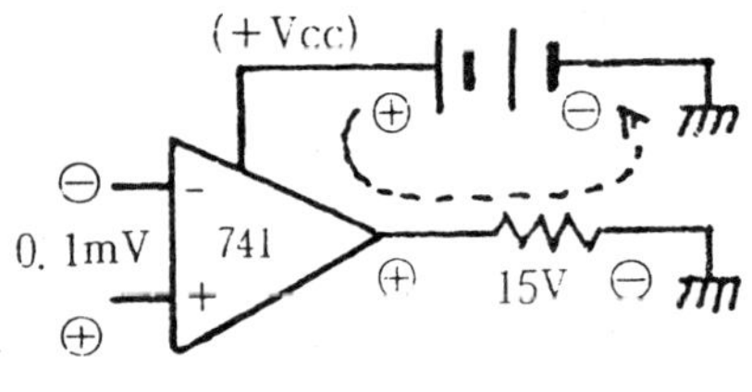

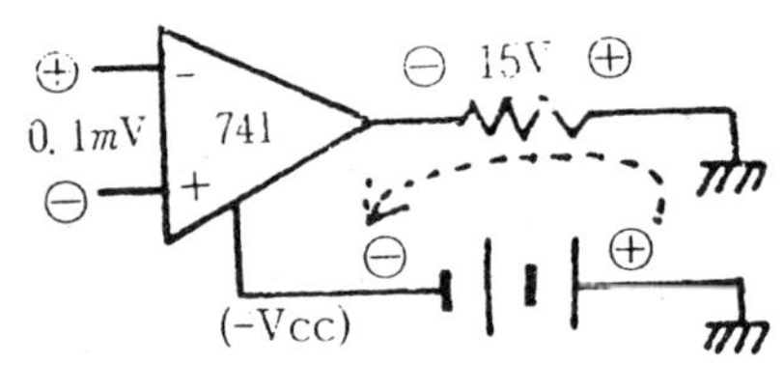

3. OP-Amp Comparator(비교기)에 Schmitt특성부여

기준전압(Vref)과 비교전압(Vin)이 정확히 일치하면 출력이 경사면에 걸려서 포화출력을 내지 못한다. 따라서 1kΩ과 240kΩ 저항을 연결하여 정궤환을 가해주면 도약특성이 생겨서 반드시 포화출력을 내게된다.

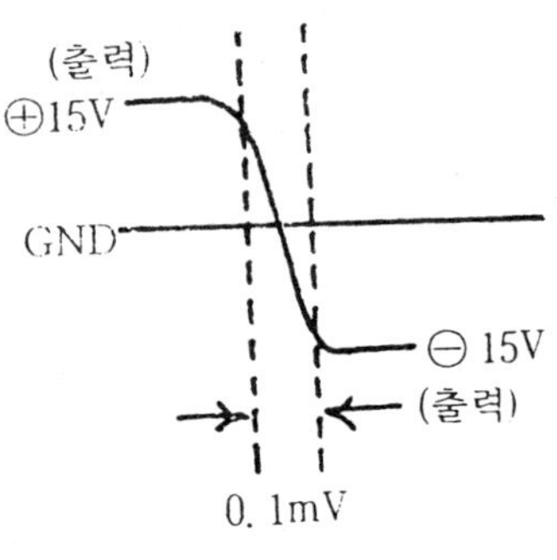

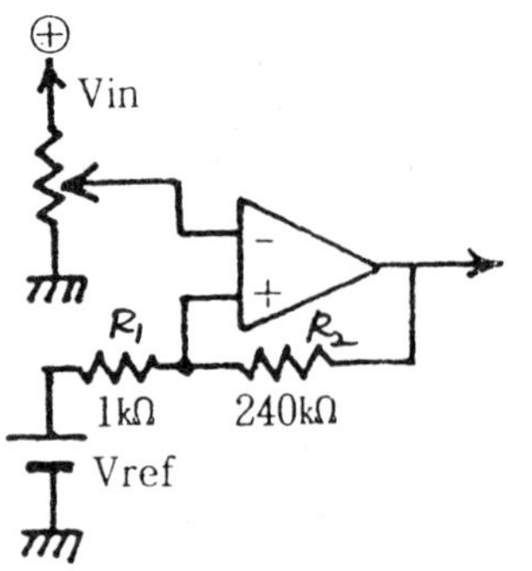

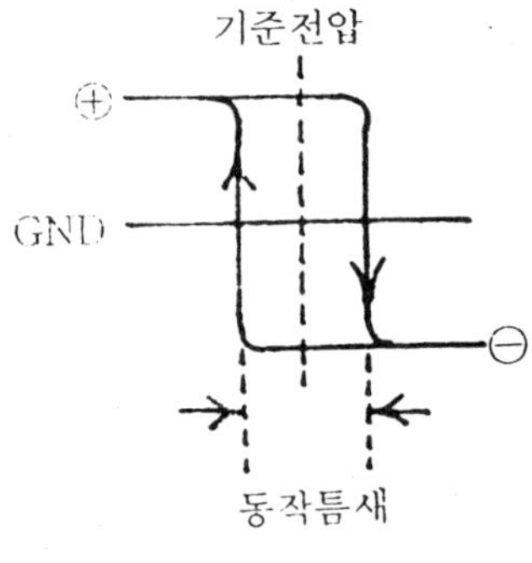

4. 기준전압(Vref)과 비교전압(Vin) 회로

정확한 정전압회로 전압이 아니나 ⊕점의 전원전압을 +16.9V Ⓐ점의 전압을 +12V로 가정하면 저항으로 분압되는 Vref 기준전압은 V1=5V, V2=5V가 되고 VR10kΩ으로 조정되는 비교전압은

Vin=0~12V가 된다.

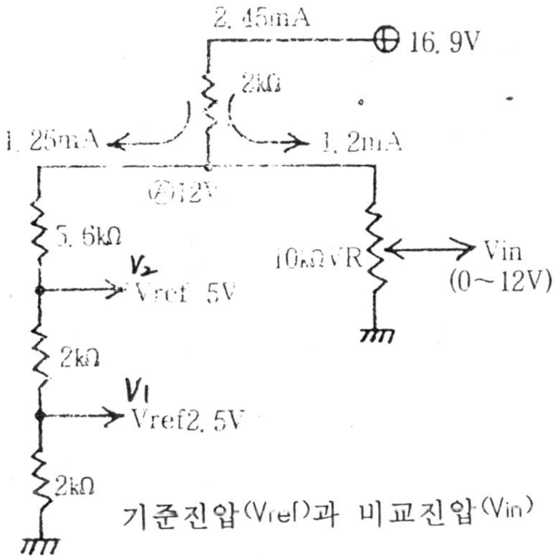

기준진압(Vref)과 비교진압(Vin)

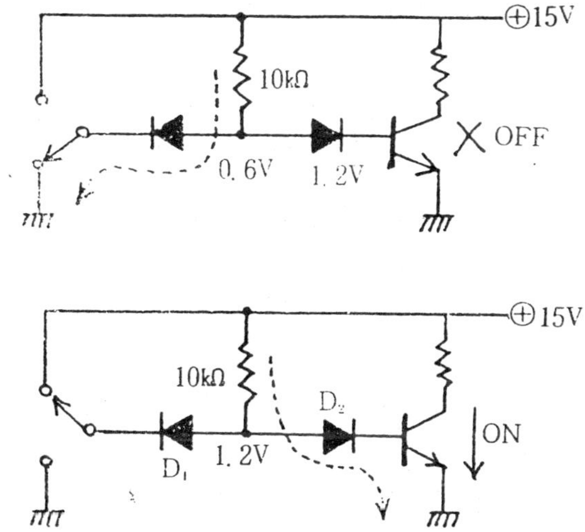

Level shift 다이오드

5. Level shift 다이오드

D_1은 스위치작용을 하고, D_2는 D_1에서 생기는 threshold전압(VF)0.6V를 상쇄하고 TR의 Vbe 0.6V와 합쳐 1.2V로 높혀준다. Level shift 작용을 한다.

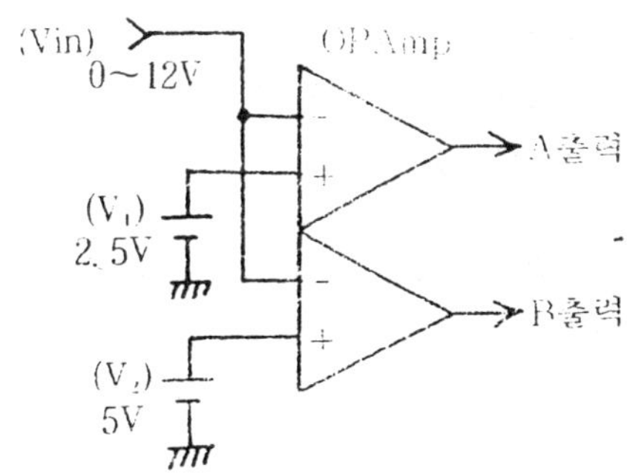

Vin비교입력	A 출력	B 출력	LED점등
2.5V 이하	⊕15V	⊕15V	LED1
2.5V~5V	⊖15V	⊕15V	LED2
5V 이상	⊖15V	⊖15V	LED3

6. OP-Am입력 Vin과 출력 및 LED와의 관계

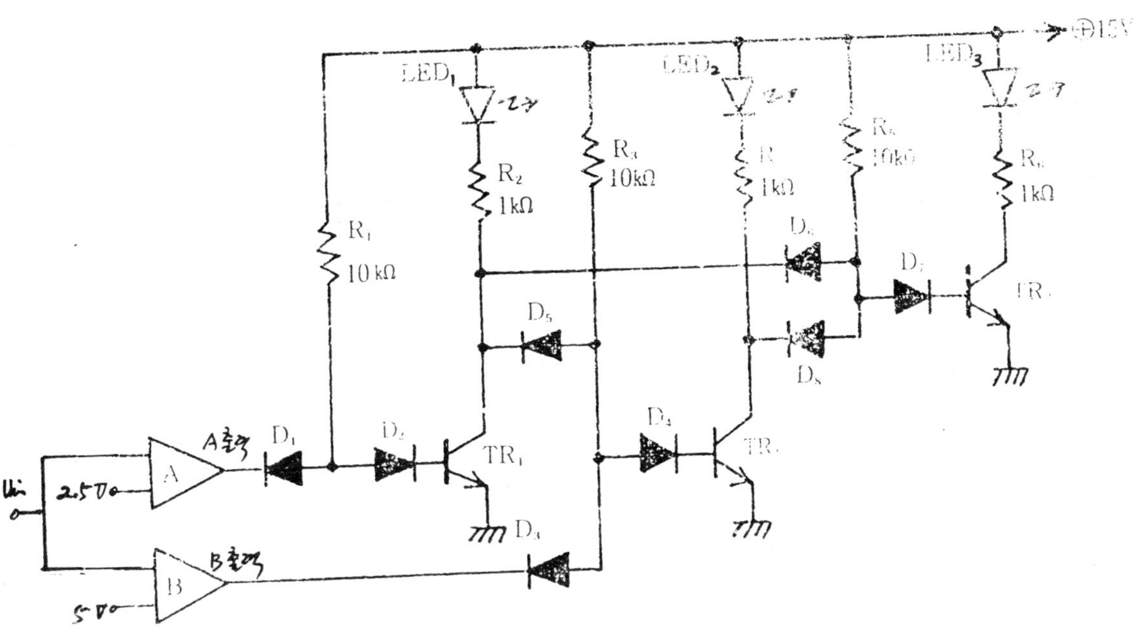

앞장 위의 표는 OP-Amp A B의 비교입력전압 Vin과 A와 B의 출력전압 및 켜지는 LED의 관계를 나타낸 것이고, 회로도는 비교입력전압 Vin의 크기에 따라서 점등되는 LED가 동작하는 회로 부분을 나타낸 것이다.

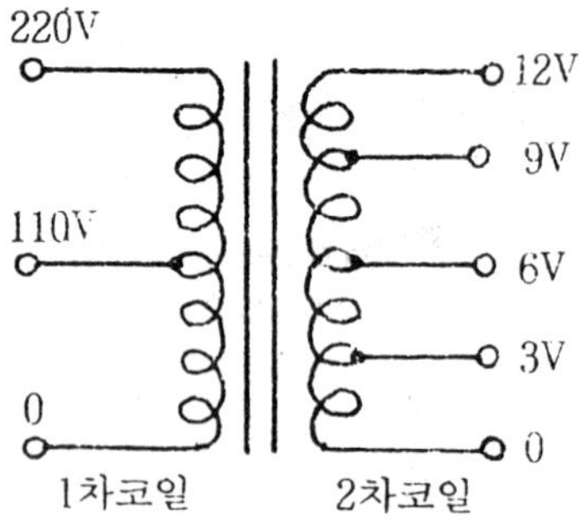

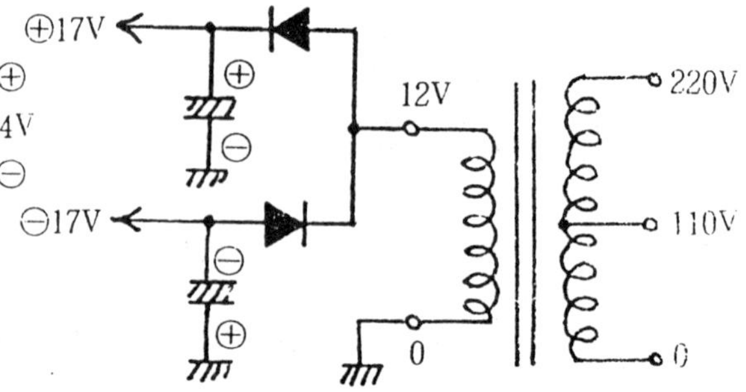

7. 정류전원회로

①소형전원 트랜스는 1차전압이 220V이고, 2차전압은 3V, 6V, 9V, 12V로 되어 있는 것이 보통이다.

②본 정류회로에서 콘덴서 입력형 반파대칭 정류회로의 경우는 ⊕17V(12V×1.414=16.97V)와 ⊖17V가 얻어진다. 교류전압 9V를 정류하면 약13V(9V×1.4)직류가 된다.

③대칭전원회로의 경우는 GND(접지)와 ⊖전원을 정확히 구별하여야 한다.

4. 과제

1) LED1, LED2, LED3이 점등하는 Vin의 전압 범위를 적어라.

LED1= LED2= LED3=

2) OP-Amp의 전원전압과 증폭도는?

3) OP-Amp에 1kΩ 과 240kΩ의 역할은?

4) Vref가 2.5V이고 Vin이 3V 및 2V일 때 OP-Amp 출력전압은?

5) Level shift Diode의 역할은?

6) 콘덴서 입력형 정류회로의 DC출력전압은 입력 AC전압의 몇배인가?

3-4 전자기초	과제명	Cyclone (전자사이크론)

1.회로도

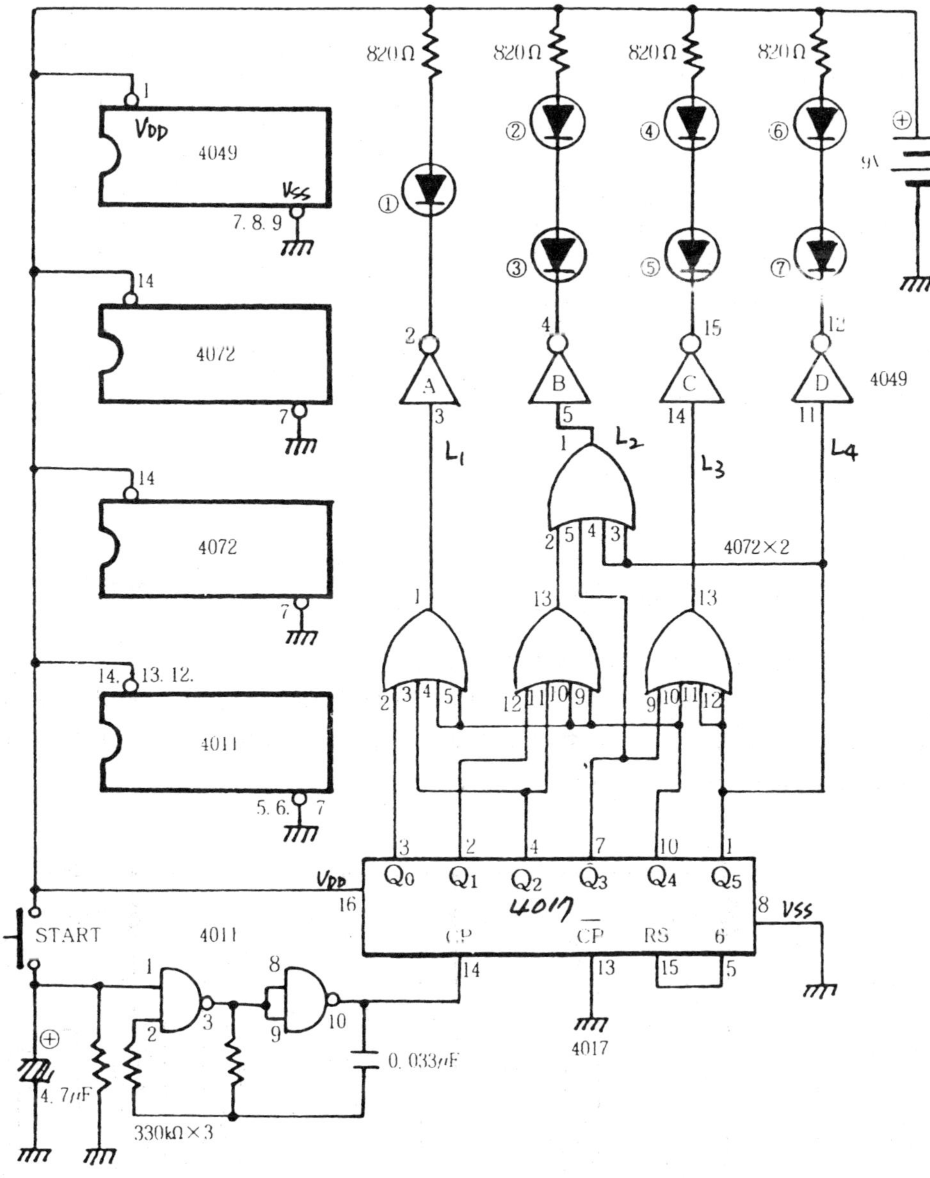

2. 재료목록

번 호	재 료 명	규 격	단 위	수 량	비 고
1	IC	4011	개	1	
2	〃	4017	〃	1	
3	〃	4049	〃	1	
4	〃	4072	〃	2	
5	다이오드	LED	〃	7	
6	저항(resistor)	820Ω 1/4W	〃	4	
7	〃	330kΩ 1/4W	〃	3	
8	콘덴서(전해)	4.7μF/16V	〃	1	
9	〃 (마일러)	0.033μF	〃	1	
10	스위치	Push Button(a)	〃	1	
11					

3. 동작

1)동작원리

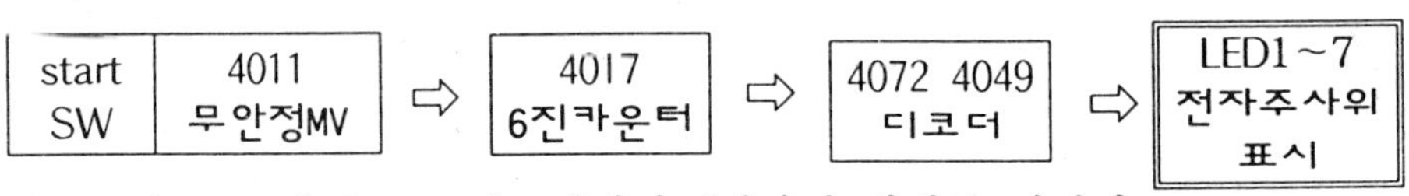

전원전압(6V)을 공급하면 LED가 1개에서 6개까지 임의로 켜진다.

시작용 푸쉬버튼(SWstart) 스위치를 누르면 7개의 LED전체가 고속으로 점멸하며 SW버튼에서 손을 떼는 순간 서서히 깜박이다가 역시 1개에서 6개까지의 LED가 무작위로 켜진 채 정지하는 전자주사위로 역할을 하는 회로이다.

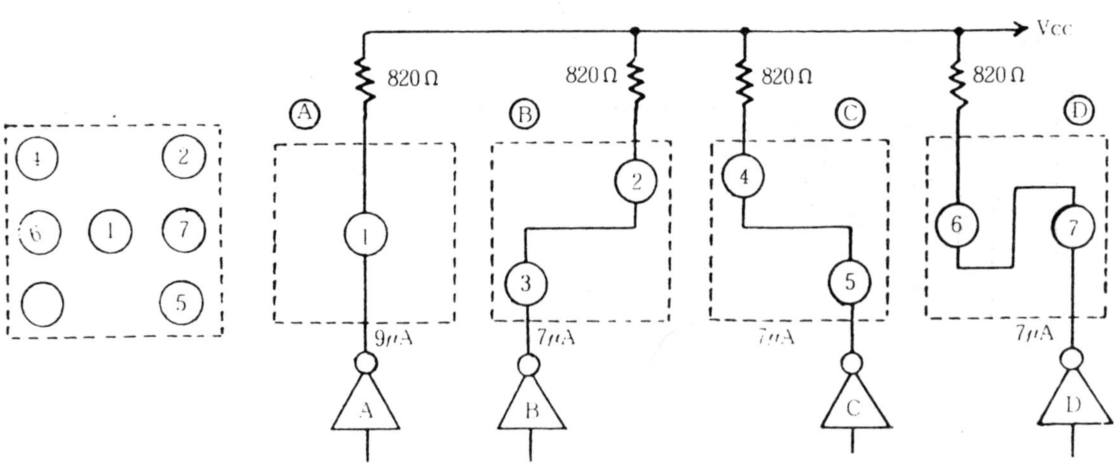

2)LED의 주사위 배치

앞의 그림과 같이 7개의 LED가 Ⓐ,Ⓑ,Ⓒ,Ⓓ 4줄로 구성되어 있다.
이들을 다음과 같이 결합하면 주사위의 수 1~6개가 구성된다.

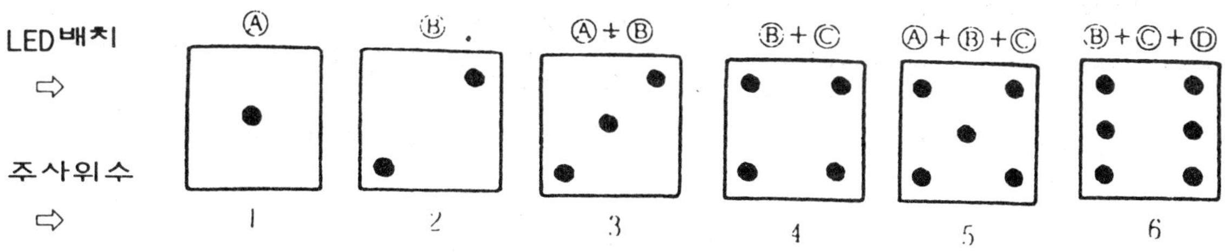

3)인버터 IC4049

IC4049는 C-MOS와 TTL의 결합에 쓰이며 전원전압범위는 3~16V로 넓고 출력전류도 ±40㎃로 커서 LED여진용으로 사용되고 있다. 1번단자는 V_{DD}이다.
아래 그림에서 IC4017출력(주사위수) Q_0(1)부터 Q_5(6)까지 차례로 "H(1)"선압을 가하면 Ⓐ=1 Ⓑ=2 Ⓐ+Ⓑ=3 Ⓑ+Ⓒ=4 Ⓐ+Ⓑ+Ⓒ=5 Ⓑ+Ⓒ+Ⓓ=6이 되는 것을 확인할 수 있다.
10진 카운터IC 4017의 출력 Q_0~Q_5는 주사위의 수 1~6과 같다.

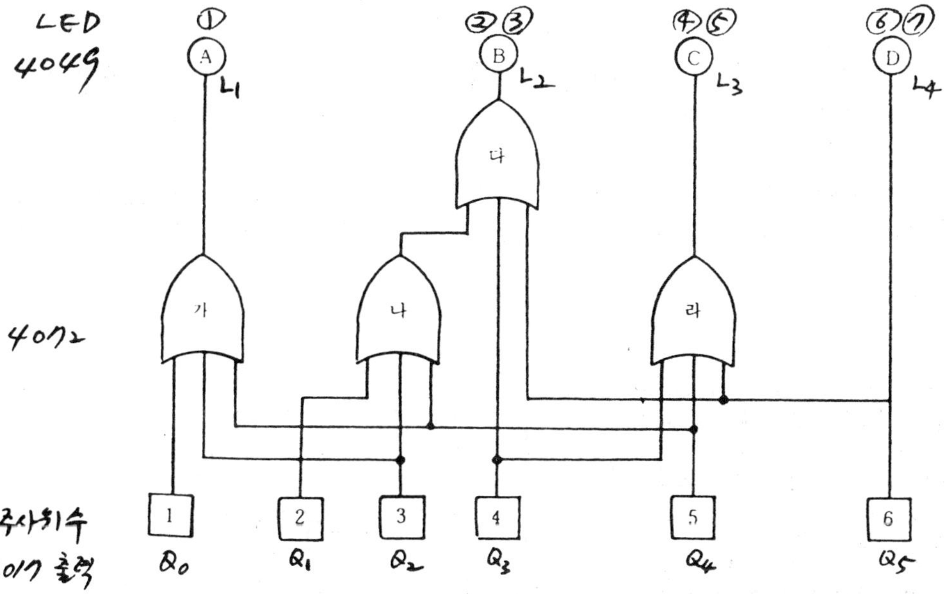

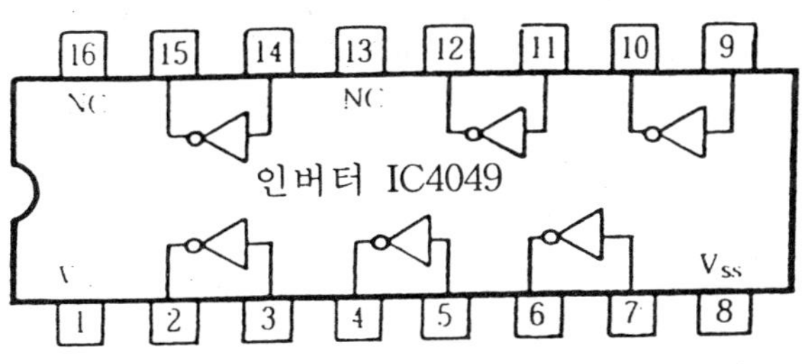

4)OR게이트 IC4072

OR게이트는 입력단자에 1개라도 "H(1)"가 입력되면 출력은 "H(1)"가 된다.
여분의 입력단자는 접지(GND)에 접속하거나 회로도와 같이 인접한 단자에 묶어서 사용한다.

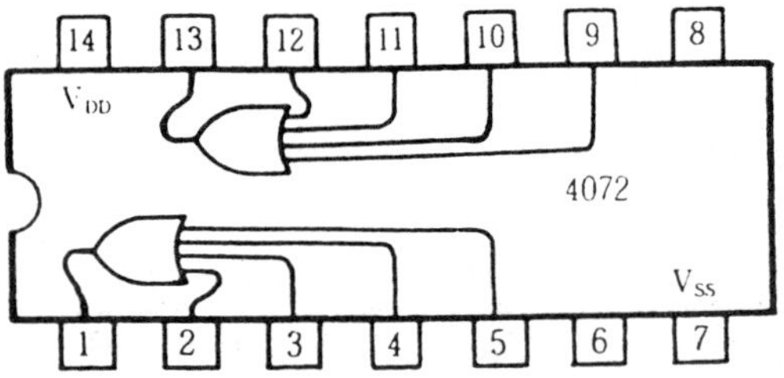

OR게이트 IC4072

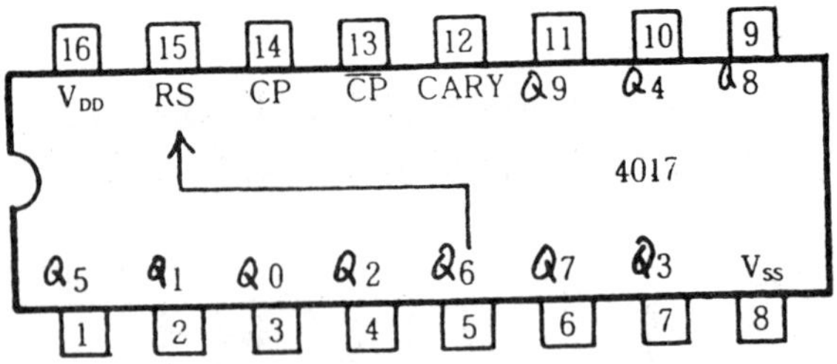

10진카운터 IC4017

5)10진 카운터 IC4017

BCD카운터와 Decimal디코더를 하나로 합친 IC이다.

5번 단자의 출력 6을 15번단자 R_S에 접속하면 0, 1, 2, 3, 4, 5를 카운터하고 6이 되는 순간 IC4017은 0출력으로 RESET(초기화)되므로 0~5의 6진 카운터가 된다.

클럭 펄스의 입력단자는 C_P(14번)단자와 $\overline{C_F}$(13번)단자 2개가 있는데 어느 것을 사용해도 되지만 C_P핀을 사용할 때는 $\overline{C_F}$를 접지(⊕전원연결)시키고 $\overline{C_F}$를 사용할 때는 C_P핀을 V_{DD}(⊕전원)에 접속한다.

6)IC4011과 무안정MV회로

TTL NAND 게이트 74LS00과 C-MOS NAND 게이트4011(MC14011)는 단자의 배치가 다르다. C-MOS 무안정MV회로는 입력저항이 크므로 RC시정수 회로를 하나로 할수있고, 발진주파수의 연속 가변이 가능하다.

특히 게이트 앞뒤단을 (A와 B) 직결로 할 수 있어 제어입력이 "L(0)"이면 무안정MV의 출력도 "L(0)"가 되어 TR 등 출력회로에 접속할 때 유리하다. R_S저항은 안정된 발진을 위한 것이면 R의 값과 비슷하면 된다.

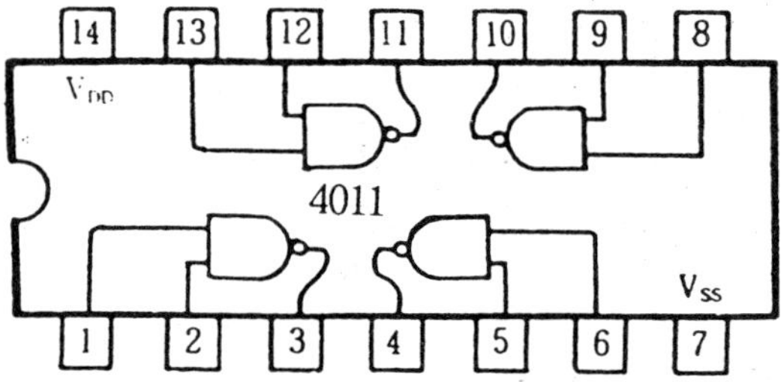

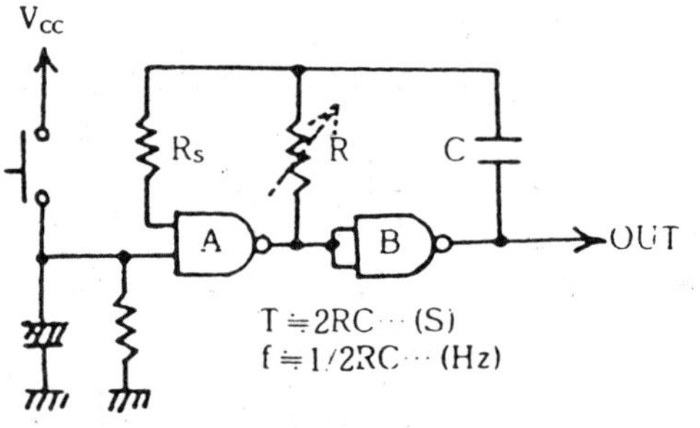

7)C-MOS IC전원

C-MOS IC는 정지전류가 극히 적고, 동작 시에 출력에 비례하는 전류가 약간 흐를 뿐이므로 휴대용 소형기기에 적합하다. 사용 전원전압 V_{DD}는 3V~16V로 사용범위가 넓다.

8)신호계통

스위치(PbSW) ⇒ 무안정MV(IC4011) ⇒ 6진카운터(IC4017) ⇒ 디코더(IC4072, IC4049) ⇒ LED①~⑦표시

무안정MV(IC4011) 발진주기 $T=2.2\times R\times C=2.2\times 300\times 10^3\times 0.033\times 10^{-6}=21.78[ms]\fallingdotseq 22[ms]$

주파수 $f=1/22[ms]=45Hz$

9) C-MOS IC개요

C-MOS (Complementary- Metal Oxide Semiconduct)는 P채널과 N채널의 MOS FET을 조합한 IC소자다. 소비전력이 대단히 적고, 동작전압 범위가 넓고, 잡음 여유도가 높은 등, 종래의 TTL 논리회로에서 볼 수 없었던 많은 특징을 가진 소자로써 지금은 범용으로 대부분의 논리소자로 사용되고 있다. C-MOS IC 패밀리에는 RCA사, 모토롤라사 CD4000/MC14500 시리즈와 TTL 74시리즈와 호환성을 고려한 74HC/74AC 시리즈 두 가지 그룹이 있다.

4000/4500 시리즈에도 A타입과 B타입이 있는데, 주류를 이루는 4000B/4500B 시리즈의 최대 특징은 전원전압이 최대 18V (권장동작 3~15V)로 넓고 5V, 10V, 15V 전압의 전기적 특성사양이 규정되어 있다.

C-MOS의 하나의 결점으로써 동작 속도가 느린 것인데, 이 점을 개선한 것이 74HC 시리즈로 종래의 TTL과 거의 같은 속도를 실현하고 있다.

근래의 모든 전자, 정보, 통신제품은 경박단소(輕薄短小)화와 저소비 전력, 저발열 등이 요구되어 있어, C-MOS IC의 사용이 당연히 주류를 이루고 있다.

종래 TTL프로세서로 작성되었던 IC나 메모리, 마이크로프로세서 등도 C-MOS화되었다.

5000 시리즈는 4000/4500시리즈의 연장에 있고, 기능을 복합화한 다기능 로직이다. RCA사 22000시리즈는 C-MOS 로직회로의 특징이며, 아날로그 스위치 등을 중심으로 한 정보통신 용도로 사용된다.

4. 과제

④		②
⑥	①	⑦
③		⑤

1) LED ①~⑦을 아래와 같이 배치하여 제작하라.

동작; start SW를 누르면 전 LED가 점멸하다가 놓으면 LED 1개에서 6개까지 점등된다.

2)start SW를 눌렀을 때 전원전압과 전 전류를 측정기록 하라.

답: 전원전압 V 전전류 mA

3) IC7400내부 NAND게이트 3개를 조합하여 OR게이트 회로를 구성하라.

답:

4) IC4017(decade counter/divider) C_P입력, 출력(Q_0~Q_5)과 IC4072(dual 4input OR gate)로된 회로의 출력(L_1~L_4)파형을 기록하라.

3-5 전자기초	과제명	Indicator(위치표시기)

1.회로도

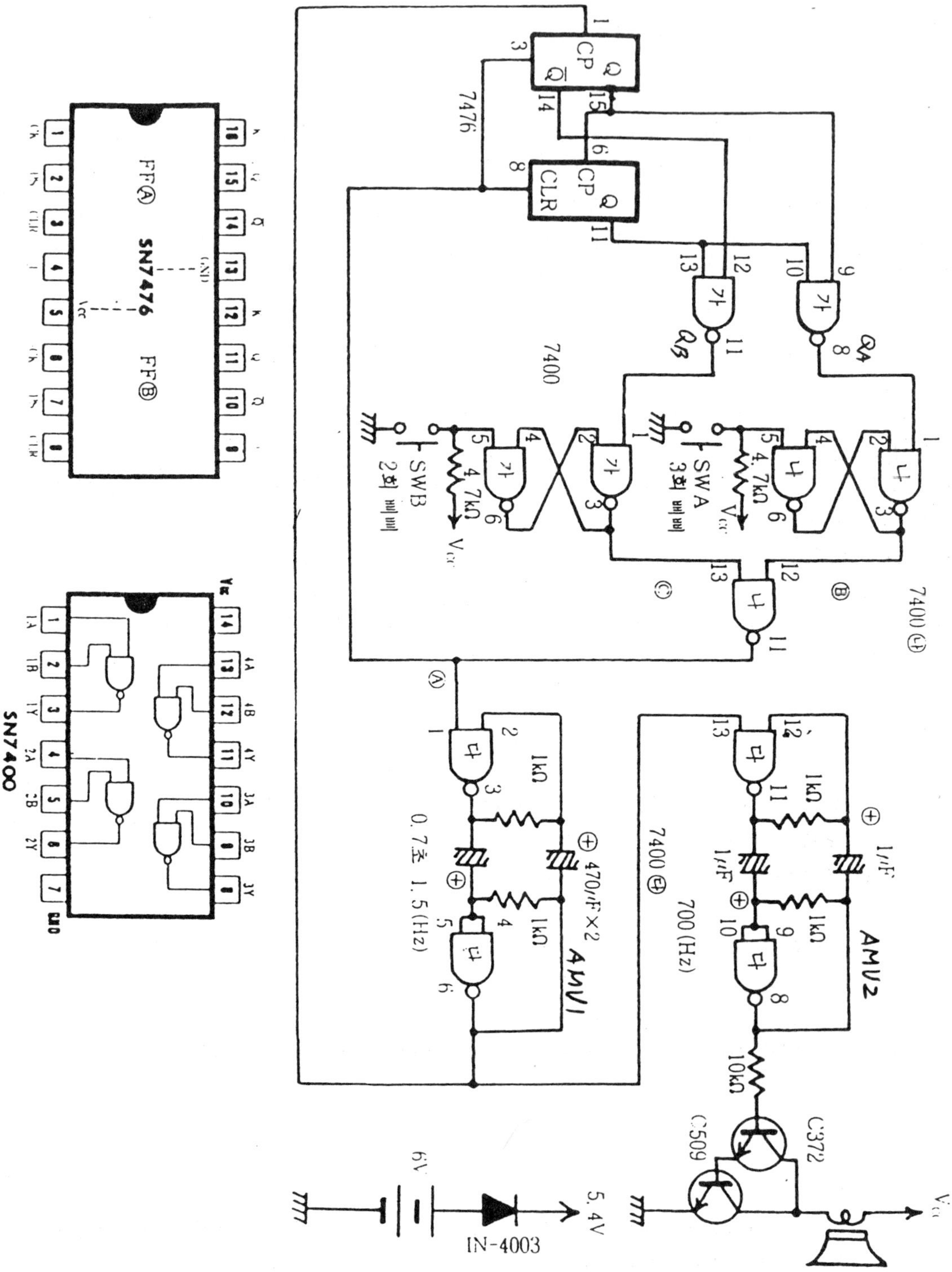

2. 재료목록

번 호	재 료 명	규 격	단 위	수 량	비 고
1	IC	7400	개	3	
2	〃	7476	〃	1	
3	TR	C372	〃	1	
4	〃	C509	〃	1	
5	다이오드	1N4003	〃	1	생 략
6	저항(resistor)	1kΩ 1/4W	〃	4	
7	〃	4.7	〃	2	
8	〃	10	〃	1	
9	콘덴서(전해)	1μF/16V	〃	2	
10	〃	470	〃	2	
11	스피커	소형	〃	1	공 용
12	스위치	Push Button(a/b)	〃	2	

3.동작

1)동작원리

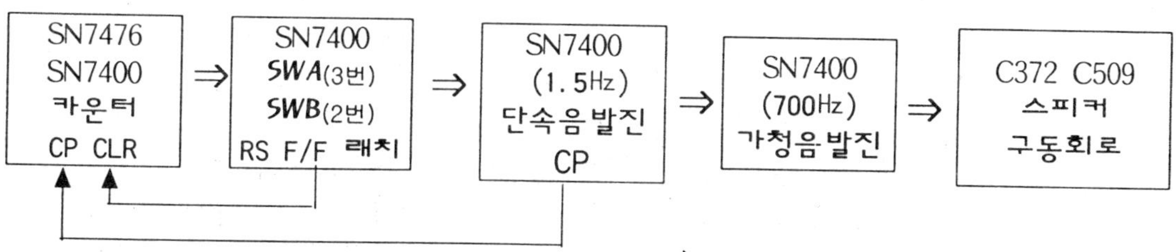

위치버튼 SWA를 누르면 0.7초 주기로 700Hz의 삐소리가 3회나고, 위치 SWB의 버튼을 누르면 0.7초 주기로 700Hz의 삐소리가 2회 난다.

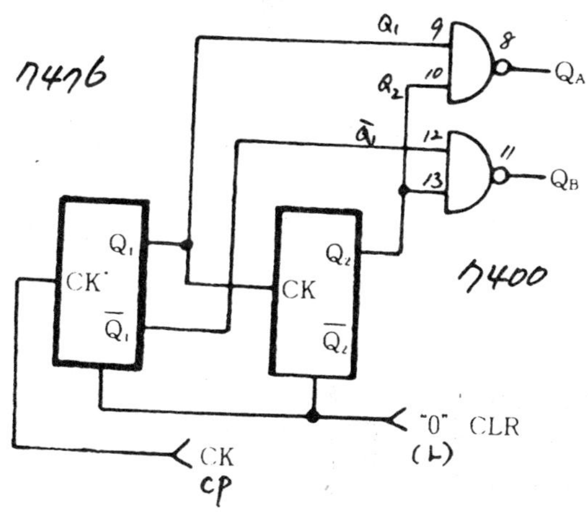

CP	Q_1	$\overline{Q}_1$	Q_2	Q_A	Q_B
0 CLR	L	H	L	H	H
1	H	L	L	H	H
2	L	H	H	H	L
3	H	L	H	L	H

2)JK F/F회로와 NAND gate회로

CLR단자에 "L(0)"걸리면 진리표와 같이 Q_A, Q_B모두 "H(1)"이 된다.

이 카운터회로의 선택된 출력은 NAND gate 출력(Q)가 "L(0)"이 될때이다. Q_A는 CK핀에 클록펄스가 3개 들어가면 "L(0)"이 된다. 즉, 삐소리가 3번나면 "L"을 출력해서 RESET(정지)시킨다. Q_B는 클럭펄스가 2개 들어가면 "L"가 된다. 즉, 삐소리가 2번나면 "L"을 출력해서 정지시킨다.

3)RS F/F(latch)회로

대기 상태에서는 Q_A와 Q_B 및 Ⓑ점과 Ⓒ점이 모두 "H(1)"상태이다.

따라서 Ⓐ점은 "L(0)"이고 JK F/F는 CLR 상태이고 스피커 출력을 가상한 회로인 LED도 꺼진 상태이다. 버튼 B를 누르면 Ⓒ점은 "L(0)"이 되고 Ⓐ점은 "H(1)"이 되어 JK F/F는 카운터상태로 되고 무안정MV(AMV_1)은 발진상태로 된다. AMV_1이 발진을 시작해서 LED가 2회 깜박이면 JK F/F는 이를 카운터해서 Q_B를 "0"으로 한다. 그러면 Ⓒ점은 다시 "1"이 되고 Ⓐ점도 "0"이 되어 JK F/F도 CLR 상태로 되고 AMV_1도 정지하므로 LED도 꺼진 상태로 된다.

버튼 A를 누르면 Ⓑ점에 "L(0)"이 걸리고 Ⓐ점은 "H(1)"로 된다.

따라서 JK F/F는 CLR상태에서 풀리고 카운터 상태로 되며 AMV_1은 발진을 시작하여 LED가 켜진다. AMV_1이 발진을 계속해서 LED가 3회 깜박이면 JK-FF은 3개의 펄스를 세어서 Q_A를 "0"으로 한다. 그러면 Ⓑ점은 "1"이 되고 Ⓐ점은 "0"이 되어 JK F/F는 CLR상태로, AMV_1은 정지상태로 되어 LED는 꺼진다. 여기서, LED는 스피커출력 삐소리를 가상하여 사용한 것이며 실제는 LED 대신 700㎐의 AMV_2와 스피커 구동회로(TR C372 C509)가 접속된다.

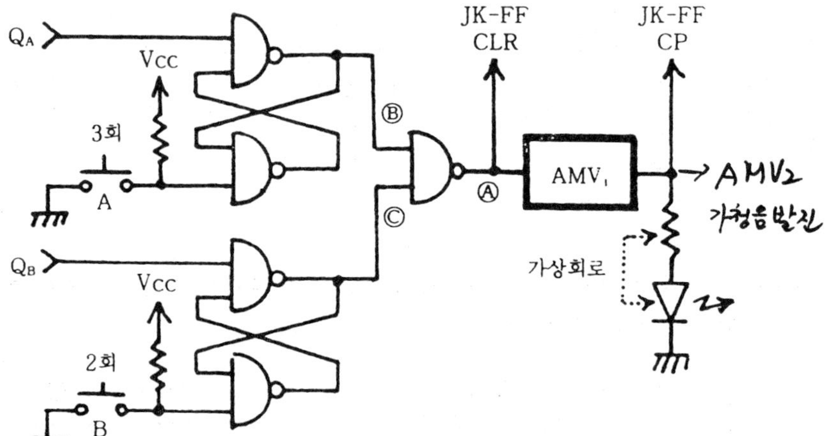

4)무안정멀티바이브레이트(AMV_1, AMV_2)

AMV_1의 1.5㎐ 0.7초의 주기로 AMV_2의 정지와 동작을 제어하므로 AMV_2는 0.7초 주기로 700㎐의 삐소리의 단속음을 낸다.

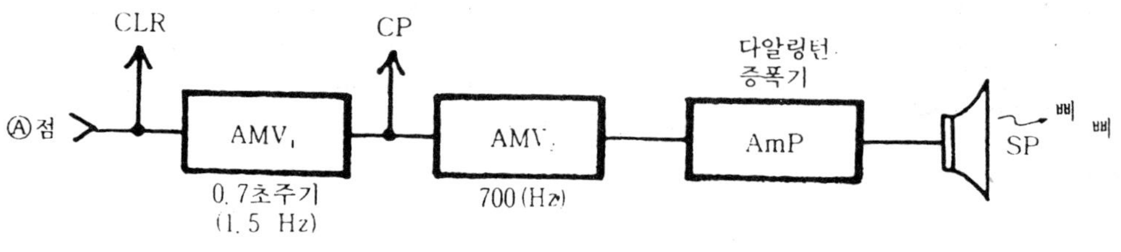

5)SP구동 TR증폭회로

AMV₂가 발진을 정지했을 때는 NAND게이트의 출력전압이 1V정도인데 다알링턴 접속의 순방향 바이어스 베이스 전압은 1.2V이상 되어야 하므로 I_B는 흐르지 못한다. 그러나 발진상태로 되면 최고치 4V의 700Hz구형파가 출력되므로 100kΩ양단에 걸리는 전압은 4V-1.2V=2.8V가 된다. 따라서, Ib는 2.8V/10kΩ ≈0.3mA가 된다.

이것을 다알링턴 증폭기로 증폭하면 매우 큰 Ic가 되지만, SP의 700Hz교류저항과 다알링턴 회로의 자체제어에 의해서 SP나 TR은 파손되지 않고 큰 소리의 출력을 낸다.

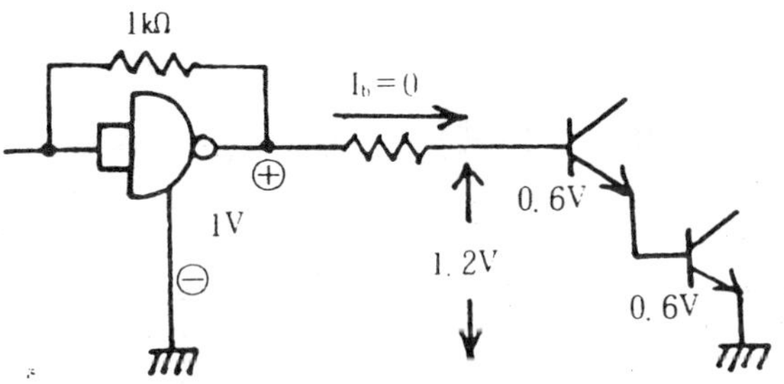

4. 과제

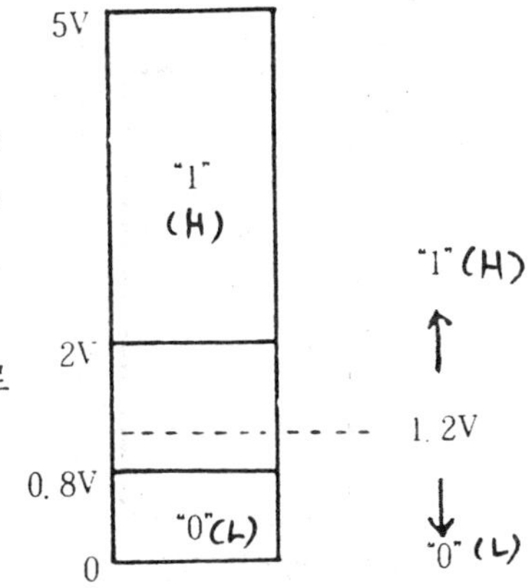

1) 래치회로의 NAND게이트출력 Ⓐ점이 어떤 상태면 소리가 나는가?
2) NAND게이트 입력 Ⓑ와 Ⓒ점이 어떤 상태면 소리가 나지 않는가?
3) 완벽한 TTL의 입력특성은 1.2V이하는 "L(0)"입력으로 1.2V이상은 "H(1)"입력으로 작용해야 한다.
그러나, 규격표에는 0.8V이하만 "L(0)"이고 2V이상만 "H(1)"입력으로 보증하고, 보증할 수 없는 0.8V-2V의 문턱영역이 지정되는가?
*다음 그림과 같이 AMV₁로 AMV₂를 제어할 때 1kΩ을 사용해서 입력전압을 1.2V로 고정시키므로 1kΩ에 0.2V걸리고 출력전압은 1V로 된다.

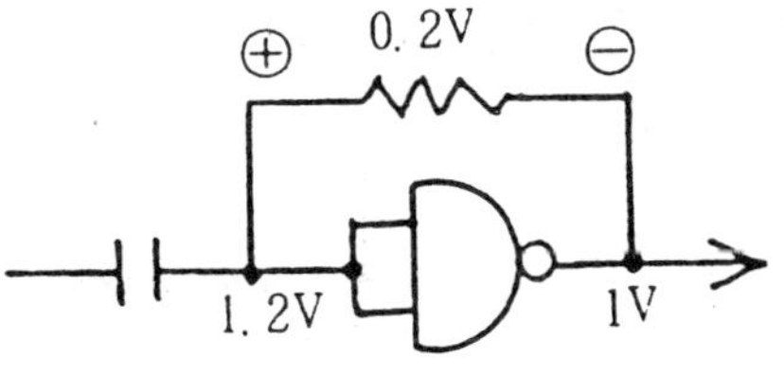

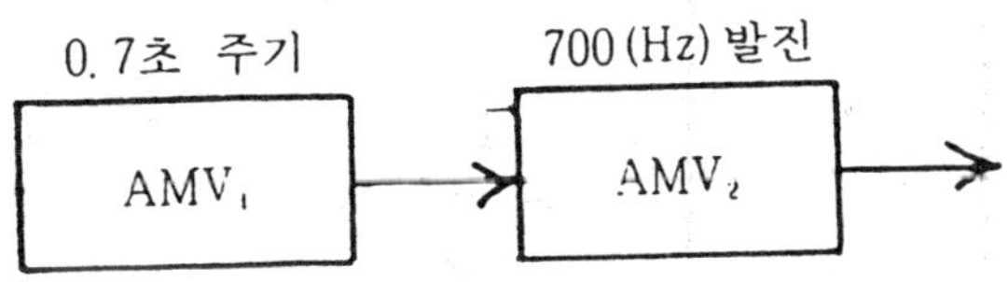

따라서 위그림과 같이 AMV₁로 AMV₂를 제어할 때는 관계가 없으나 AMV₁이 발진은 안할 때 는 AMV₂의 게이트 입력에 0.8V 이하가 아닌 1V가 입력되므로 AMV₂는 완벽하게 OFF상태로 되지 않고 잡음을 내거나 발진을 계속하는 경우가 있을 수 있다.

이런 현상을 확인하려면 VCC 5V를 6V 이상으로 하면 확실하게 나타난다.

4) TTL AMV회로의 저항은 1kΩ이 주로 쓰인다. 따라서 f = 1/1,4 RC Hz식을 f=700/C(μF)Hz로 고칠 수 있다. 이식으로 AMV₁과 AMV₂의 주파수를 계산하여라.

3-6 전자기초	과제명	Demultiplexer(채널전환기)

1.회로도

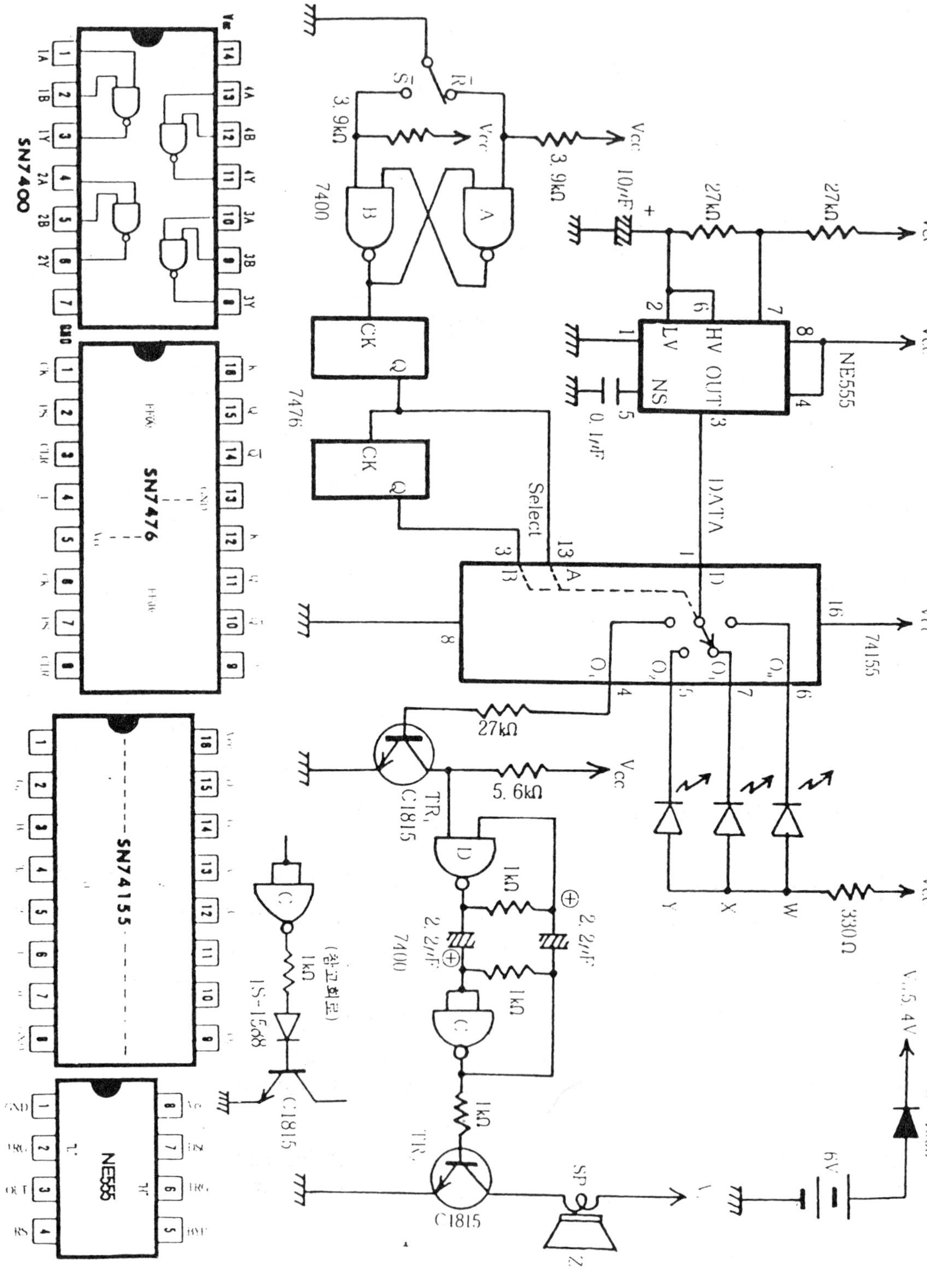

2. 재료목록

번 호	재 료 명	규 격	단 위	수 량	비 고
1	IC	NE555	개	1	
2	〃	7400	〃	1	
3	〃	7476	〃	1	
4	〃	74155	〃	1	
5	TR	C1815	〃	2	
6	다이오드	LED(RGW)	〃	3	
7	〃	1N4003	〃	1	생략
8	저항(R)1/4W	330Ω	〃	1	
9	〃	3.9kΩ	〃	2	
10	〃	27kΩ	〃	3	
11	〃	5.6kΩ	〃	1	
12	〃	1kΩ	〃	3	
13	콘덴서(전해)16V	10μF	〃	1	
14	〃	2.2μF	〃	2	
15	〃 (마일러)	0.1μF	〃	1	
16	스위치	3P/slide	〃	1	생략

3.동작

1)동작원리

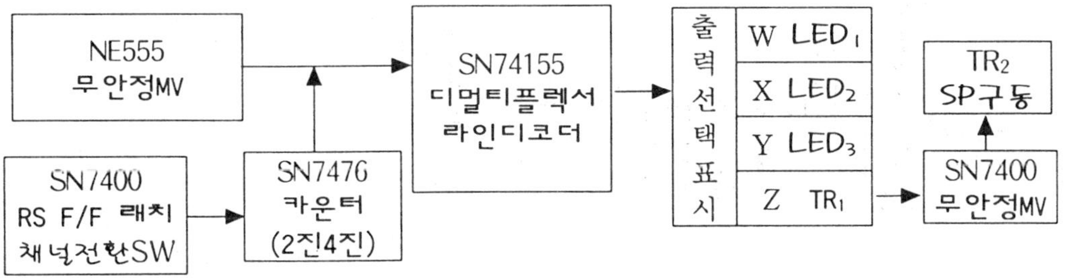

전원(DC6V)을 연결하면 출력W(LED1), X(LED2), Y(LED3), Z(스피커구동)의 4개중 하나가 깜박이거나 단속음을 낸다. 채널전환 SW(3P)를 조작할 때마다 W, X, Y, Z순서로 출력채널 한 개씩 이동한다.

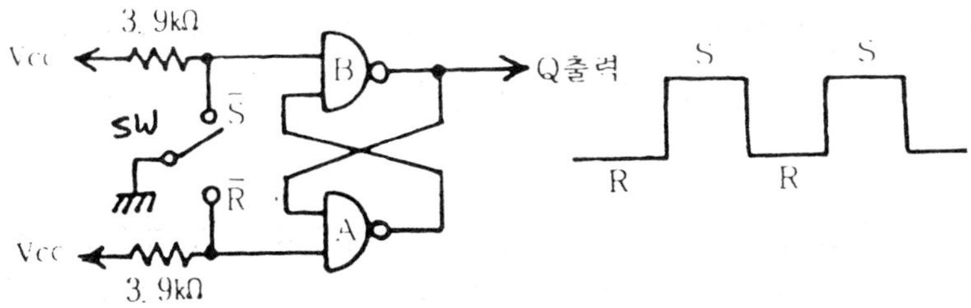

3.9kΩ은 pull up저항

2)SN7400 RS F/F회로
SW전환시 채터링이 없는 1개의 CP신호를 Q에 발생, JK FF(SN7476) CK에 공급한다.

3)SN7476, 4진 카운터
타이밍차트와 진리치표는 다음과 같다. 회로도에 표시없는 J와 K핀은 V_{CC}에 접속한다.

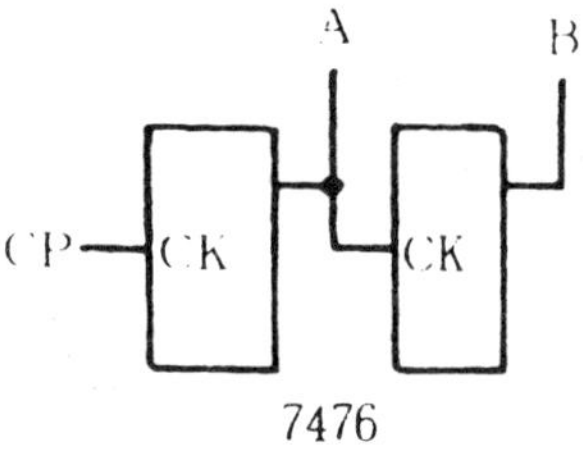

7476

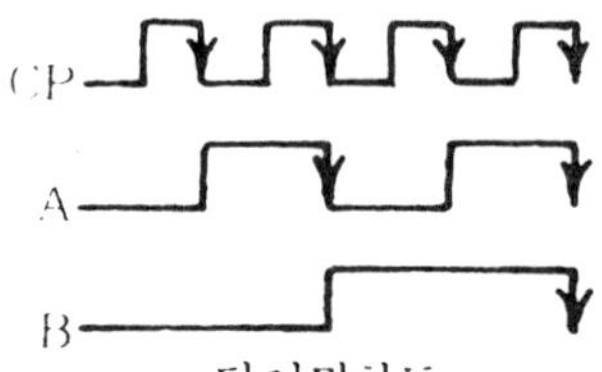

타이밍차트

CP	A	B
0	L	L
1	H	L
2	L	H
3	H	H

진리치표

4)NE555 AMV회로
이 무안정MV 발진기의 출력신호는 SN74115의 DATA입력이 되며 0,1,2,3, 출력핀에 접속된 LED를 깜박이게 하거나 삐-삐 소리의 주기가 된다. 발진주기는 $T=0.685(R_1+R_2)C$로서 0.685(27kΩ+54kΩ)10㎌≈0.55초가 된다. 약 1초에 LED를 2회 점멸시킨다.

5)발진음 회로
TR_1은 인버터로서 SN741555의 부논리 출력 "L(0)"을 정논리 출력이 되도록 "H(1)"로 반전시켜 7400 무안정MV를 발진시킨다. 5.6kΩ의 부하저항은 1㎃이하의 Ic로 TR_1을 포화킨다.
Vbe 0.6V를 빼고도 27kΩ 양단에 3.4V가 걸린다고 볼 때, TR1의 Ib는 약 0.1㎃(3.4V/27kΩ)이상이 되므로 TR1의 hfe는 20이상이면 Ic는 포화된다.

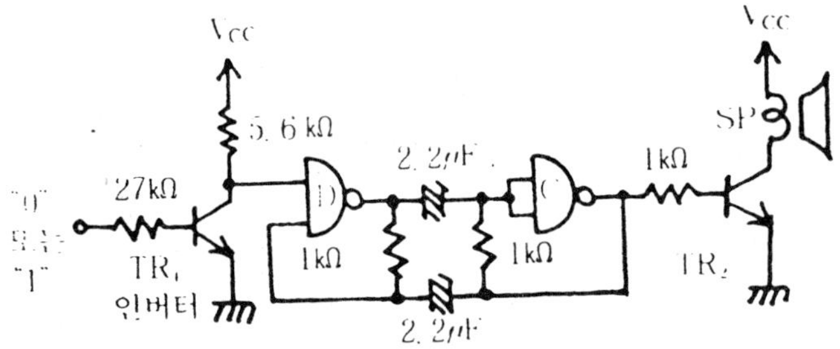

SN7400 무안정MV회로의 발진주파수는 f = 1/1.4 RC = 700/2.2㎌ ≈ 320㎐로 발진한다. (R=1kΩ, C=2.2㎌) 이 무안정MV회로가 발진을 하면 TR_2가 이를 증폭해서 SP를 동작시킨다. 발진을 안 할 때 NAND게이트 C에서 출력전압은 DC 1V정도가 출력되므로 약40㎃의 필요 없는 전류가 TR_2의 Ic로 소비되는 결점이 있다. 이런 때는 "레벨 쉬프트 다이오드(ISI588)를 TR_1 Base의 1kΩ 저항과 직렬로 넣어 주면 해결된다.

6)SN74155 Line디코더 기능
내부에는 4단의 select SW가 2조 들어 있는데 A와 B의 Select 입력으로 2조의 Select를 동시에 제어한다. 첫번째조(lst)의 입력 출력 과 두번째조(2nd)의 입 출력은 각각 분리되어 있다.

선택되지 않은 출력핀은 "H(1)"상태가 되며, 선택된 핀의 출력은 1st의 경우 입력이 반전되어 나오고 2nd의 경우는 입력 그대로 나온다. 본 작품은 1st만 사용하고 G_1, G_2단자는 접지시킨다.

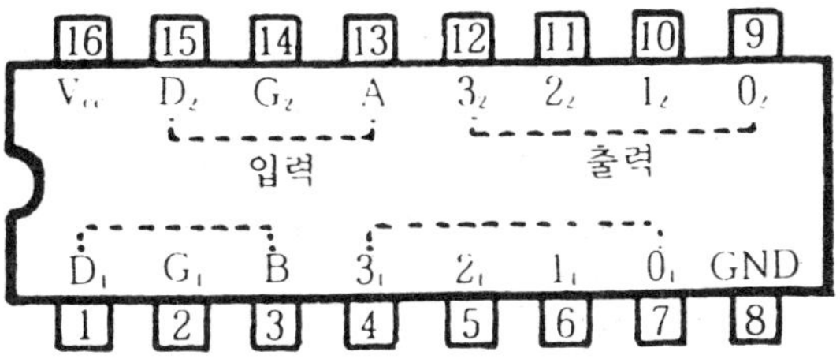

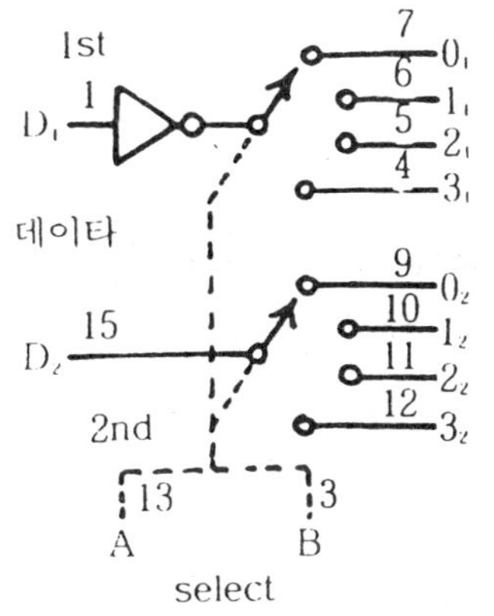

(Select)

입력		출력
A	B	
L	L	0
H	L	1
L	H	2
H	H	3

7)신호흐름계통

Demultiplexer(dual 2-line to 4-line decoder) SN74155의 입력 A B에 H/L select신호가 가해지면 출력의 채널 0~3이 선택되고, NE555에서 나온 DATA 입력은 선택된 출력핀에 연결되어,LED가 깜빡이거나 또는 스피커에 발진신호음이 들린다.

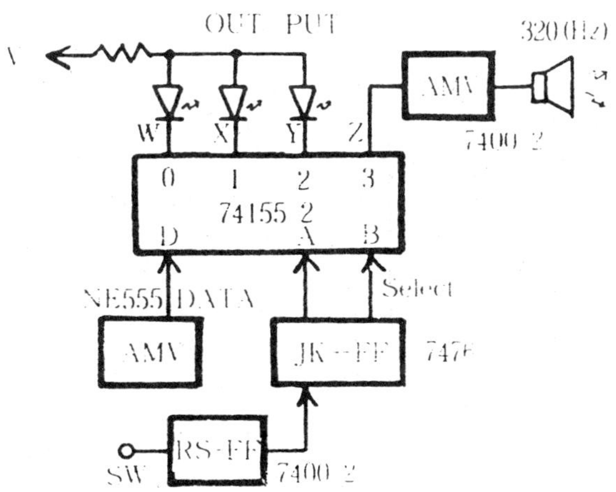

4. 과제

1) SN74155의 select입력단자 A와 B가 모두 "L"일 때, 출력핀은 어느 채널이 선택되는가?
2) 스피커에서 발진음이 나오려면 A 및 B는 각각 어떤 상태로 되어야 하는가?
3) RS-FF을 클럭펄스용 스위치로 사용하는 이유는 무엇인가?
4) TTL에서 pull up 저항의 사용 목적과 일반적인 값은 얼마인가?
5) JK-FF SN7476의 역할과, 분주(T-FF)로 사용할 때 J와 K단자는 어디에 접속하는가?
6) NAND gate AMV회로는 어떤 입력일 때 발진하며 발진주파수는 얼마인가?
7) TR의 hfe는 100이다. I_B가 0.4㎃이면 I_C는 몇 ㎃인가?

DATA MANUAL(SIGNETICS)

Dual 2-line to 4-line decoder/demultiplexer -SN74155-

54/74155 DUAL 2-LINE TO 4-LINE DECODE/DEMULTIPLEXER

DUAL 2-LINE TO 4-LINE DECODER/DEMULTIPLEXER 54/74155

SPEED/PACKAGE AVAILABILITY

54 F,W 74 B,F

TRUTH TABLE

2-LINE TO 4-LINE DECODER

INPUTS				OUTPUTS			
SELECT		STROBE	DATA				
B	A	1G	1C	1Y0	1Y1	1Y2	1Y3
X	X	H	X	H	H	H	H
L	L	L	H	L	H	H	H
L	H	L	H	H	L	H	H
H	L	L	H	H	H	L	H
H	H	L	H	H	H	H	L
X	X	X	L	H	H	H	H

1-LINE TO 4-LINE DEMULTIPLEXER

INPUTS				OUTPUTS			
SELECT		STROBE	DATA				
B	A	2G	2C	2Y0	2Y1	2Y2	2Y3
X	X	H	X	H	H	H	H
L	L	L	L	L	H	H	H
L	H	L	L	H	L	H	H
H	L	L	L	H	H	L	H
H	H	L	L	H	H	H	L
X	X	X	H	H	H	H	H

†C = inputs 1C and 2C connected together
‡G = inputs 1G and 2G connected together

PIN CONFIGURATION

B,F,W PACKAGE

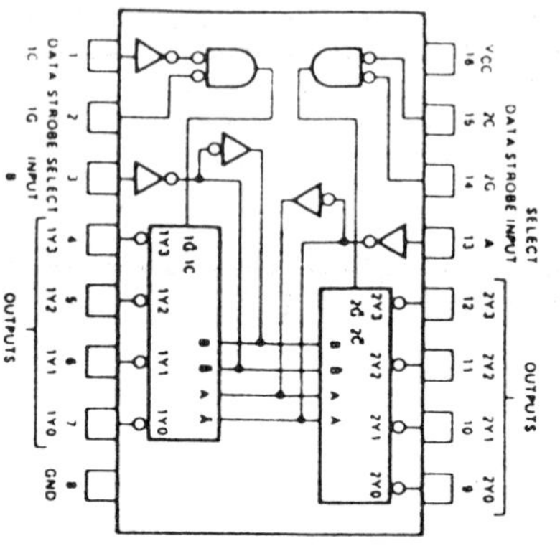

3-LINE TO 8-LINE DECODER TO 1-LINE TO 8-LINE DEMULTIPLEXER

INPUTS				OUTPUTS							
SELECT			STROBE OR DATA	(0)	(1)	(2)	(3)	(4)	(5)	(6)	(7)
C†	B	A	G‡	2Y0	2Y1	2Y2	2Y3	1Y0	1Y1	1Y2	1Y3
X	X	X	H	H	H	H	H	H	H	H	H
L	L	L	L	L	H	H	H	H	H	H	H
L	L	H	L	H	L	H	H	H	H	H	H
L	H	L	L	H	H	L	H	H	H	H	H
L	H	H	L	H	H	H	L	H	H	H	H
H	L	L	L	H	H	H	H	L	H	H	H
H	L	H	L	H	H	H	H	H	L	H	H
H	H	L	L	H	H	H	H	H	H	L	H
H	H	H	L	H	H	H	H	H	H	H	L

†C = inputs 1C and 2C connected together
‡G = inputs 1G and 2G connected together

LOGIC DIAGRAM

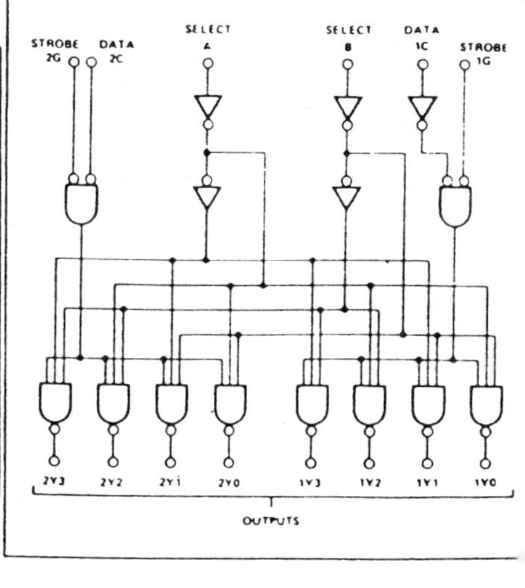

SWITCHING CHARACTERISTICS $V_{CC} = 5V$, $T_A = 25°C$

TEST CONDITIONS			54/74 $C_L = 15pF$ $R_L = 400\Omega$				
PARAMETER	FROM INPUT	TO OUTPUT	MIN	TYP	MAX	LEVELS OF LOGIC	UNIT
Propagation delay time							
t_{PLH} Low-to-high	A,B,2C, 1G,2G	Y		13	20	2	ns
t_{PHL} High-to-low				18	27		
t_{PLH} Low-to-high	A,B	Y		21	32	3	
t_{PHL} High-to-low				21	32		
t_{PLH} Low-to-high	1C	Y		16	24	3	
t_{PHL} High-to-low				20	30		

Load circuit and typical waveforms are shown at the front of section

3-7 전자기초	과제명	Circulating Flash (순차점멸기)

1.회로도

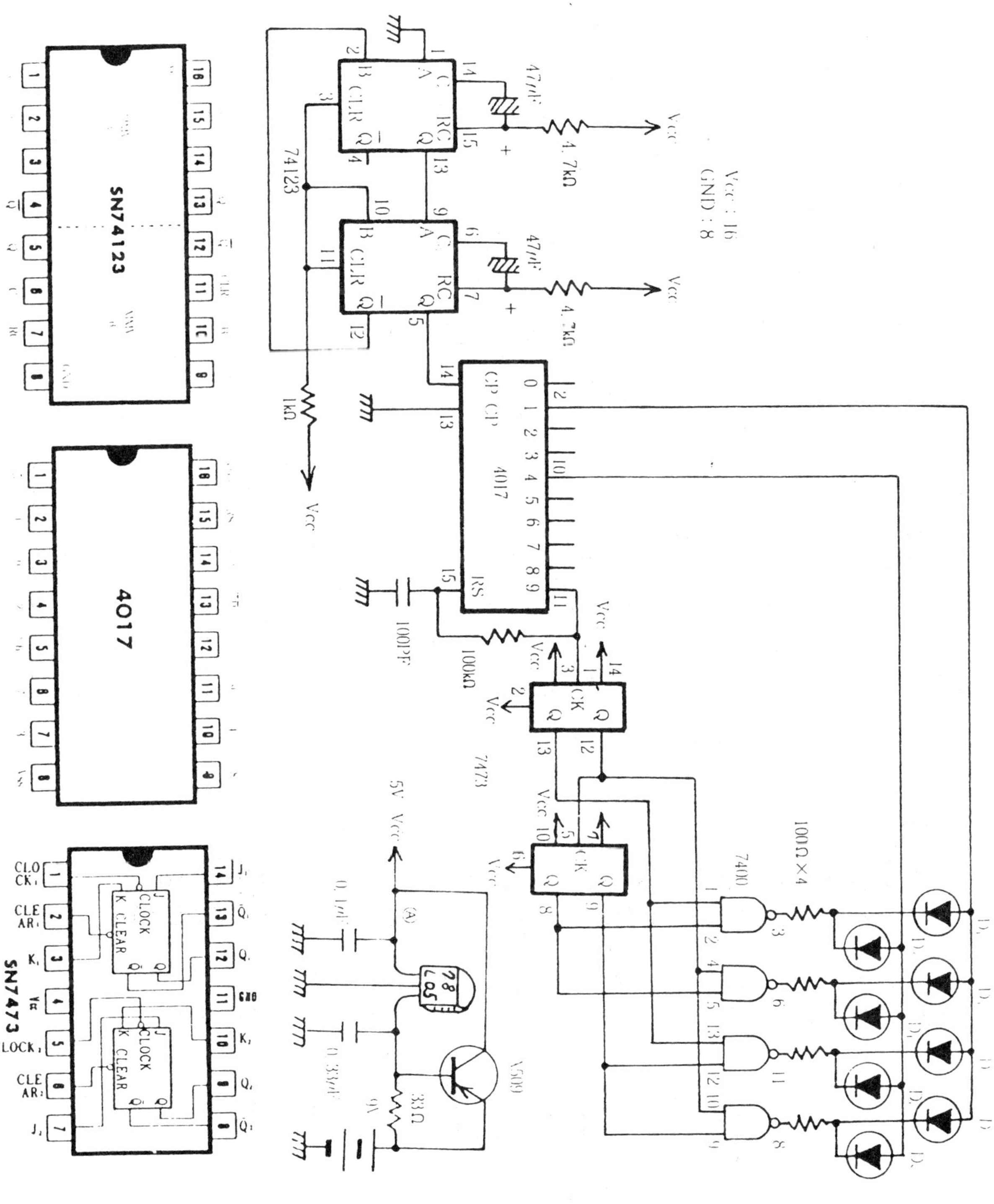

2. 재료목록

번호	재 료 명	규 격	단 위	수 량	비 고
1	IC	4017	개	1	
2	〃	7400	〃	1	
3	〃	7473	〃	1	
4	〃	74123	〃	1	
5	〃	78L05	〃	1	
6	TR	A509	〃	2	또는 A1015
7	다이오드	LED (RGYW)	〃	8	
8	저항(1/4W)	33Ω	〃	1	
9	〃	100Ω	〃	4	
10	〃	1kΩ	〃	2	
11	〃	4.7kΩ	〃	2	
12	〃	100kΩ	〃	1	
13	콘덴서(전해)16V	47μF	〃	2	
14	〃	0.33μF	〃	1	
15	〃 (마일러)	0.1μF	〃	1	
16	〃 (세라믹)	100pF	〃	1	
17	만능기판	28x62H			

3. 동작

1)동작원리

SN74123 ⇨ MC14017 ⇨ SN7473 ⇨ SN7400 ⇨ LED1~8 ◀MC7805
(무안정MV) (10진카운터) (1/4분주) (디코더) (순차점멸) (정전압전원)

전원(DC9V)을 연결하면 LED1~8이 순차적으로 반복 점멸한다.
다음과 같이 순차 점멸기는 주기가 일정치 않고 LED가 켜지는 시간도 짧다.

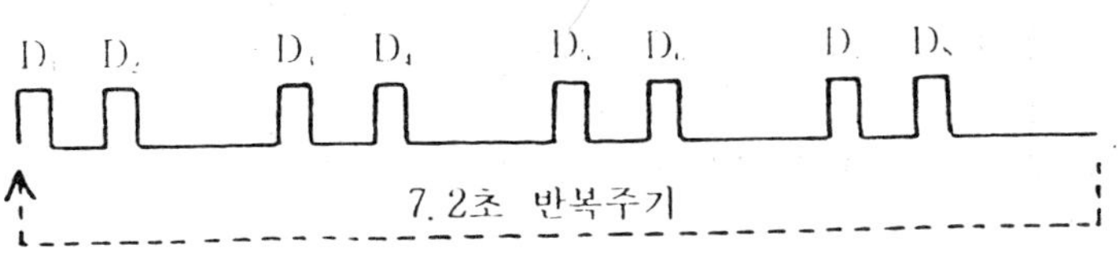

2)SN74123 재트리거단안정MV를 사용한 무안정MV

Retriggerable Monostable Multivibrator with Clear, Logic IC SN74123은 다음과 같이 게이트에 Up 또는Down edge가 가해지면 출력핀 Q에는 RC로 정하여지는 시간폭 Tw의 구형파가 1개 나오고 멈춘다.

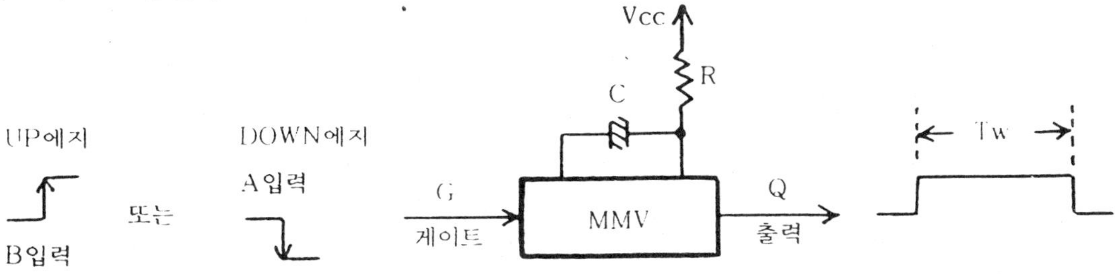

@SN74123의 단자는 다음과 같다. 점선부분을 경계로 MMV(무안정MV)회로가 2개 들어간다. A와 B가 입력 게이트이고 Q와 $\bar{Q}$가 출력, C와 CR은저항과 콘덴서의 접속핀이다.

@동작상태는 다음과 같다.

시간폭은 Tw=0.145RC(sec)이다. 저항값 5kΩ~250kΩ 경우 콘덴서 용량 1000μF이상이면 콘덴서의 절연이 좋을 경우 1분 정도의 타이머로 사용할 수 있다. 그림과 같이 MMV(단안정MV) 2개를 결합하면 AMV(무안정MV)회로가 된다.

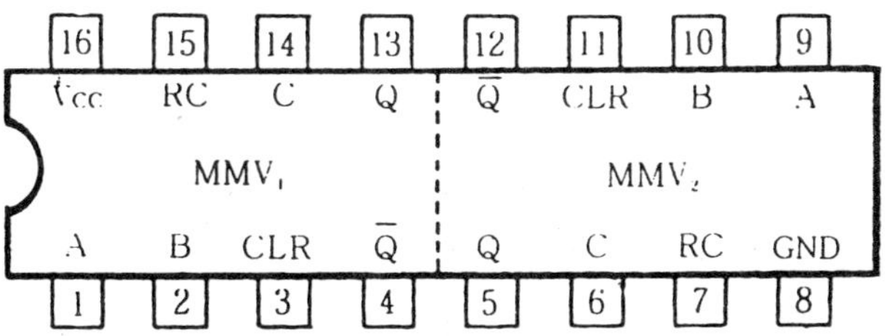

(74123)

입력			출력	
CLR	A	B	Q	$\bar{Q}$
L	X	X	L	H
X	H	X	L	H
X	X	L	L	H
H	L	↑	⊓	⊔
H	↓	H	⊓	⊔

※점선부분이 활성영역이다.

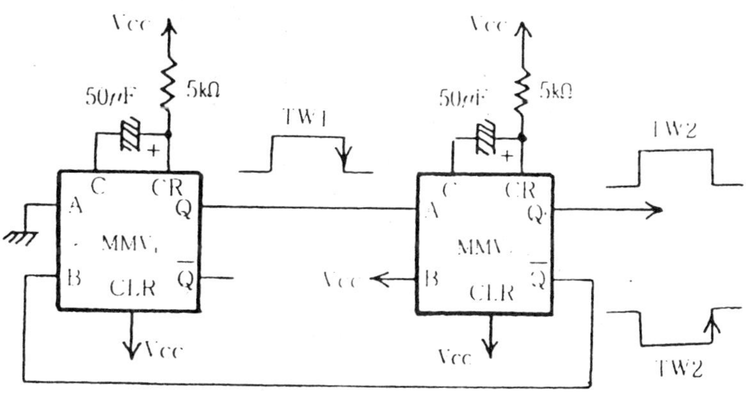

3)SN4017 10진카운터

DecadeCounter/Divider SN4017은 C-MOS형 IC로서 핀단자와 동작은 다음과 같다. 10진을 임의진의 카운터로 사용하려면 100kΩ과 100pF로 10ns의 지연을 주어 RS핀에 접속하면 된다.

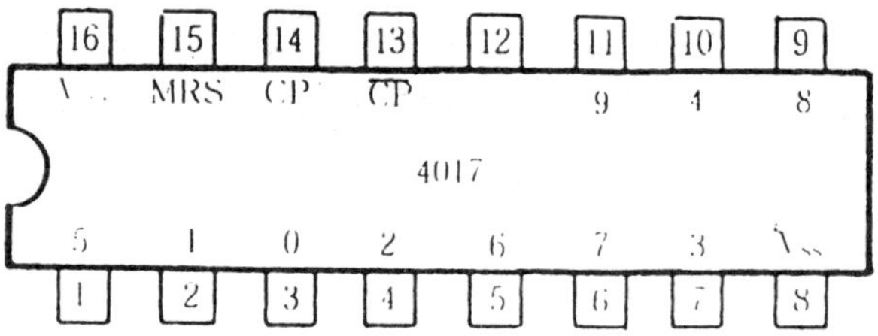

(4017)

MR	CP	$\overline{CP}$	동 작
H	X	X	0="1" 1~9="0"
L	H	↓	COUNT
L	↑	L	COUNT

우측회로도와 같이 9진 카운터로 하고 1번 출력 단자핀에 LED를 접속하면 LED의 감박하는 주기는, LED가 켜지는 시간은 0.2초이고 4017의 9진 카운터의 1주기는 1.8초가 된다.

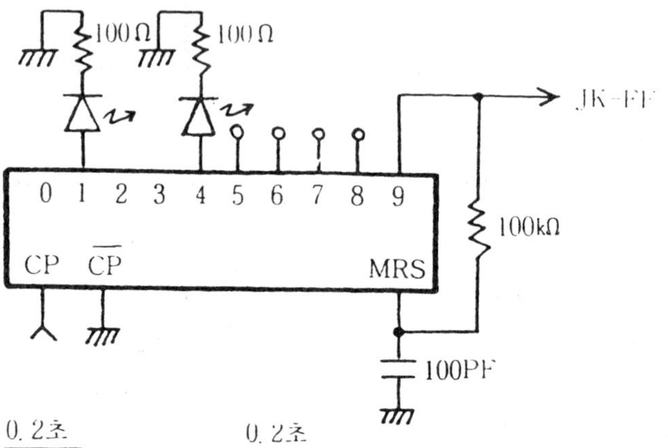

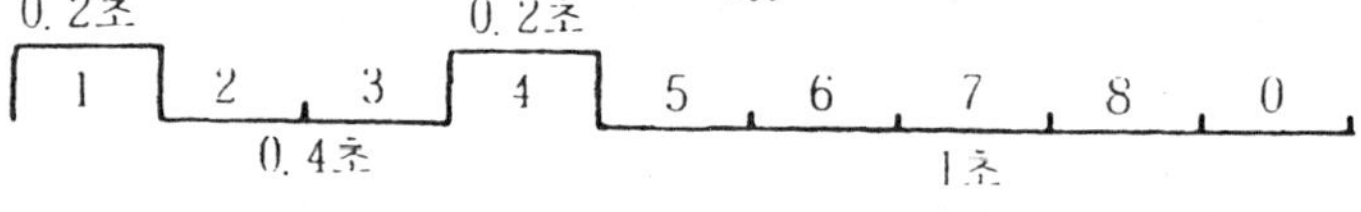

(4진카운터 진리치표)

입 력	출 력			
CP	0	1	2	3
0	L	H	H	H
1	H	L	H	H
2	H	H	L	H
3	H	H	H	L

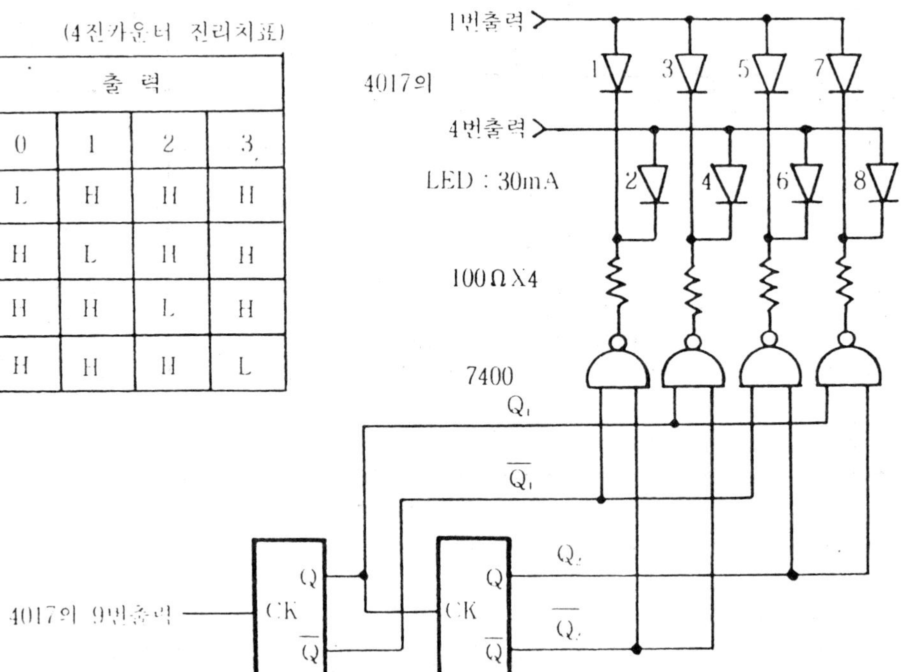

4)SN7473 SN7400의 4진 카운터와 디코더
SN4017 10진카운터의 9번단자핀 출력을 SN7473의 3번단자 JK-FF CK에 입력하면 SN4017이 1주 할 때마다 0, 1, 2, 3의 4진 카운터가 출력된다.
SN4017의 1번 및 4번 출력과 7400의 0, 1, 2, 3 출력을 상기그림과 같이 접속하면 SN4017카운터가 4회전 할 때 LED 8개가 1주 하게 된다.
따라서 LED 8개가 1주 하는 시간은 1.8초×4=7.2초가 된다.

5)3단자 정전압 IC 와 전류제어용 TR회로
IC7805는 Tree-Terminal Positive Voltage Regulator이다.
다음 전류제어용 TR(A509)의 컬렉터전류 Ic가 흐르려면 순방향바이어스 전압(Vbe) 0.6V이상이 필요하다. 33Ω에 0.6V가 걸리도록 하려면, 전원에서 IC7805쪽으로 약20㎃(0.6V/33Ω)가 흘러야 한다. 따라서 다음 회로도의 ←Vcc5V 부분에 20㎃이상의 전원전류가 흐르면 TR의 Ic로 보충된다. 78L05는 5V, 100㎃용량의 3단자 정전압 IC이다.

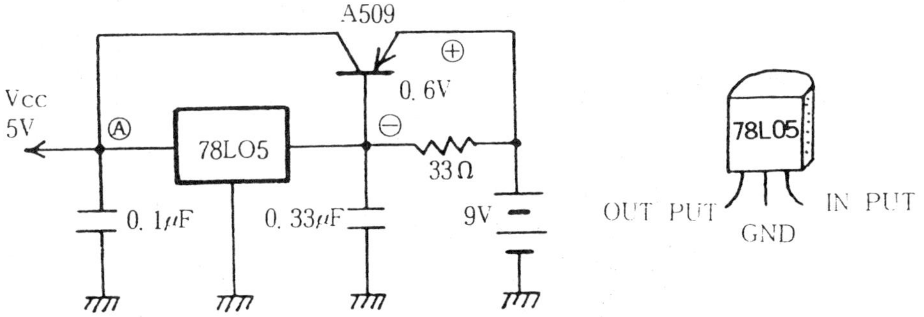

4. 과제

1)IC74123의 MMV_1과 MMV_2를 결합해서 어떤 동작이 되게 하는가?
2)MMV_1과 MMV_2에 입력핀 A.B 2개중 A입력은 어떤 입력 파형에서 ON Time의 스타트가 되는가?
3)74123의 MMV의 on time 주기 Tw를 구하라.
4)죤슨 카운터 4017은 어떻게 결합해서 만든 것인가?
5)IC4017 10진 카운터를 6진 카운터로 하는 결선을 알아보라
6)LED전류 제한용으로 100Ω을 사용할 경우 LED전류 약 30㎃ 흐른다 적당한가?
7)콘덴서 0.1㎌의 역할은 무엇인가?
8)IC78L05의 정격 전류는 몇 ㎃인가?

"과제참고"

1)C-MOS형은 전달속도가 느린 관계로 확실한 Reset를 걸기 위해서 100pF과 100pF의 적분회로를 설치해서 10ns의 지연을 시켜준다.
6)모든 허용 손실은 1초를 기준한 평균전류(전력)이기 때문에 펄스폭 0.2(s)의 30㎃는 1초를 기준으로 하면 6㎃와 같다.
8)정격의 반인 50㎃이하로 사용하는 것이 안정하다.

3-8 전자기초	과제명	Traffic Signal (교통신호기)

1.회로도

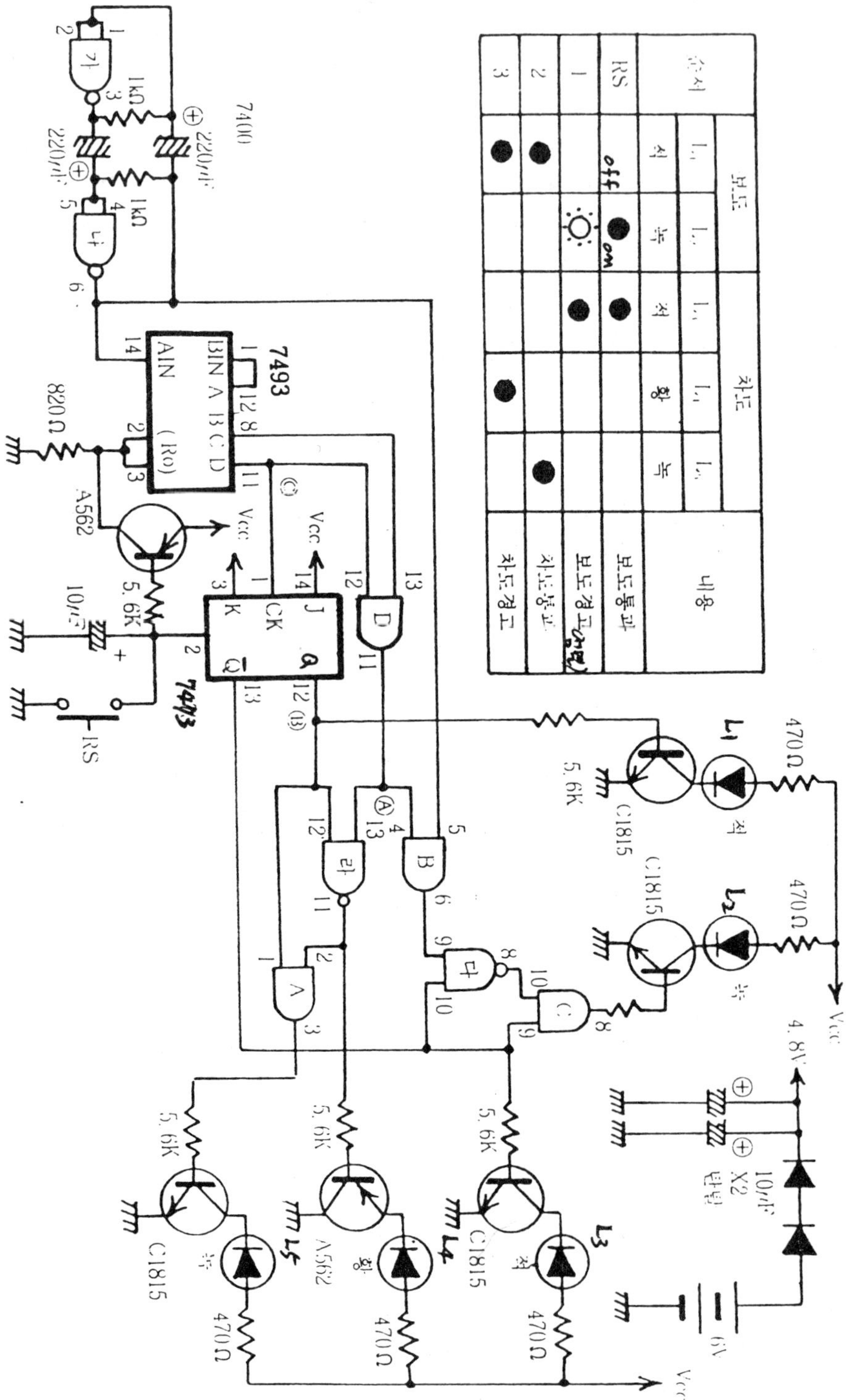

순서	보도 L₁ 적	보도 L₂ 녹	차도 L₃ 적	차도 L₄ 황	차도 L₅ 녹	내용
RS	off	● on	●			보도통과
1		☼	●			보도경고(점멸)
2	●				●	차도통과
3	●			●		차도경고

2. 재료목록

번 호	재 료 명	규 격	단 위	수 량	비 고
1	IC	7400	개	2	
2	〃	7473	〃	1	
3	〃	7493	〃	1	
4	TR	A562	〃	1	
5	〃	C1815	〃	5	
6	다이오드	1N4001	〃	2	
7	발광다이오드	LED(R2,G2,Y1)	〃	5	(적2, 녹2, 황1)
8	저항(1/4W)	470Ω	〃	5	
9	〃	820Ω	〃	1	
10	〃	1kΩ	〃	2	
11	〃	5.6kΩ	〃	4	
12	콘덴서(탄탈)16V	10μF	〃	2	
13	〃 (전해)16V	10μF	〃	1	
14	〃	220μF	〃	2	
15					

3. 동작원리

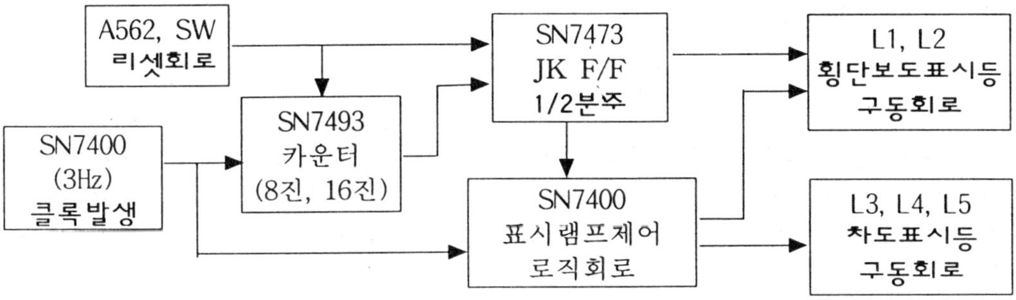

1)제작기판의 LED배치는 보도용LED (L1, L2)와 차도용LED(L3, L4, L5)를 우측 그림과 같이 배치한다.
동작순서는 과제도면의 좌측 상단에 보였다.
RS(초기화)버튼을 누르면 3.75초간 보도통과, 1.25초간 보도경고, 다시 3.75초간 차도통과, 1.25초간 차도경고로 1주기는 10초가 되며, 연속 반복 작동한다

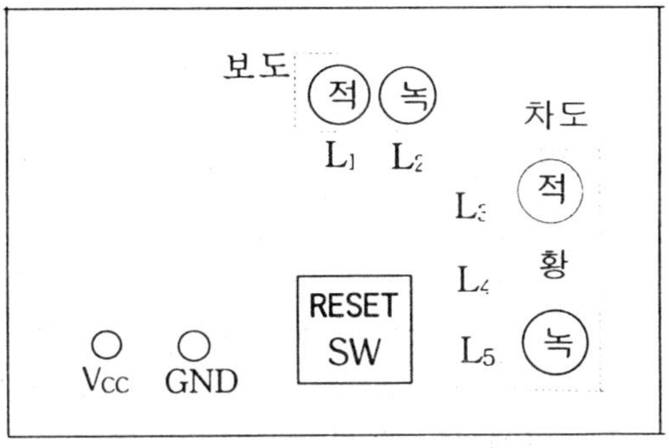

2)기본구성의 원리

무안정MV회로에서 3.2(Hz)로 클록신호를 발진하고 SN7493이 16진 카운터로 분주하면 5초 주기로 출력된다. 이것을 다시 SN7473으로 분주하여 출력이 Q="L(0)", Q̄="H(1)"이면 보도통과 및 경보기간이고, Q="1" Q̄="0"이로 반전하면 차도통과 및 경보기간이 된다. 즉 SN7493의 (처음16클록신호발생동안)1주기는 보도통과 기간이고, 2번째(다음16클록신호동안)주기는 차도의 차량통과 기간이 된다. 다음 그림은 TR을 생략한 회로도의 보기로서 다음쪽의 타임챠트로 회로동작을 보여준다.

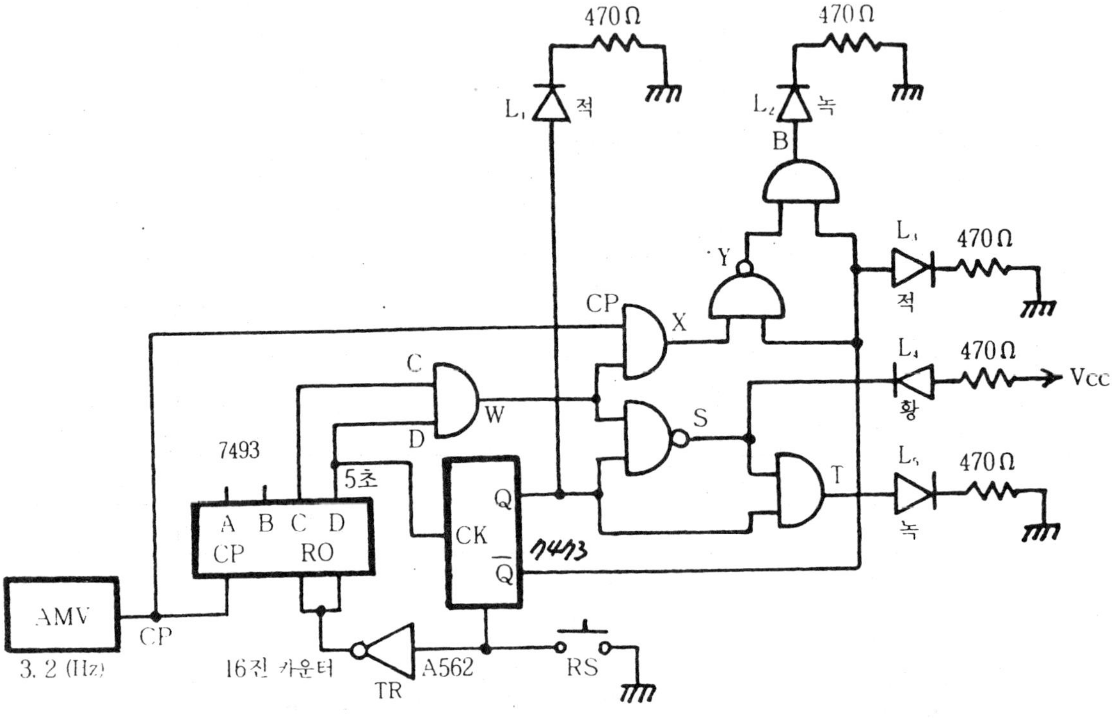

위의 회로도와 다음의 타임챠트를 결부시키기 위해서 CP, C, D, Q, Q̄, W, Y, Z, S, T 등의 표시가 되어 있다. W는 C와 D의 AND로 나온 것이고, X는 CP와 W의 AND이며, Y는 X와 Q의 NAND이고 Z는 Y와 Q의 AND이다. 한편 S는 W와 Q의 NAND이고 T는 S와 Q의 AND이다. 회로동작과 다음쪽의 타임차트를 대조하면 일치한다. S는 부논리 출력이므로 LED_4의 연결을 역 방향으로 한다.

4)RESET회로

IC7493(4-bit binary counter)은 Ro핀이 "H(1)"때 Reset되고 SN7473은 CLR핀이 "L(0)"일 때 Reset 되므로 이를 하나의 SW로 동시에 Reset시키자면 인버터가 필요하므로, TR(A562)을 사용하여 신호 반전동작을 하고 있다. 10μF의 콘덴서는 전원을 접속할때 Auto Reset가 걸리게 하는 것인데, 적은 누설전류로도 SN7493이 Reset 상태되면 X표 부분을 절단해서 사용한다.

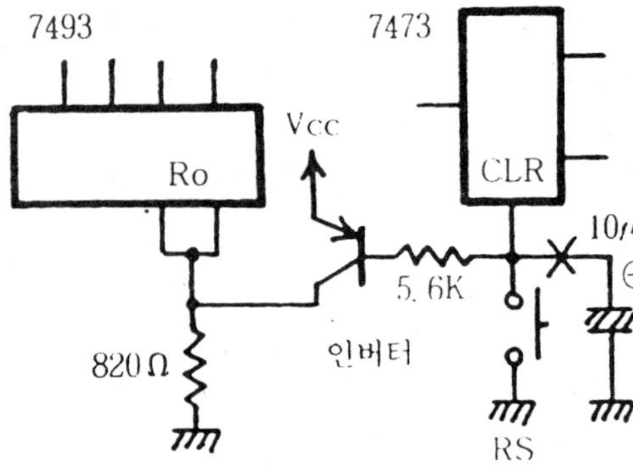

3)회로동작의 타임차트

※보도 통과 경고기간

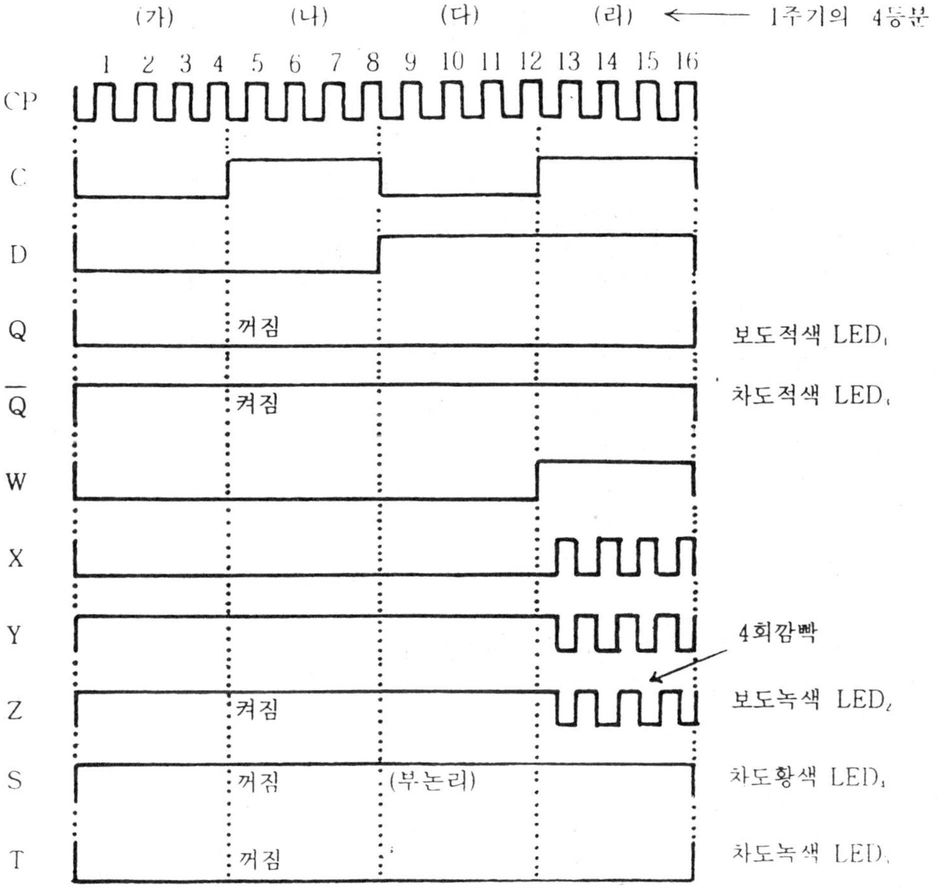

※차도통과, 경고기간

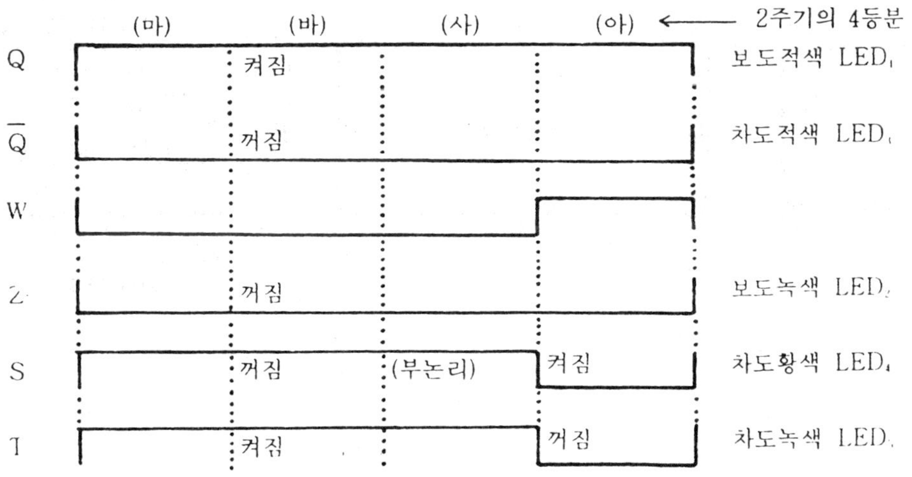

4. 과제

1)기판(또는BB)에 LED와 RS스위치, Vcc, GND 단자의 배치를 다음과 같이하여 제작하라.

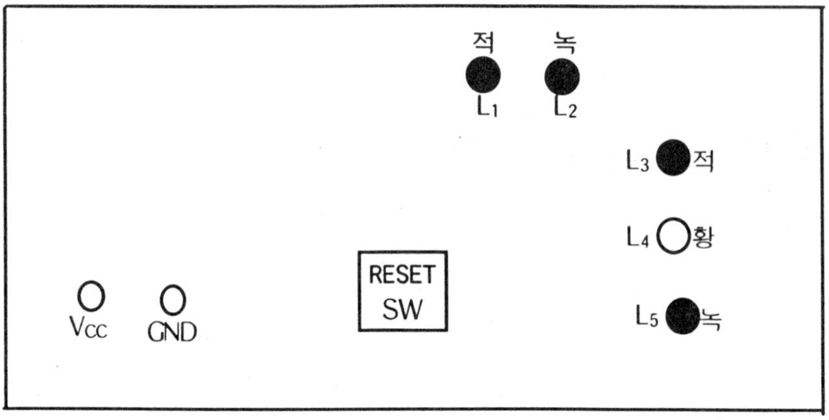

2) RS버튼을 누르는 순간부터의 LED의 상태를 기록하라.

①보도통과 : L_2 ON, L_3 ON
②보도통과 : L_2 4회점멸, L_3 ON
③차도통과 : L_1 ON, L_5 ON
④보도통과 : L_1 ON, L_4 ON

3) Ⓐ점 Ⓑ점 Ⓒ점의 상태를 "L(0)"과 "H(1)"로 표시하라.

①보도통과시 : A=0, B=0, C=0 or 1
②보도통과시 : A=1, B=0, C=1
③차도통과시 : A=0, B=1, C=0 or 1
④차도통과시 : A=1, B=1, C=1

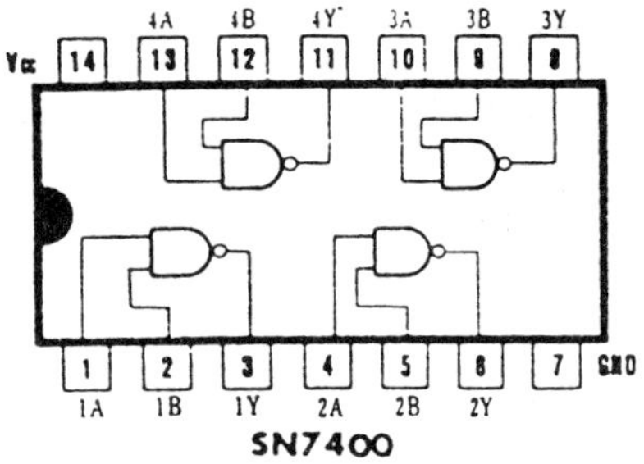

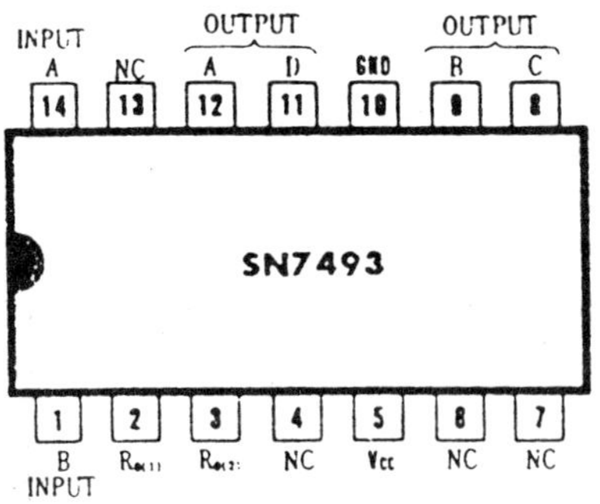

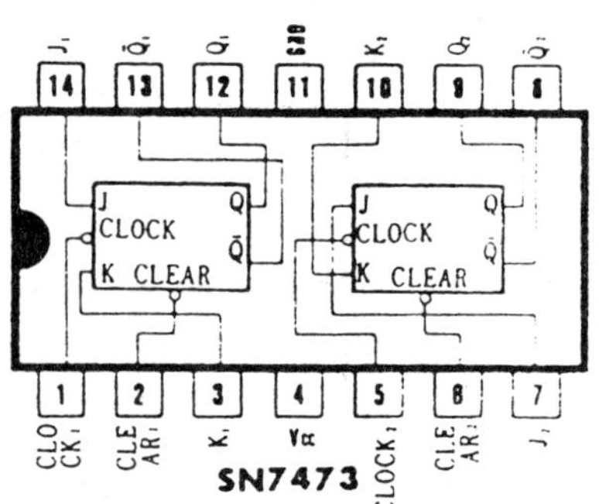

3-9 실험실습과제

기초9.3.1.BB실습	1.제목	UJT bistable-multivibrator

2. 목적: UJT발진기, 쌍안정 멀티바이브레이트의 동작원리를 이해하고 만능조립판 (bread board)에 회로를 제작하고 동작을 측정할수 있는 기능을 익힌다.

3. 회로도

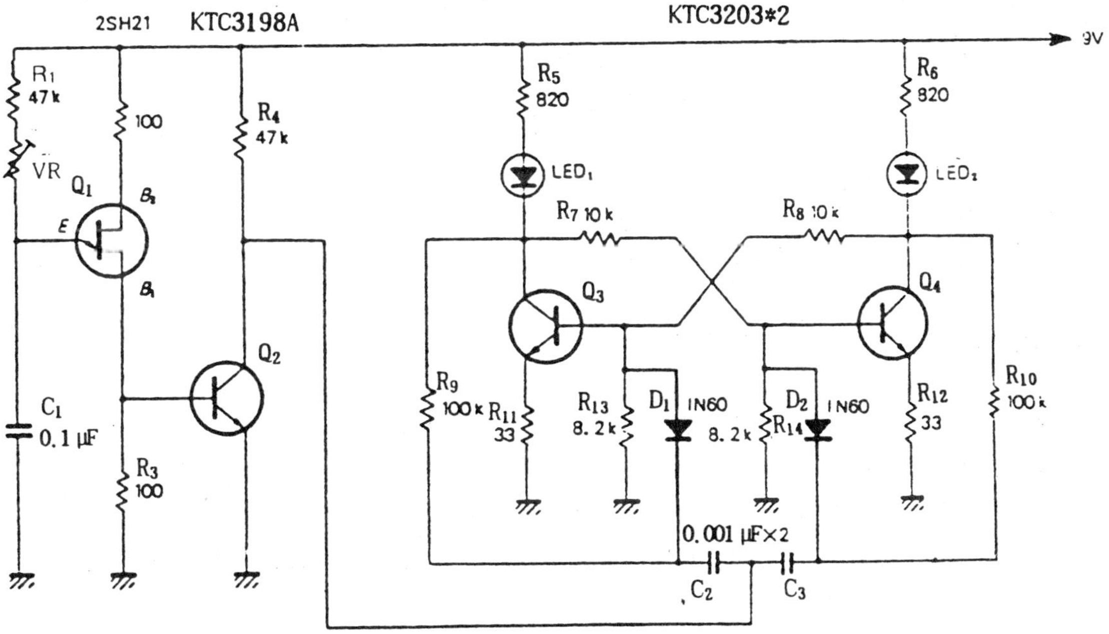

4. 동작원리;

Q_1(2SH21)은 pulse 신호발생 소자인 UJT이다. R_1(VR100KΩ)과 C_1(0.47μF)시정수로 결정되는 발진주파수 ($f \fallingdotseq 1/R_1C_1$)의 출력pulse를 R_3(100Ω) 저항에서 얻을수 있다.

이 R_3에서 얻는 미약한 pulse신호를 Q_2(KTC3198A)로 전압증폭을 하고 위상 반전시킨 부(-)신호를 Q_2의 부하저항인 R_4(47KΩ)에서 얻어 Q_3,Q_4(KTC3203*2)로 구성된 쌍안정 멀티바이브레이터 C_2,C_3(200P*2)사이에 입력신호를 가한다.

R_5,R_6(820Ω*2)은 LED 밝기가 적당 하도록 Q_3,Q_4 콜렉터에 흐르는 전류를 제한하고 R_7,R_8(10KΩ*2)은 Q_3,Q_4 base에 각 다른쪽 TR에서 collector출력전압을 base에 궤환입력 시켜 Q_3과 Q_4의 동작상태(ON/OFF)가 항상 서로 다르게 유지 되도록 한다.

R_{13},R_{14}(8.2KΩ*2)는 R_7,R_8로 큰궤환 전압이 TR base에 인가되어 과대한 순방향 bias전압이 걸리지 않도록 전압을 분활 하경 시킨다. R_{11},R_{12}(33Ω*2)는 TR emitter bias저항인데 TR이 안정된 동작이 되도록한다. R_9,R_{10}(100KΩ)은 C_2,C_3(200P*2)에 전하를 충전시키고 D_1,D_2(1N60*2)는입력 pulse(-) 신호가 들어 올때 Q_3,Q_4두 TR중 높은쪽의 base전압을 condenser에 방전시켜 base전압을 낮추고 도통(포화,LEDon)하고있는 TR은 차단

(LEDoff)되며 콜렉터 전압은 상승된다. 상승된 콜렉터 전압은 다른쪽 TR의 base에 10k 저항을 통하여 궤환되어 base전압을 상승 시켜 도통되고 LED는 on된다.
그러므로 C_2,C_3 사이에 부(-)의 입력 PULSE신호가 쌍안정 M/V에 한번씩 들어갈때 마다 LED1과 LED_2는 서로 반대로 점멸(ON/OFF)이 바뀌는 동작을 반복 하게 된다.

5. 실 험

1)BREAD BOARD에 회로를 제작하라.
2)전원공급장치의 전압을 +9V로 조정하고 +,-극성이 맞도록 접속하라.
3)전원전류(전전류)를 VOM으로 측정하라.
4)LED점멸 동작상태가 위의 동작원리 설명과 부합되는지를 확인하라.
5)오실로스코프로 각부분의 파형을 측정 기록하라.

*유의: R_1, C_2 C_3의 값이 부적당하면 동작이 불가능 하거나 관측할수 없다.
납땜시 bread board 파손에 유의한다.

6. 사용재료기구

TR: KTC3198A(C732), KTC3203(C372)x2
UJT: 2HS21 Diode:1S1588 LED: KLG3303, KLR3303
R(RD,1/4W,±5%): 33x2, 100x2, 820x2, 8.2Kx2, 10Kx2, 47Kx2, 100Kx2
VR(반고정BB용): 100KΩ C: 200Px2, 0.47μF 배선: 3색ϕ0.65mmx1.5M
실납: SN60%x0.3M 공구: 롱노스, 닛퍼, 인두, 만능조립판(bread board)
사용기구: VOM(tester), 오실로스코프2ch... 전원장치(DC/0-15V/1A)

7. 과 제

1)실험보고서에 회로도와 동작특징과 소자의 작용을 간단히 적어라.
2)전원 전압 전류를 측정하여 회로도에 기록하라.
3)Q1~4의 E,B,C 에 나타나는 파형을 관측하여 회로도에 그려라.
4)다음의 각부분의 파형을 4주기 이상의 timming chart를 그리고 파형그림에 주기와 전압을 표시하라.
① UJT Q_1의 E,B_1 ② TR Q_2의 C ③ TR Q_3,Q_4의 B,C

5)사용기구(전원장치, 오실로스코프) 사용법을 숙지할 것

BB조립제작사진

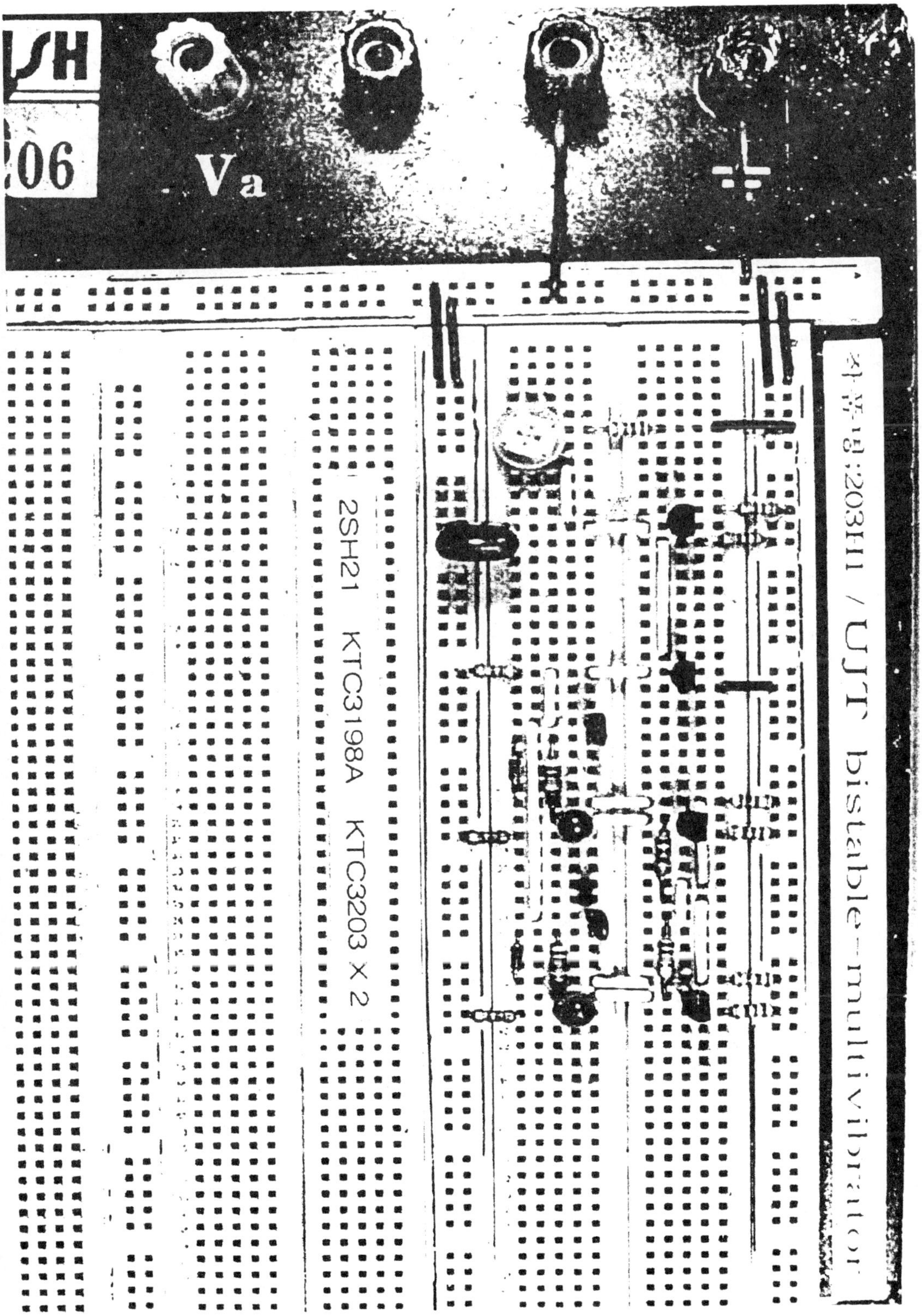

실 험 보 고 서

BBno.

과목: **정보통신실습** 담당교수: 조교: *** 1 2 3 4 5 ***

전공: 2학년 반. 학번 번 성명:

실험일시: 200 년 월 일 요일 - 교시. 공동실험자: 조 성명

1. 제 목: UJT bistable-multivibrator

2. 목 적: UJT발진기와 쌍안정멀티바이브레이트의 회로동작을 파악한다.
   bread board와 오실로스코프 사용법을 익힌다.

3. 회로도 (그려서제출하시오)

4. 동작원리(관련지식)

Q_1(2SH21)은 UJT이다. 발진주파수는 $f \fallingdotseq 1/R_1C_1$ (R_1 100KΩ, C_1 0.47μF)이다. Q_2(KTC3198A)로 UJT의 출력pulse 전압을 증폭하고 위상을 반전시킨 부(-)신호를 얻어 Q_3,Q_4(KTC3203*2)로 구성된 쌍안정 멀티바이브레이터에 입력신호를 가한다. 부(-)의 입력 pulse신호가 쌍안정 M/V에 한번씩 들어갈때 마다 LED_1과 LED_2는 서로반대로 점멸(ON/OFF)이 반복 된다.

5. 실험방법

1)지급재료와 3색배선을 사용하여 bread board에 회로를 제작 동작시킨다.

2)bread board에 직접 삽입이 곤란한 부품은 배선납땜하여 사용한다.
납땜시 bread board 파손을 주의한다.

3)전원전압 전류는 테스터(VOM)으로 하고, 파형의 주기 전압 오실로스코프로 측정 하여 기록한다. (입력prove 배율유의)

6. 사용기구 및 재료

TR: KTC3198A(C732), KTC3203(C372)x2 UJT: 2HS21 Diode: 1S1588*1
LED:KLG3303x1, KLR3303x1 · R(RD,1/4W): 33x2, 100x2, 820x2,8. 2Kx2, 10Kx2, 47Kx2, 100Kx2 VR(반고정,BB용): 100KΩ C:200P*2,0.47μF

7. 실험결과(측정기록)

1)전원전압(　　　　)v　전류(　　　　)mA

2)동작파형 주기 전압기록(timming chart)

가.

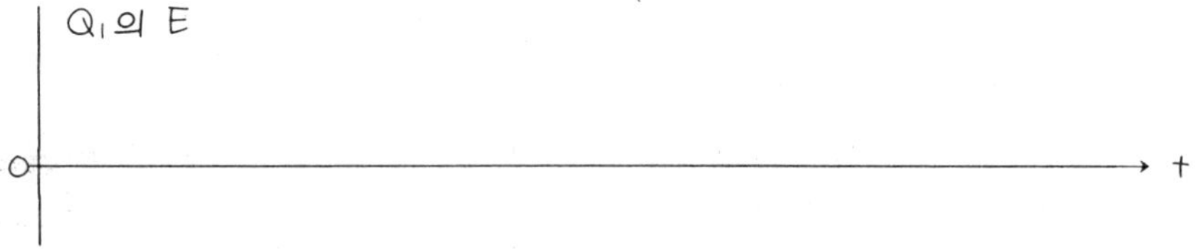

나.

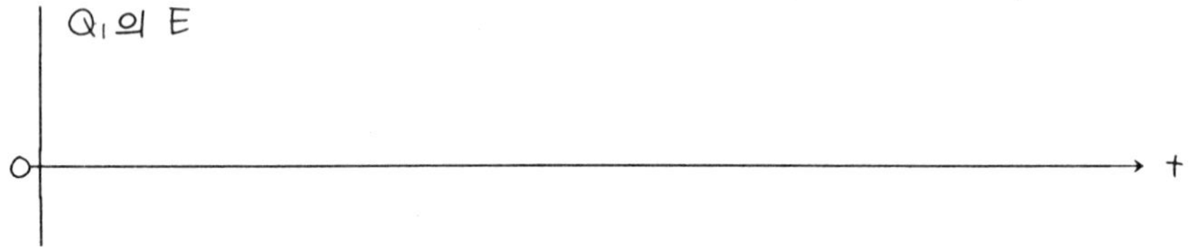

다.

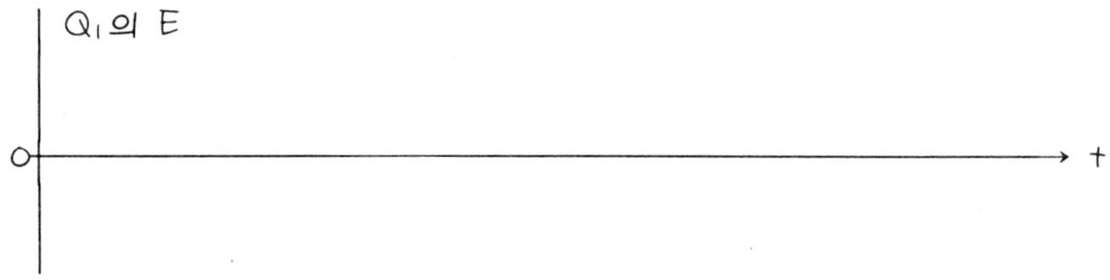

라.

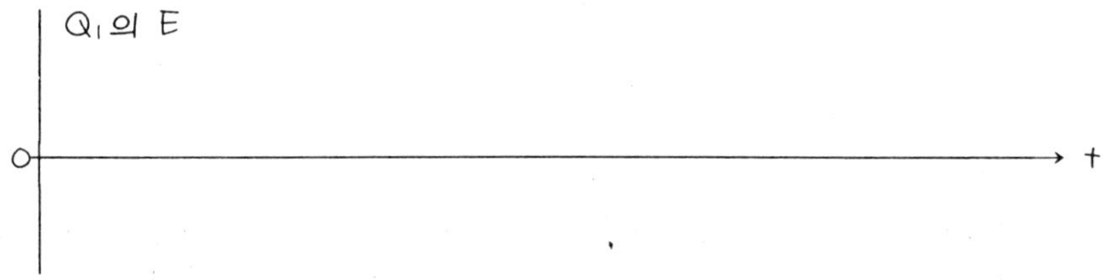

마.

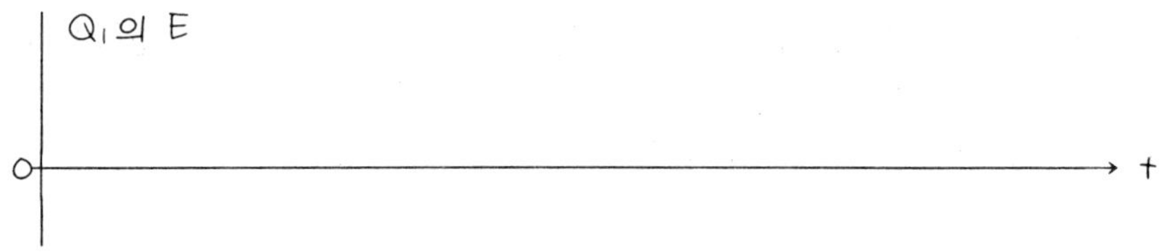

바.

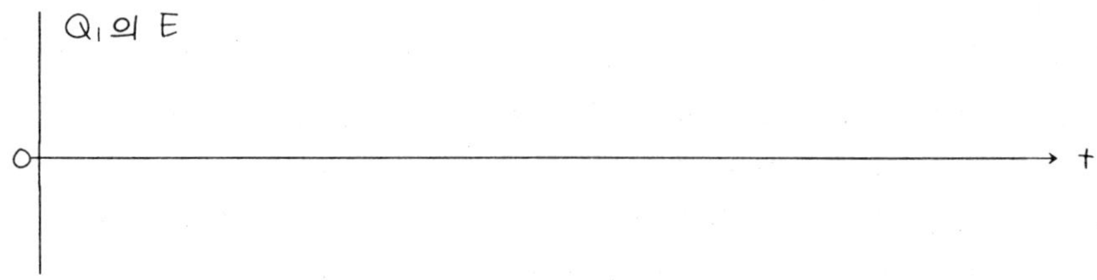

사.

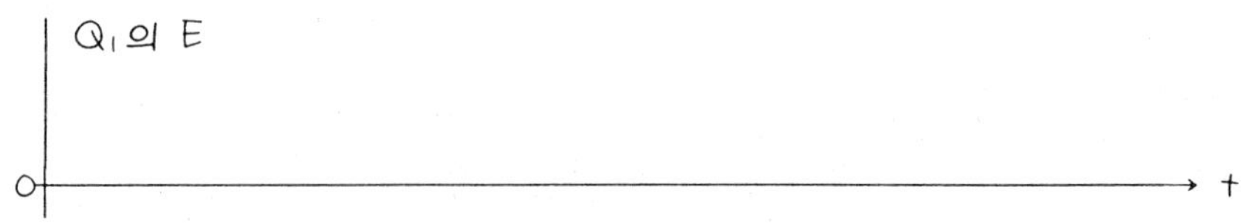

1-931 실습	과제명	JK-FF sync. counter

실기작업시간: 2시간30분, 연장시간30분

1. 요구사항

1. IC 내부 연결도를 참고하여 회로도의 IC_2핀 번호를 기록하시오.
2. 지급된 부품과 Bread Boad를 사용하여 회로도와 같이 synchronous counter를 조립하시오.
3. 초기 조립시에는 R_1과 R_2를 회로도( )내의 수치 저항을 이용하여 조립하시오.
4. 조립 후 회로구성을 확인한 후 V_{CC}와 V_{EE}에 +5V를 인가하여 동작하시오.
5. 조립 후 다음 질문에 답하고 지시에 따르시오.

가. IC_1의 출력파형(Q_C)의 + Low 기간이 10(ms)가 되도록 VR_2의 저항값을 구하고, 조립품의 VR_2를 실제 조정하시오.
(식 및 계산과정)

답:

나. IC_1의 출력파형(Q_C)의 + High기간이 15(ms)가 되도록 VR_1의 저항값을 구하고, 조립품의 VR_1을 실제 조정하시오.
(식 및 계산과정)

답:

다. Test Point점 QC, QA, QB의 파형을 오실로스코우프로 관측하여 파형을 그리고 그 주기를 표시하시오.(3개의 파형 주기를 연관시켜 그리시오)

라. QB 단은 QC 파형의 몇 분주 출력이 되는가 ?

답:

마. QA와 LED1 드라이브의 Q와의 위상관계는 어떤 관계인가 ?

답:

바. LED1의 전류가 약10(mA)가 되도록 R_1의 저항값을 구하고, 지급된 부품중 (자연부품)에서 가장 가까운 저항을 선택하여 그 값을 아래에 적으시오.

(계산)

답:

2. 회로의 설계

1. 다음과 같은 회로를 논리기호로 표시하시오.

가.

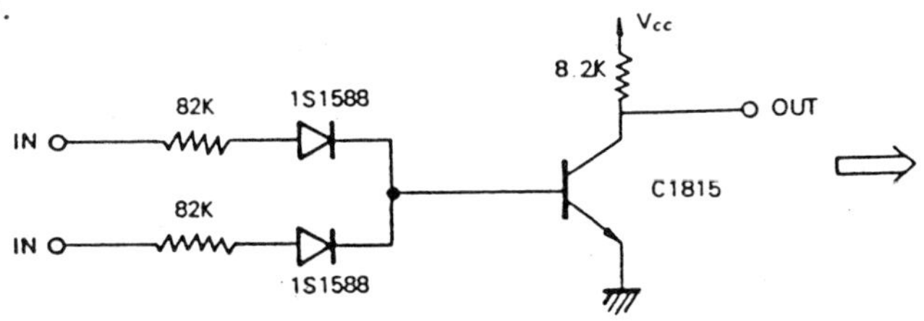

나.

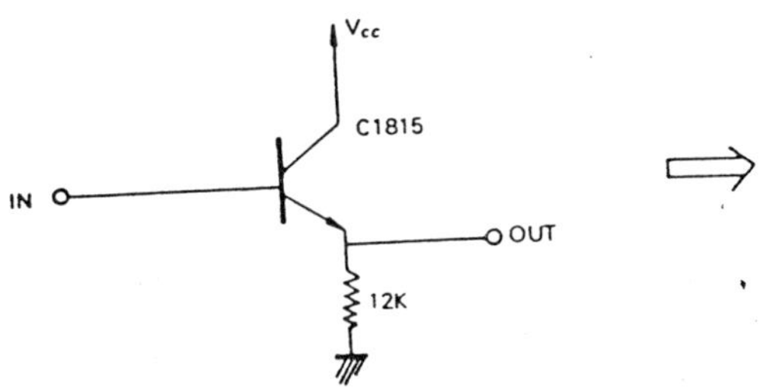

2. 다음 회로가 아래와 같은 Time Chart를 가지도록 회로를 완성하시오.

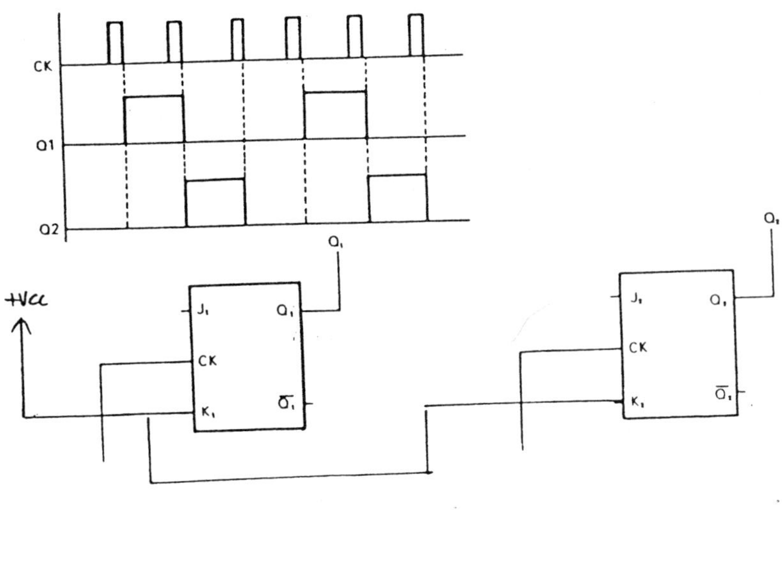

(1-931) 3. 도면	과제명	JK-FF sync. counter

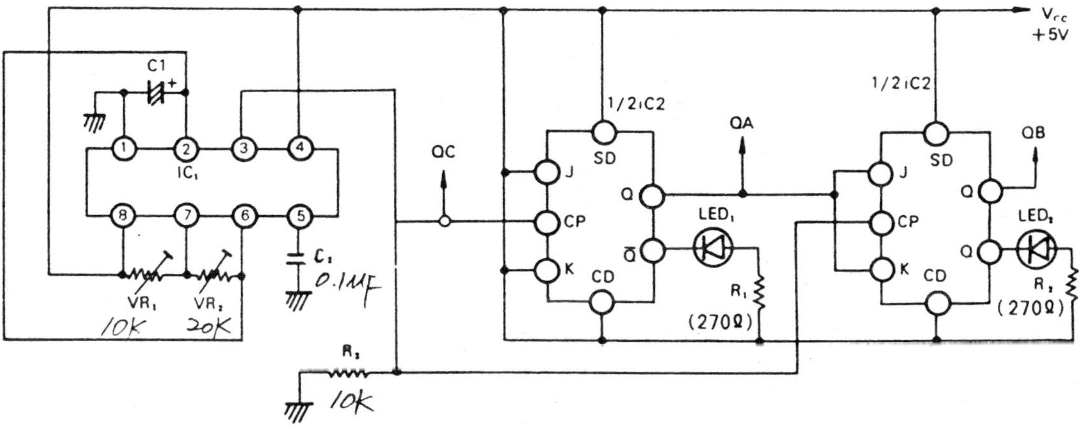

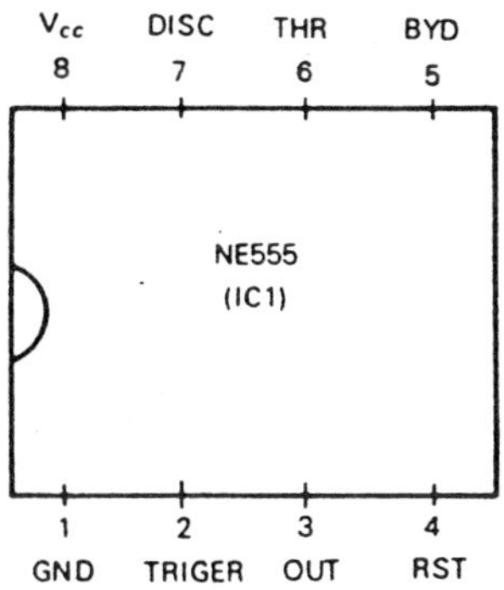

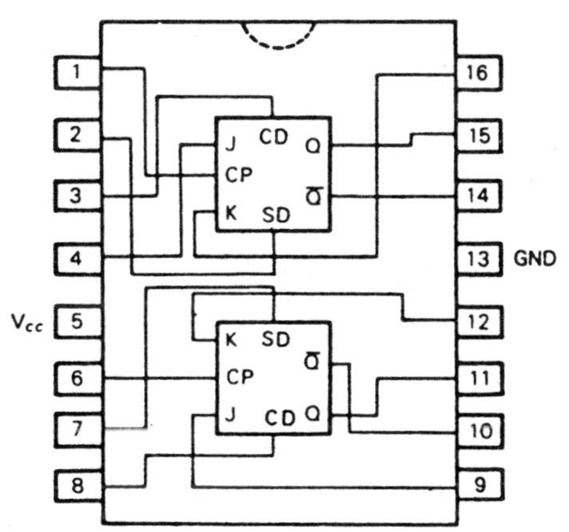

IC2 내부회로도
74LS76

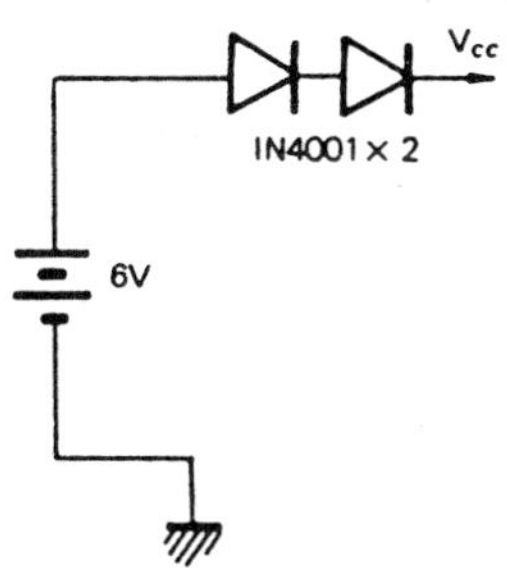

C_1: 1μF/50V C_2: 0.1μF VR1: 10KΩ VR2: 20KΩ

4. 지급재료목록

* 1-931. JK FF syn counter *

번호	재 료 명	규 격	단 위	수 량	비 고
1	IC	SN74L76	개	1	
2	〃	NE555	〃	1	
3	Diode	1N4001	〃	2	
4	LED	φ5(적, 녹 각1개)	〃	2	
5	저항(Resistor)	470Ω, 1/4W	〃	1	
6	〃	10kΩ 〃	〃	1	
7	반고정저항	10kΩ, B형	〃	1	
8	“	20kΩ, B형	〃	1	
9	마일러콘덴서	0.1μF	〃	1	
10	전해콘덴서	1μF, 50V	〃	1	
11	배선줄	φ0.65nm 3색	m	2	
12	Bread Board	18cm x 25cm	개	1	
13	건전지 또는 Power Supply	4DM, DC6V	〃	1	공 용
14					
15					
16					

5. 조립제작

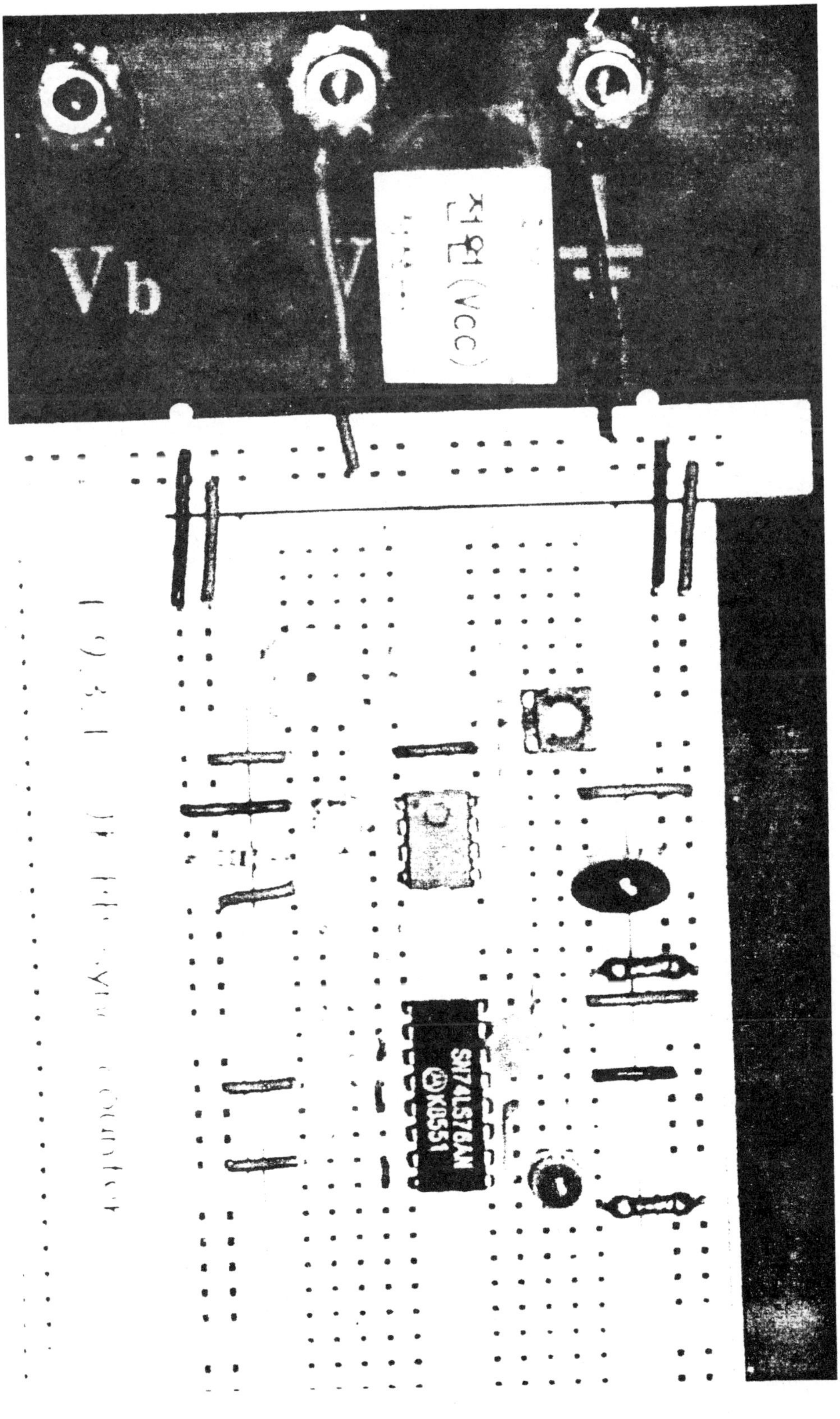

(1-931) 5. **답안지**	과제명	. JK-FF sync. counter

200 . . . 교시 학년 반 학번: 성명:

1. **요구사항**

1. IC 내부 연결도를 참고하여 회로도의 IC_2핀 번호를 기록하시오.

5. 가. IC_1의 출력파형(Q_C)의 + Low기간이 10(ms)되는 VR_2의 저항값 (식 및 계산과정)

답:

나. IC_1의 출력파형(Q_C)의 + High기간이 15(ms)되는 VR_1의 저항값 (식 및 계산과정)

답:

다. Test Point점 QC, QA, QB의 파형을 오실로스코우프로 관측하여 파형을 그리고 그 주기를 표시하시오.(3개의 파형주기를 연관시켜 그리시오)

라. QB 단은 QC 파형의 몇 분주 출력이 되는가 ?

답:

마. QA와 LED1 드라이브의 Q와의 위상관계는 어떤 관계인가 ?

답:

바. LED1의 전류가 약10(mA)가 되도록 R_1의 저항값을 구하고, 지급된 부품중 (자연부품)에서 가장 가까운 저항을 선택하여 그 값을 아래에 적으시오.
(계산)

답:

2. **회로설계:**

가.⇒

나.⇒

다. 회로완성

1-932 실습	과제명	4Bit Shift Register

실기작업시간: 2시간30분, 연장시간30분

1. 요구사항

1. 지급된 부품과 브레드 보드(Bread board)를 사용하여 회로도와 같이 4bit 시프트 레지스터를 조립하시오.
2. 조립이 완성되면 다음 사항을 측정하여 기록하시오.

<u>측정 1)</u> SW_2를 눌렀다 놓을 때 ⓐⓑ점의 파형을 오실로스코우프로 관측하여 파형을 그리시오.

<u>측정2)</u> SW_1을 눌렀다 놓은 뒤에 SW_2를 한번씩 눌렀다 놓으면서 LED램프의 상태(즉 Q_A, Q_B, Q_C, Q_D의 상태)를 관측하여 그 결과를 다음 그래프 용지에 그리시오.
(단, SW_2를 한번씩 누를 때마다 클릭펄스가 한번씩 발생한다)

3. 다음사항에 대하여 설계하시오.

설계) 아래 그림과 같이 2개의 입력 A, B로 부터 이들의 합(Sum)과 CARRY를 출력하는 Half Adder를 설계하시오. (단, 반드시 ADDER의 진리표와 SUM, CARRY의 부울대수식을 명시하고, 1개의 E-OR(EXclusive OR)와 1개의 AND GATE로 회로를 구성할 것)

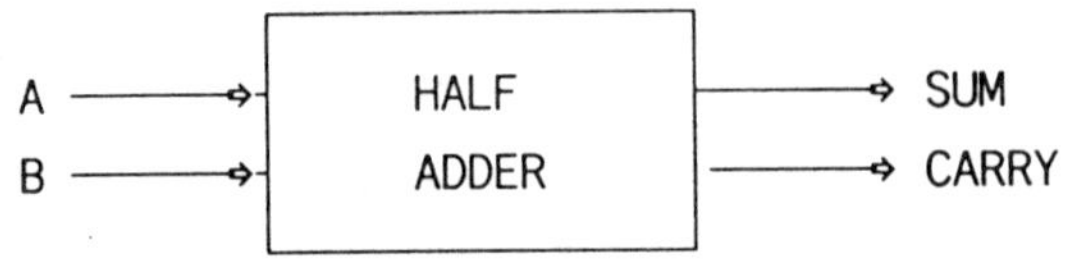

답 **1)** 진리표

A	B	SUM	CARRY

2) 부울 대수식

SUM =

CARRY =

3) 논리회로

4. 다음 질문사항에 대해 답하시오.

질문 1) 스위치 SW_1을 눌렀다가 놓으면 어떤 기능이 수행되는가 ?

질문2) (조립용 회로에서) 앞단의 NAND 게이트로 구성된 회로 ⓐ점에서 ⓑ점까지는 어떤 목적의 회로인가 ?

질문3) IC 7447은 어떤 기능의 IC인가 ?

5. 다음 사항에 대해 설계하시오.

설계 1) 다음 진리표를 갖는 논리회로를 3 input-AND 2개와 2input-OR 1개 및 inverter 2개를 사용하여 설계하시오.
(단, 반드시 이 논리회로에 대한 부울 대수식을 명시하고 입력과 출력을 표시하여야 한다)

입	력		출 력
C	B	A	Y
0	0	0	0
0	0	1	0
0	1	0	1
0	1	1	0
1	0	0	0
1	0	1	0
1	1	0	0
1	1	1	1

1) 논리식

2) 논리회로

2. 유의사항

1. 지급된 재료는 부품 점검시간에 검사하여 불량품 및 부족숫자는 지급 받도록 하시오.
2. 부품점검 시간 이후에 부품교환은 일체 하지 않으니 유의하시오.
3. 지급된 재료 이외의 재료를 사용하였을 때는 부정행위로 간주하니 지급재료 이외는 사용을 금하시오.
4. 측정시 사용하는 측정기는 정확한 계기를 사용하여 계기오차로 인한 불행한 일이 없도록 하시오.
5. 브레드 보드 조립상태는 채점치 않으나 동작상태와 측정상태는 실제 작품과 대조 확인하니 정확히 기록하시오.
6. 푸시버튼 스위치는 리드선을 납땜하여 브레드 보드에 삽입하시오.

(1-932) 3. 도면	과제명	4Bit Shift Register

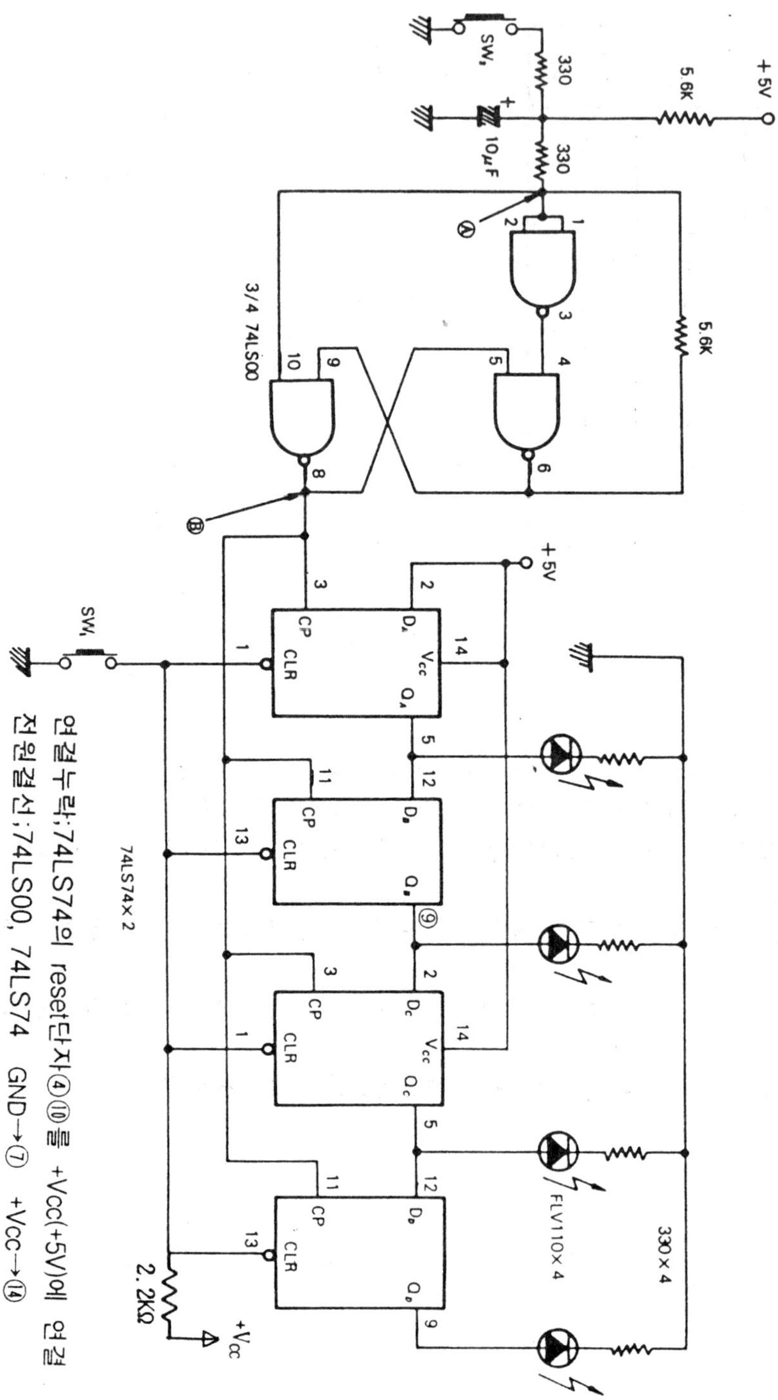

4. 지급재료목록 * 1-932. 4Bit Shift Register *

번호	재 료 명	규 격	단위	수량	비 고
1	I C	74LS00	개	1	
2	“	74LS74	〃	2	
3	LED	FLV110	〃	4	
4	저항(Resisor)	330Ω, 1/4W	〃	6	
5	〃	5.6kΩ, 〃	〃	2	
6	전해콘덴서	10μF, 50V	〃	1	
7	SW	푸시버튼스위치	〃	2	
8	배선줄	φ0.65㎜ 3색	m	2	
9	Bread Board	18㎝ x 23㎝	개	1	
10	건전지 또는 PowerSpply	5V1A	〃	1	
11					
12					

5. 조립제작

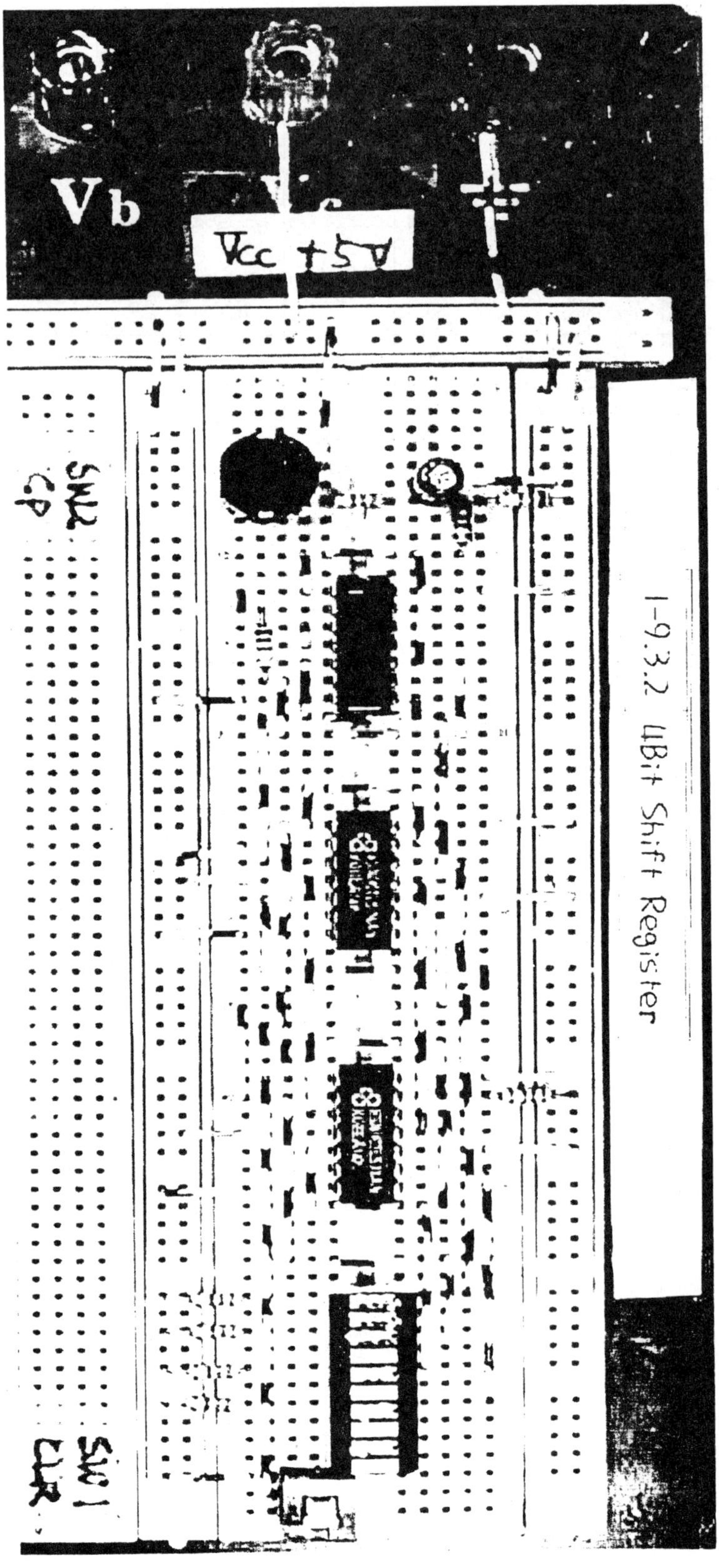

(1-932) **5.답안지**	과제명	4Bit Shift Register

200 . . . 교시 학년 반 학번: 성명:

요구사항: 측정기록

측정 1) SW_2를 눌렀다 놓을때 ⓐⓑ점의 파형

측정2) SW_1을 누른 뒤에, SW_2를 한번씩 누를 때 LED램프 상태(즉 Q_A, Q_B, Q_C, Q_D의 상태)

설계1) Half Adder설계 1) 진 리 표

A	B	SUM	CARRY

2) 부울 대수식

SUM =

CARRY =

3) 논리회로도

4) 다음 질문사항에 대해 답하시오.

질문1) 스위치 SW_1을 눌렀다가 놓으면 어떤 기능이 수행되는가 ?

질문2) (조립용 회로에서) 앞단의 NAND 게이트로 구성된 회로 ⓐ점에서 ⓑ점까지는 어떤 목적의 회로인가 ?

질문3) IC 7447은 어떤 기능의 IC인가 ?

설계2) 논리회로 설계

입 력			출 력
C	B	A	Y
0	0	0	0
0	0	1	0
0	1	0	1
0	1	1	0
1	0	0	0
1	0	1	0
1	1	0	0
1	1	1	1
1	1	0	0
1	1	1	1

1) 논리식

2) 논리회로도

1-933 실습	과제명	Cds Counter

실기작업시간: 2시간30분, 연장시간30분

1. 요구사항

1) 지급된 재료 및 회로를 사용하여 Bread Board위에 Cds를 이용한 계수기를 조립하되 IC7414, 저항180Ω, LED를 사용하여 점선 표시된 부분의 미지회로를 회로도 도면내에 완성하고, 다음과 같은 정상동작이 되게 하시오.

2) 정상동작 (빛을 차단시는 완전히 차단되게 함)

가. Cds에 빛을 비추면 LED는 ON, FND는 임의의 숫자를 나타낸다.

나. Cds에 빛을 차단하면 LED는 OFF, FND는 전의 상태를 그대로 유지한다.

다. Cds에 빛을 차단하였다가 다시 빛을 비추면 LED가 ON됨과 동시에 FND의 숫자가 1 증가한다.

라. 정상동작이 되면 작품을 조사하여 다음 도표에 H, L을 표시하여 완성하시오.

FND출력	IC7490의 BCD코드의 출력				IC 7447의 출력						
	A	B	C	D	a	b	c	d	e	f	g
0											
1											
2											
3											
4											
5											
6											
7											
8											
9											

(1-933) 2. 도면	과제명	Cds Counter

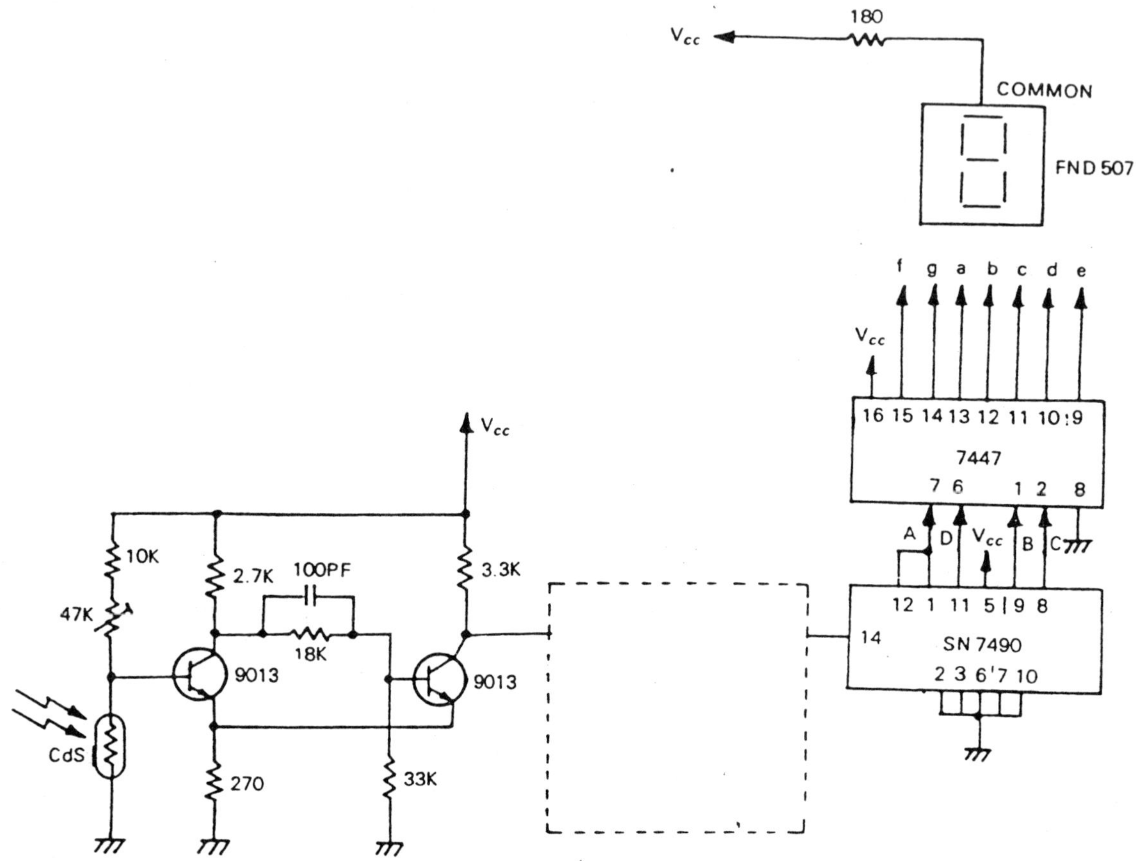

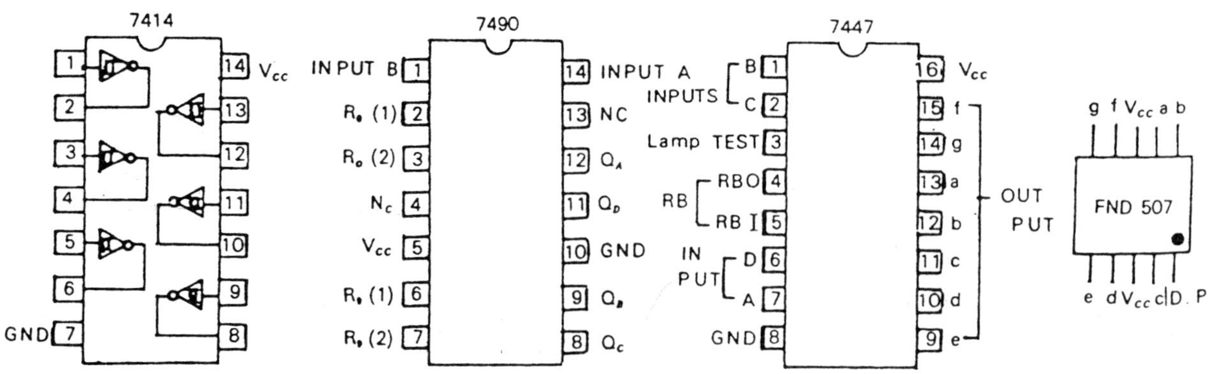

(Top View)

3. 지급재료목록

* 1-933. Cds Counter *

번호	재 료 명	규 격	단 위	수 량	비 고
1	I C	SN7447	개	1	
2	〃	SN7490		1	
3	〃	SN7414		1	
4	트랜지스터	KTC3202-Y		1	CS9013
5	LED	적색		1	
6	LED표시기	FND507		1	CommonAnode
7	Cds	중		1	1kΩ～100kΩ
8	저항 1/4W	180Ω		2	
9	“	270Ω		1	
10	“	2.7kΩ		1	
11	“	3.3kΩ		1	
12		10kΩ		1	
13		18kΩ		1	
14		33kΩ		1	
15		(47kΩ)		1	-제외-
16	반고정저항	47kΩ		1	
17	세라믹콘덴서	100pF		1	
18	단선(배선)	φ0.65mm	m	3	
19	브레드보드	중	개	1	
20					

5. 조립제작

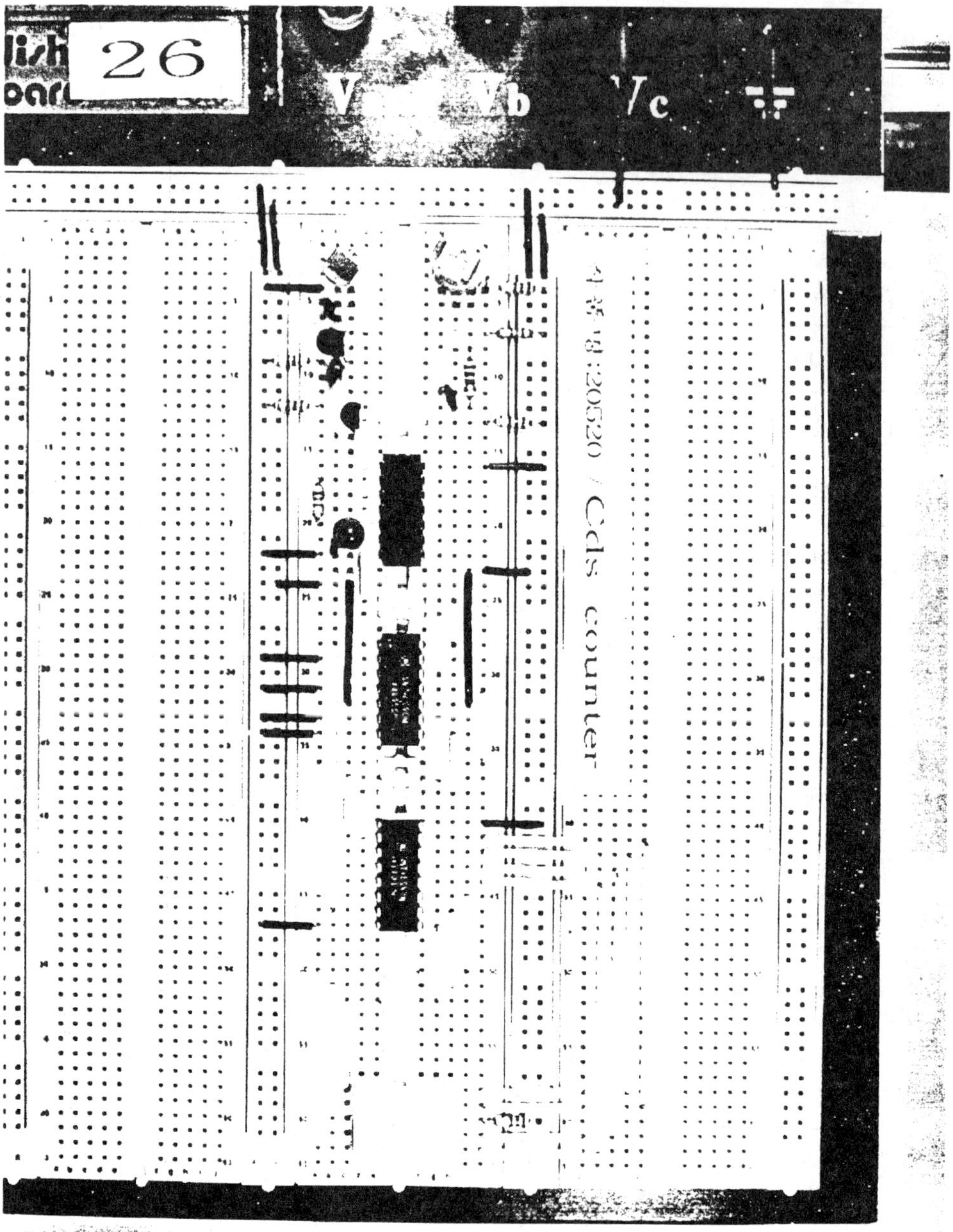

(1-933) **4.답안지**	과제명	Cds Counter

200 . . . 교시 학년 반 학번: 성명:

측정기록

FND표시	IC7490의 BCD코드의 출력				IC 7447의 출력						
	A	B	C	D	a	b	c	d	e	f	g
0											
1											
2											
3											
4											
5											
6											
7											
8											
9											

• 제 4장 •

정보통신 실험실습과제

실험실습과제

정보통신 4-1	과제명	MV/FM변조

1. 요구사항

(1) 조립제작

① 50[Ω] 동축 케이블은 BNC 콘텍터와 조립하여 회로의 출력과 측정 장비를 직접 연결 할 수 있도록 하시오. (동축 케이블은 불평형으로 제작하시오.)

② 전원 공급 및 입·출력단의 인출선은 여유가 있도록 하시오.

(2) 동작측정

① 가변 저항 VR1, VR2을 조장하여 TP1의 주파수를 500[Hz], 6[V_{P-P}]가 되도록 오실로스코프로, 출력파형, 주파수, 전압[V_{P-P}]를 측정하시오.

② VR3를 TP3의 출력이 0.5[V_{P-P}]가 되도록 조종하여 오실로스코프와 레벨 메터로 TP2와 TP3를 측정하고, 레벨메터 출력 값을 쓰시오.

③ 입·출력 전압(TP2, TP3)에 의한 전압 이득을 구하는 식과 계산을 하고 레벨메터의 레벨을 비교하시오.

④ 최종 출력 TP3의 출력이 TP1의 출력과 비교하여 TP1의 출력이 High일 때만 반송파가 출력이 되는지 오실로스코프로 측정하시오.

⑤ R1, R2의 역할을 쓰시오.

⑥ VC1, VC2의 역할을 쓰시오.

2. 재료목록

재료명	규격	단위	수량	비고
트랜지스터	2SC945	개	2	
〃	2SC536	〃	2	
인덕터	1μF, 1/2W 이상	〃	1	저항형
세라믹 콘덴서	0.33[μF], 25[V]	〃	2	
〃	0.47[μF], 25[V]	〃	2	
전해콘덴서	10[μF], 25[V]	〃	2	
마일리 콘덴서	10[pF], 25[V]	〃	1	
저항	1[kΩ], 1/4[W]	〃	3	
〃	20[kΩ], 1/4[W]	〃	2	
〃	560[Ω], 1/4[W]	〃	3	
〃	100[Ω], 1/4[W]	〃	1	

가변저항	50[kΩ], B형	〃	1	
〃	5[kΩ], B형	〃	2	
가변콘덴서(Trimmer)	90[pF]	〃	2	
전원스위치	3핀 슬라이드형	〃	1	
만능기판	SYP-1108(콘넥터용)	장	1	케이블 조립용
BNC콘넥터	50[Ω] (장비에 연결)	개	1	
배선	φ0.3[mm], 3색 단선	m	2	전원공급기연결용
전원선	φ0.5[mm], 적, 청	cm	각30	
동축 케이블	50[Ω]	cm	50	
터미널	1핀 포스트(측정용)	개	3	

3. 참고사항

(1) TP1의 출력

오실로스코프로 측정한 파형의 주파수와 전압을 확인힌다.

주파수 : 500[Hz]±25[Hz]

전압[V_{P-P}] : 6[V_{P-P}]±300[mV_{P-P}]

(2) 전압이득 출력

① 오실로스코프로 측정한 파형의 주파수와 전압을 확인한다.

TP2 : 전압[V_{P-P}] : [V_{P-P}] ± [mV_{P-P}]

TP3 : 전압[V_{P-P}] : 500[mV_{P-P}] ± 5[mV_{P-P}]

② 전압 이득 계산(V_{in}=TP2전압, V_{out}=TP3전압)

계산식 : $20 \log_{10} \frac{v_{out}}{v_{i_n}}$

(3) TP1의 값에 따라 FM 변조파형이 나오면 동작.

(오실로스코프의 채널 1과 채널 2를 비교 확인)

(4) R_1, R_2의 역할 : 발진 주파수 및 듀티사이클 조정

(5) VC_1, VC_2의 역할: 캐리어 발진 주파수 조정

4. 회로도

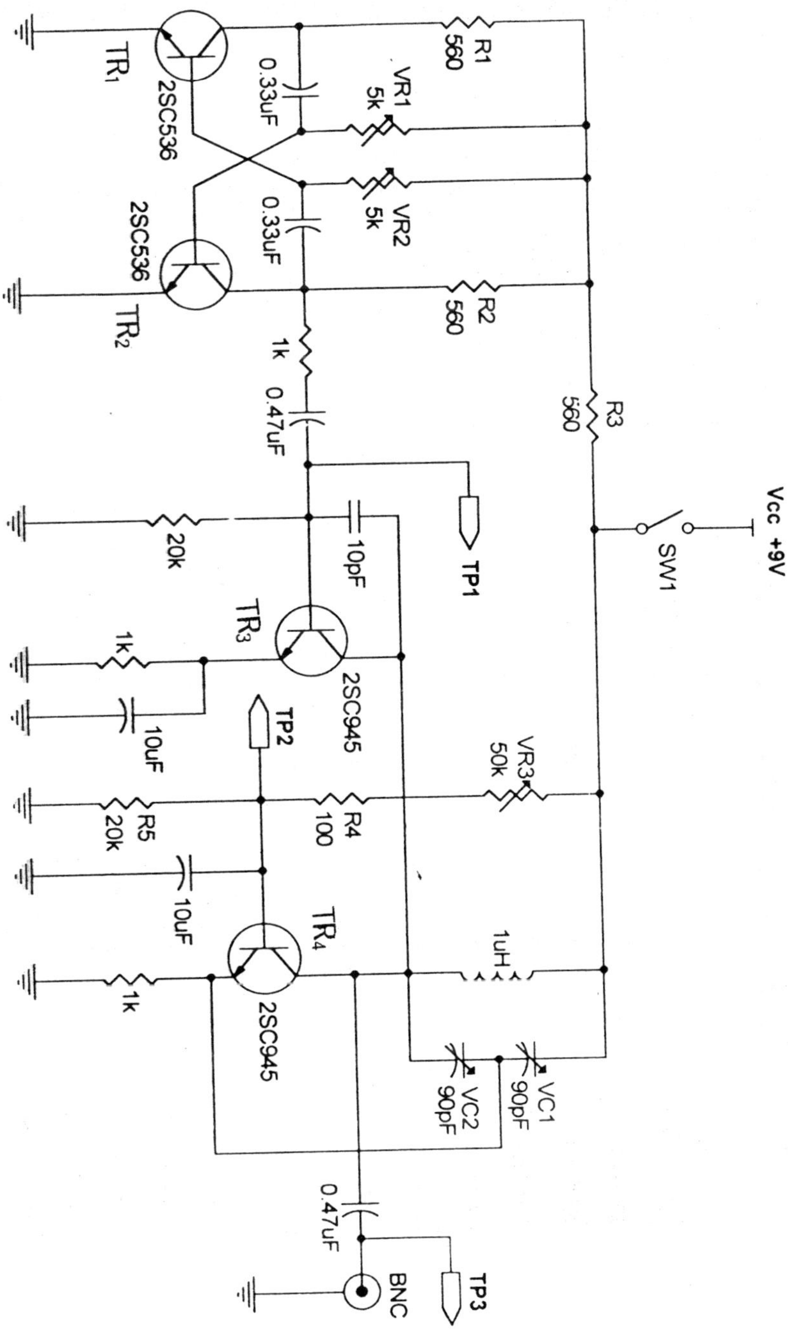
TR1
2SC536
TR2
2SC536
0.33uF
0.33uF
R1
560
R2
560
VR1
5k
VR2
5k
R3
560
1k
0.47uF
TP1
SW1
Vcc +9V
20k
10pF
TR3
2SC945
1k
10uF
TP2
VR3
50k
R5
20k
R4
100
10uF
TR4
2SC945
1uH
1k
VC1
90pF
VC2
90pF
0.47uF
BNC
TP3

5. 조립제작

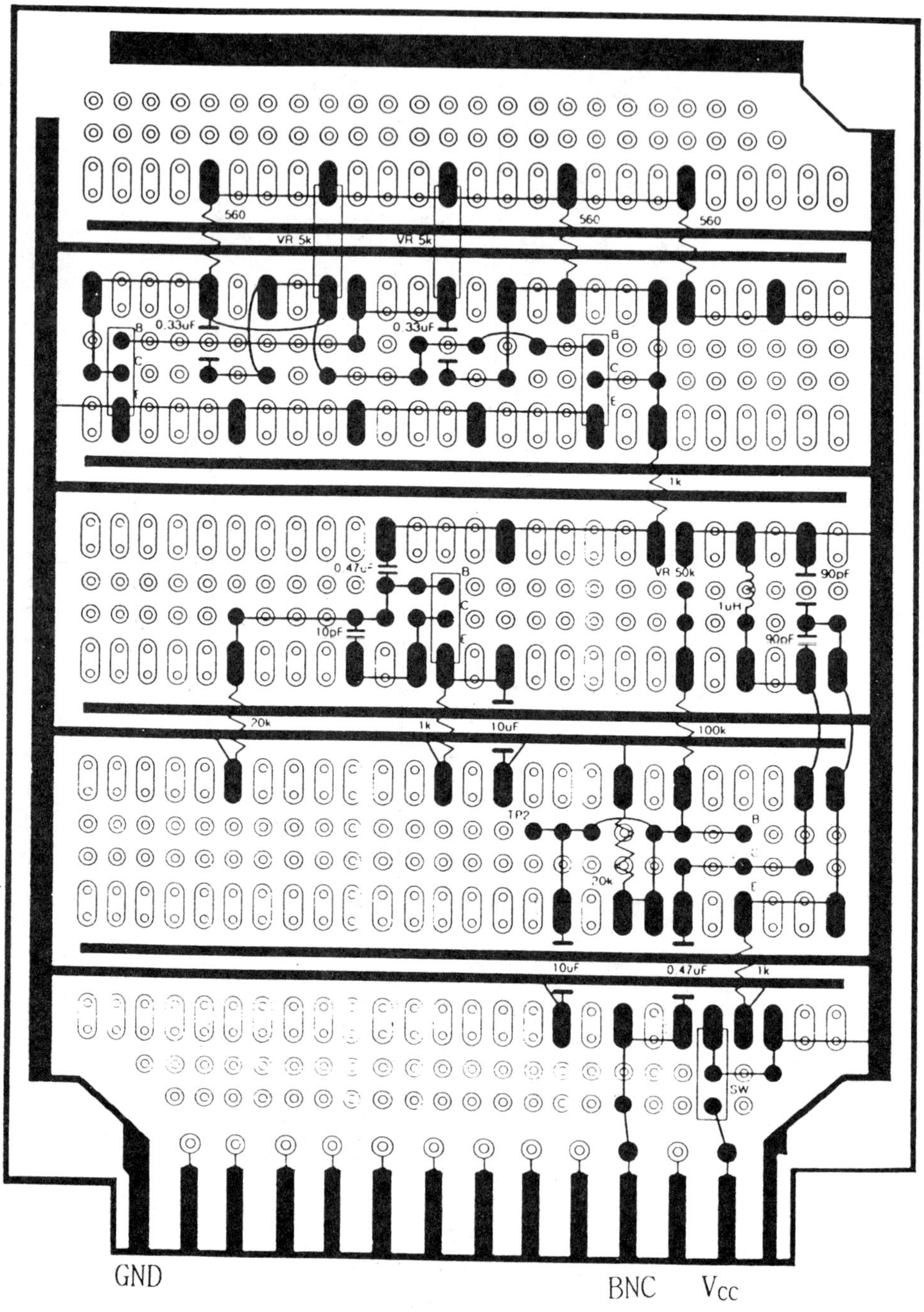
560
VR 5k
VR 5k
560
560
0.33uF
0.33uF
B
C
E
1k
0.47uF
10pF
VR 50k
1uH
90pF
90pF
20k
1k
10uF
100k
TP2
20k
10uF
0.47uF
1k
SW
GND
BNC
Vcc

정보통신 4-1	과제명	MV/FM변조	답안지

200 . . . 교시 학년 반 학번: 성명:

1. TP_1의 출력(발진주파수500Hz,6V_{p-p})(Dutycycle50:50)

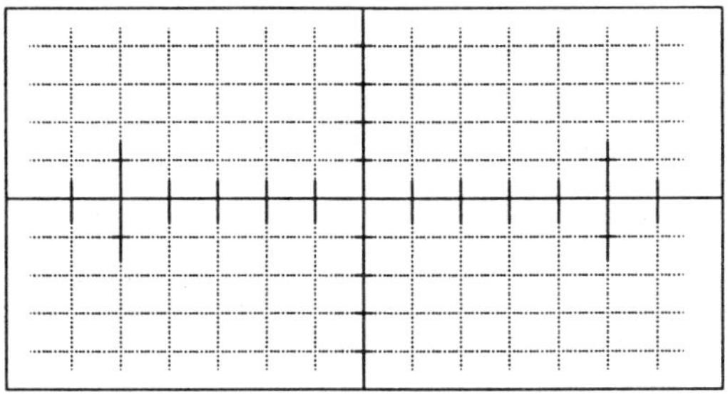

1.주파수 ; Hz

2.전압 ; V_{P-P}

3.Volt/div= V/div

4.time/div= ms/div

2. TP_2의 출력(TP_2 및 TP_3 파형) 가)스코프 파형측정

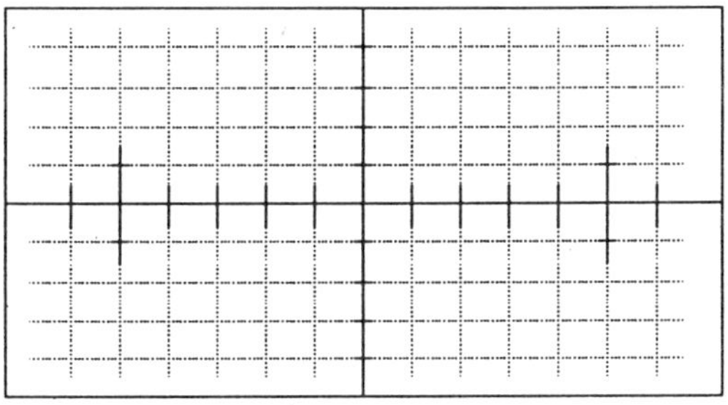

←TP_1

←TP_2

Ch_1과 Ch_2구별해서 기록

① 주파수; Ch_2 Hz / Ch_3 Hz

② 전압 ; Ch_2 V_{P-P} / Ch_3 V_{P-P}

③ Volt/div=Ch_2 V/div / Ch_3 V/div

④ time/div=Ch_2 ms/div/ Ch_3 ms/div

나)전압 이득계산(TP_2, TP_3)

계산식;

계산값;

3. TP_3의 출력(TP_1 및 TP_3 파형) 가)스코프 파형측정(TP_3)

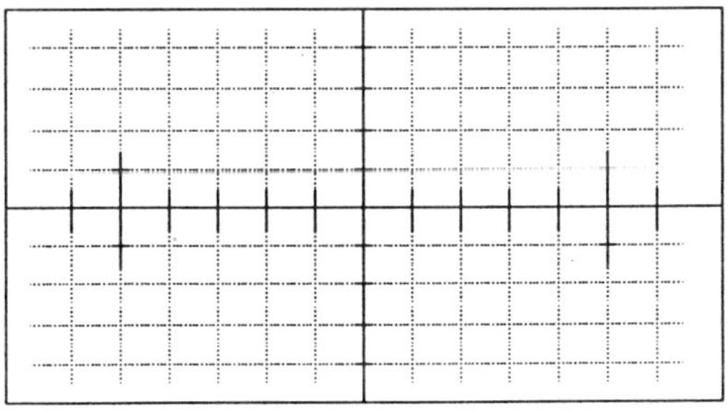

←TP_1

←TP_3

Ch_1과 Ch_3구별해서 기록

① 주파수;Ch_1 Hz / Ch_3 Hz

② 전압 ; Ch_1 V_{P-P} / Ch_3 V_{P-P}

③ Volt/div=Ch_1 V/div / Ch_3 V/div

④ time/div=Ch_1 ms/div/ Ch_3 ms/div

나)전압 이득계산(TP_1, TP_3)

계산식;

계산값;

4. 주관식 단답형

①Vc_1, Vc_2의 역할은 무엇인가?

②R_1, R_2의 역할은 무엇인가?

실험실습과제

정보통신 4-2	과제명	2단증폭회로

1. 요구사항

(1) 조립제작

① 50[Ω] 동축 케이블은 BNC 콘텍터와 조립하여 회로의 출력과 측정 장비를 직접 연결할 수 있도록 하시오. (동축 케이블은 불평형으로 제작하시오.)

② 전원 공급 및 입·출력단의 인출선은 여유가 있도록 하시오.

(2) 동작측정

① VR1을 조정하여 TP1의 발진 주파수를 7.8[㎒], 0.6[V_{p-p}]가 되도록 오실로스코프와 주파수 카운터로 확인하고, 레벨메터값, 출력파형, 주파수 전압을 측정하시오.

② TP2의 출력을 오실로스코프와 레벨 메터로 측정하고, 출력 파형, 주기, 전압 및 레벨값을 쓰시오.

③ 입출력 전압(TP1, TP2)에 의한 전압 이득을 구하는 식과 계산을 하고 레벨메터의 레벨을 비교하시오.

④ 2단 증폭의 초종 출력 TP3의 출력을 오실로스코프와 레벨메터로 측정하고 기록하시오.(②, ③과 동일하게 기록하시오.)

⑤ 발진회로의 명칭은 무엇인가?

⑥R_1, R_2의 역할을 쓰시오. ⑦C_1, C_2의 역할을 쓰시오.

2. 재료목록

재료명	규격	단위	수량	비고
트랜지스터	2SC1815	개	3	
세라믹 콘덴서	0.1[μF], 25[V]	〃	1	
〃	0.01[μF], 25[V]	〃	2	
〃	0.001[μF], 25[V]	〃	3	
〃	0.47[μF], 25[V]	〃	1	
〃	150[pF], 25[V]	〃	1	
〃	680[pF], 25[V]	〃	1	
저항	6.8[kΩ], 1/4[W]	〃	2	
〃	4.7[kΩ], 1/4[W]	〃	1	
〃	2.7[kΩ], 1/4[W]	〃	2	
〃	1[kΩ], 1/4[W]	〃	1	
〃	330[Ω], 1/4[W]	〃	4	
〃	100[Ω], 1/4[W]	〃	1	

〃	100[Ω], 1/4[W]	〃	1	
가변저항	1010[kΩ], B형	〃	1	
크리스탈	7.8[㎒]	〃	1	
전원스위치	3핀 슬라이드형	〃	1	
만능기판	SYP-1108(콘넥터용)	장	1	
BNC 콘넥터	50[Ω] (장비에 연결)	개	1	케이블 조립용
배선	φ0.3[㎜], 3색 단선	m	2	
전원선	φ0.5[㎜], 적, 청	cm	각30	전원공급기연결용
동축 케이블	50[Ω]	cm	50	
터미널	1핀 포스트(측정용)	개	3	

3. 참고사항

(1) TP1의 출력

① 오실로스코프로 측정한 파형의 주파수와 전압을 확인한다.

② Time/div, Volt/div : 파형의 주파수와 전압이 파형과 일치하는지 확인
주파수 : 7.8[㎑]±0.4[㎒](주파수 카운터 측정값 비교)
전압(V_{P-P}) : 600[mV_{P-P}]±30[mV_{P-P}]

(2) TP2의 출력

① 오실로스코프로 측정한 파형의 주파수와 전압을 확인한다.
주파수 : 7.8[㎑]±0.4[㎒] 전압(V_{P-P}) : 1.6[V_{P-P}]±160[mV_{P-P}]

②전압이득 계산

계산식 : $20\log_{10}\frac{v_{out}}{v_{i_n}}$ Vin⇒TP1전압 Vout⇒TP2의 전압

(3) TP3의 출력

① 오실로스코프로 측정한 파형의 주파수와 전압을 확인한다.
주파수 :7.8[㎑]±0.4[㎒]
전압(V_{P-P}) : 2.8[V_{P-P}]±280[mV_{P-P}]

② 전압이득계산(TP1의 전압 : *Vin*, TP3의 전압 : *Vout*)

· 계산식 : $20\log_{10}\frac{v_{out}}{v_{i_n}}$ Vin⇒TP2전압 Vout⇒TP3의 전압

(4) 발진회로명칭: (변형)콜피츠 발진기 (5) R_1, R_2의 역할: 전압분배 Bias용 저항
(6) C1, C2의 역할 : 에미터 bypass용 콘덴서

4. 회로도

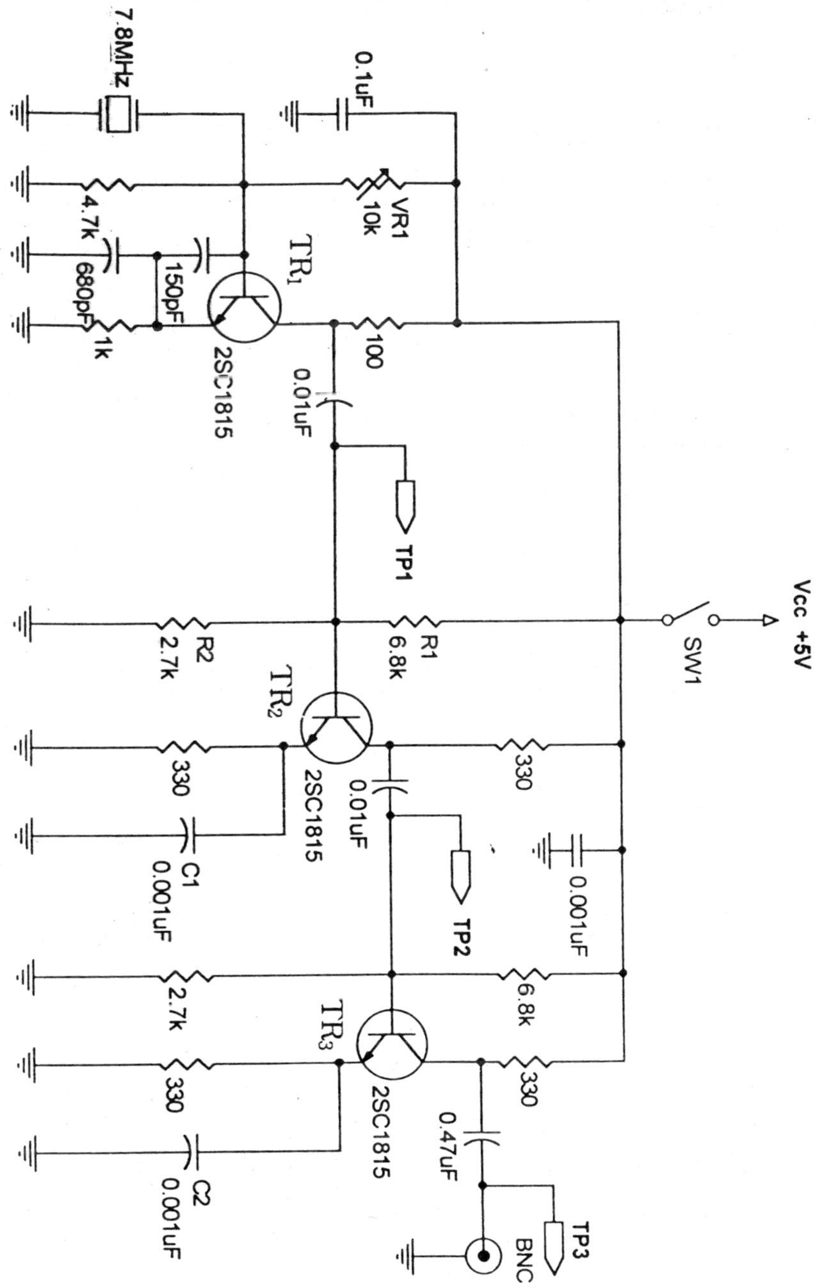
7.8MHz
0.1uF
4.7k
VR1
10k
680pF
150pF
1k
TR1
2SC1815
100
0.01uF
TP1
Vcc +5V
SW1
R1
6.8k
R2
2.7k
TR2
2SC1815
330
330
0.01uF
C1
0.001uF
TP2
0.001uF
2.7k
6.8k
TR3
2SC1815
330
330
0.47uF
C2
0.001uF
BNC
TP3

5. 제작조립

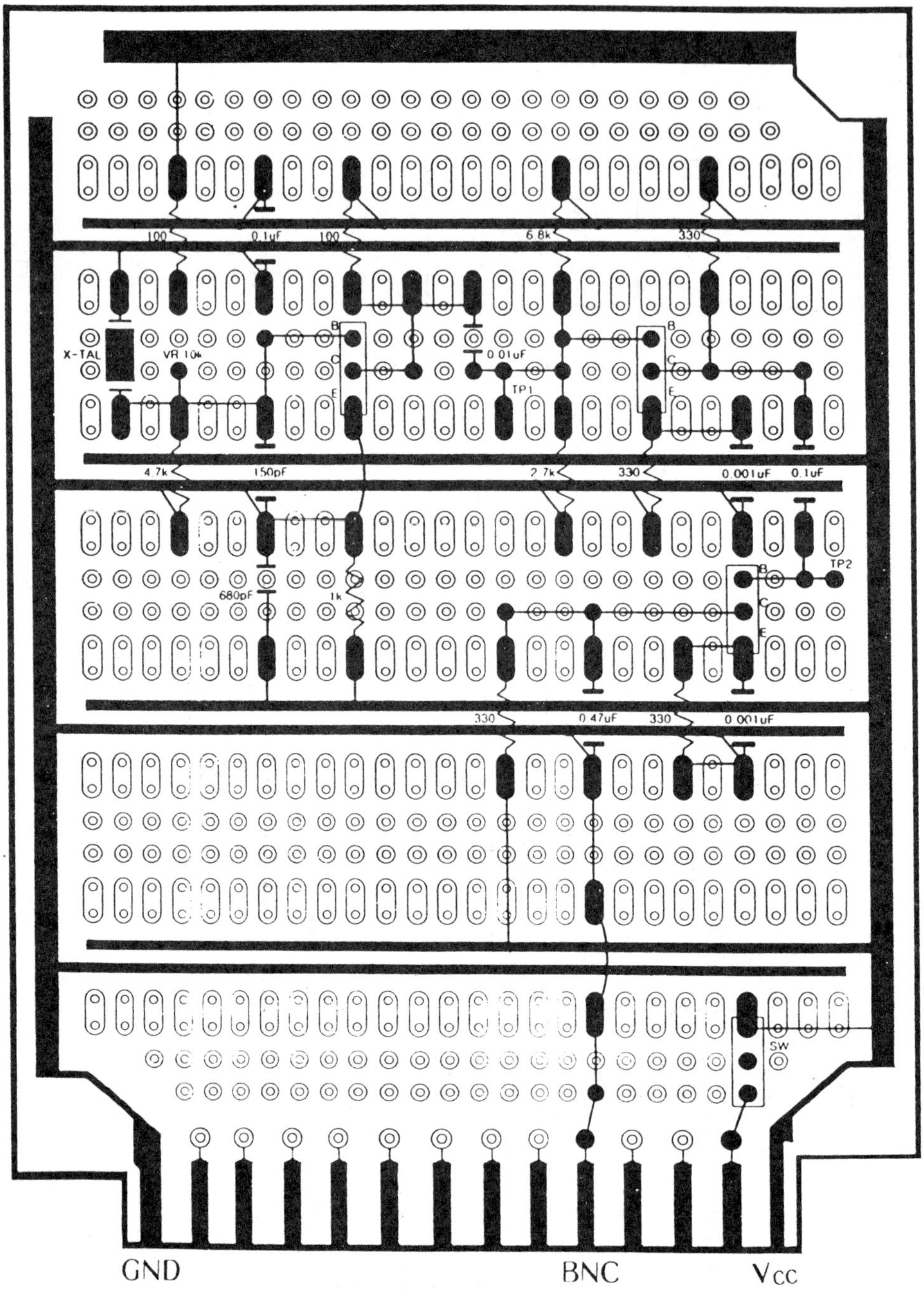
100
0.1uF
100
6.8k
330
X-TAL
VR 10k
B
C
E
0.01uF
TP1
4.7k
150pF
2.7k
330
0.001uF
0.1uF
TP2
680pF
1k
330
0.47uF
330
0.001uF
SW
GND
BNC
Vcc

정보통신 4-2	과제명	2단증폭회로	답안지

200 . . . 교시 학년 반 학번: 성명:

1. TP1을 측정하여 파형, 주파수, 전압(V_{P-P})을 기록하라.

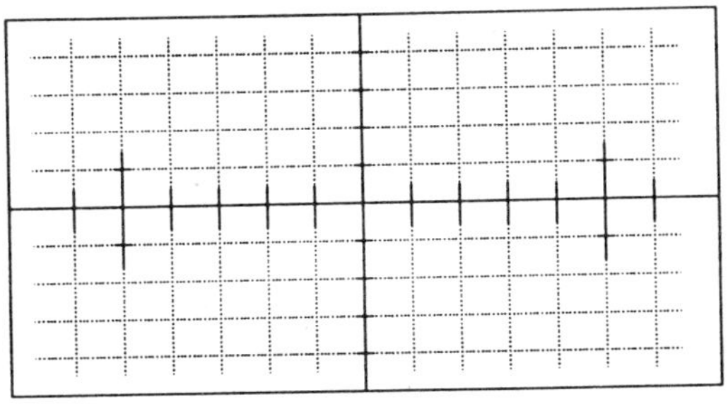

1. 주파수 ; Hz
2. 전압(V_{P-P}); mV
3. Volt/div=______ 4.time/div=________
5. level meter 측정값;
6. 주파수 카운터 측정값;

확 인

2. TP$_2$를 측정하여 파형, 주파수, 전압(V_{P-P})을 기록하라.

가) 스코프 측정(TP_2)

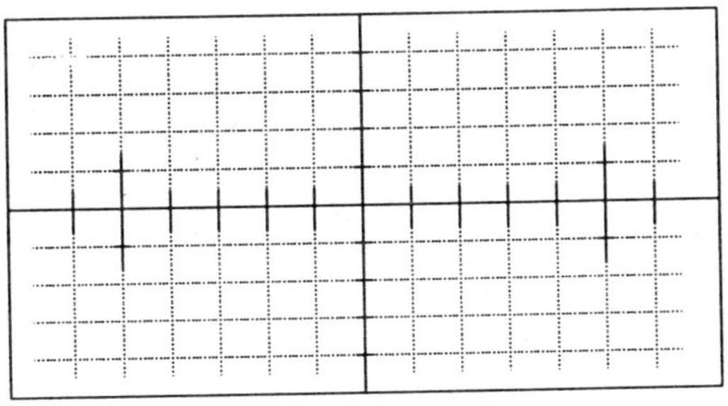

1. 주파수 ; Hz
2. 전압(V_{P-P}); mV
3. Volt/div= 4.time/div=
5. level meter 측정값;
6. 주파수 카운터 측정값;

확 인

나) 전압 이득계산(TP_1, TP_2)

스코프의 전압에 의한 레벨환산

계 산;

다) 레벨메터 레벨값과 비교하라.

3. TP$_3$을 측정하여 파형, 주파수, 전압(V_{P-P})을 기록하라.

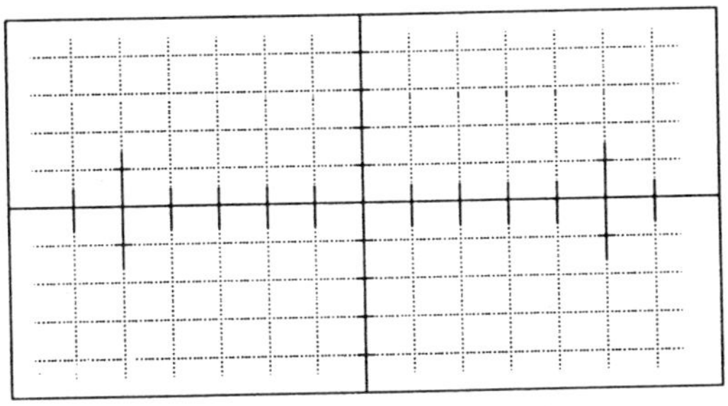

1. 주파수 ; Hz
2. 전압 ; mV
3. Volt/div= 4.time/div=
5. level meter 측정값;
6. 주파수 카운터 측정값

확 인

나) 전압 이득계산(TP_1, TP_3)

계산; 계 산 식;

다) 레벨메터 레벨값과 비교

4. 주관식 단답형;

① 발진회로명칭은 무엇인가?

② R_1 R_2의 역할은 무엇인가?

③ C_1, C_2의 역할은 무엇인가?

실험실습과제

정보통신 4-3	과제명	FM/IF 동조증폭

1. 요구 사항

(1) 조립제작

① 50[Ω] 동축 케이블은 BNC 콘텍터와 조립하여 회로의 출력과 측정 장비를 직접연결 할 수 있도록 하시오. (동축 케이블은 불평형으로 제작하시오.)

② 전원 공급 및 입·출력단의 인출선은 여유가 있도록 하시오.

(2) 동작측정

① 신호발생기의 출력은 오실로스코프와 레벨 메터를 이용하여 10.7[㎒], -30[dBm]으로 조정하고, 출력 파형, 주파수, 전압[V_{P-P}]를 측정하시오.

② 신호발생기의 출력을 세작한 회로 입력(TP_1)으로 인가하고, 가변콘덴서(VC_1)을 조절하여 최대 이득을 얻도록 조절하시오.

㉠ 오실로스코프를 이용하여 출력 파형을 그리고 주기, 전압[mV_{P-P}]을 쓰시오.

㉡ 입·출력 전압에 의한 전압 이득을 구하는 식과 계산을 하시오.

㉢ 레벨 메터를 이용 출력 레벨을 측정하여 쓰시오.

③ 신호발생기의 출력을 9[㎒], -30[dBm]으로 하고 ②번 상태를 변동하지 말고 레벨메터로 출력 레벨을 측정하여 쓰시오. (VC_1을 조정하지 말 것)

④ 가변콘덴서(VC_1)의 역할을 쓰시오.

⑤ 인덕터 L_1(1 μH)의 역할을 쓰시오.

2. 재료목록

재 료 명	규 격	단 위	수 량	비 고
트랜지스터	2SC1215	개	2	
인덕터	1[μH], 1/2[W]이상	〃	1	저항형
〃	8.2[μH], 1/2[W]이상	〃	1	〃
세라믹 콘덴서	0.01[μF], 25V	〃	5	
가변 콘덱서	40[pF]	〃	1	
저항(1/4W)	47[Ω]	〃	1	
〃	68[Ω]	〃	1	
〃	82[Ω]	〃	1	
〃	1[kΩ]	〃	3	
〃	6.8[kΩ]	〃	1	
〃	22[kΩ]	〃	1	

〃	27[kΩ]	〃	1	
전원스위치	3핀 스라이드형	〃	1	
만능기판	SYP-1108콘넥터용	장	1	
BNC 콘넥터	50Ω(장비연결)	개	2	케이블조립용
배선	φ0.3㎜, 3색단선	m	2	
전원선	φ0.5㎜, 적,청	cm	각30	전원공급기연결용
동축 케이블	50Ω	m	1	
터미널	1핀 포스트(측정용)	개	3	

3. 참고사항

(1) 신호발생기 출력

① 오실로스코프로 측정한 파형의 주파수와 전압을 확인한다.

② Time/div, Volt/div : 파형의 주파수와 전압이 파형과 일치하는지 확인

주파수 : 10.8 [㎒]

전압(V_{P-P}) : Vin ⇒ 500[mV_{P-P}]

(2) TR2의 출력

① 오실로스코프 측정

㉠ 오실로스코프로 측정한 파형의 주파수와 전압을 확인한다.

주파수 : 10.7[㎒]

전압 (V_{P-P}) : Vout ⇒ [mV_{P-P}]

㉡ Time/div, Volt/div : 파형의 주파수와 전압이 파형과 일치하는지 확인

② 전압 이득 계산

계산 : $20 \log_{10} \frac{v_{out}}{v_{i_n}}$ =

V_{in} ⇒ TP1전압　　V_{out}⇒TP2의 전압

③ 레멜메터 측정

측정값 : -6[dBm] ± 2[dBm]

(3) 신호발생기의 출력을 9[㎒], -30[dBm]으로 조정하고, 레벨메터로 측정

측정값 : -18[dBm] ± 4[dBm]

(4)VC1(40[pF])의 역할 : 직열공진 회로에 동조하여 최대 출력전압을 얻는다.

(5)인덕터 L1(1[μH]의 역할 : 직류전원의 리플(ripple)과, 잡음(noise)을 제거한다.

4. 회로도

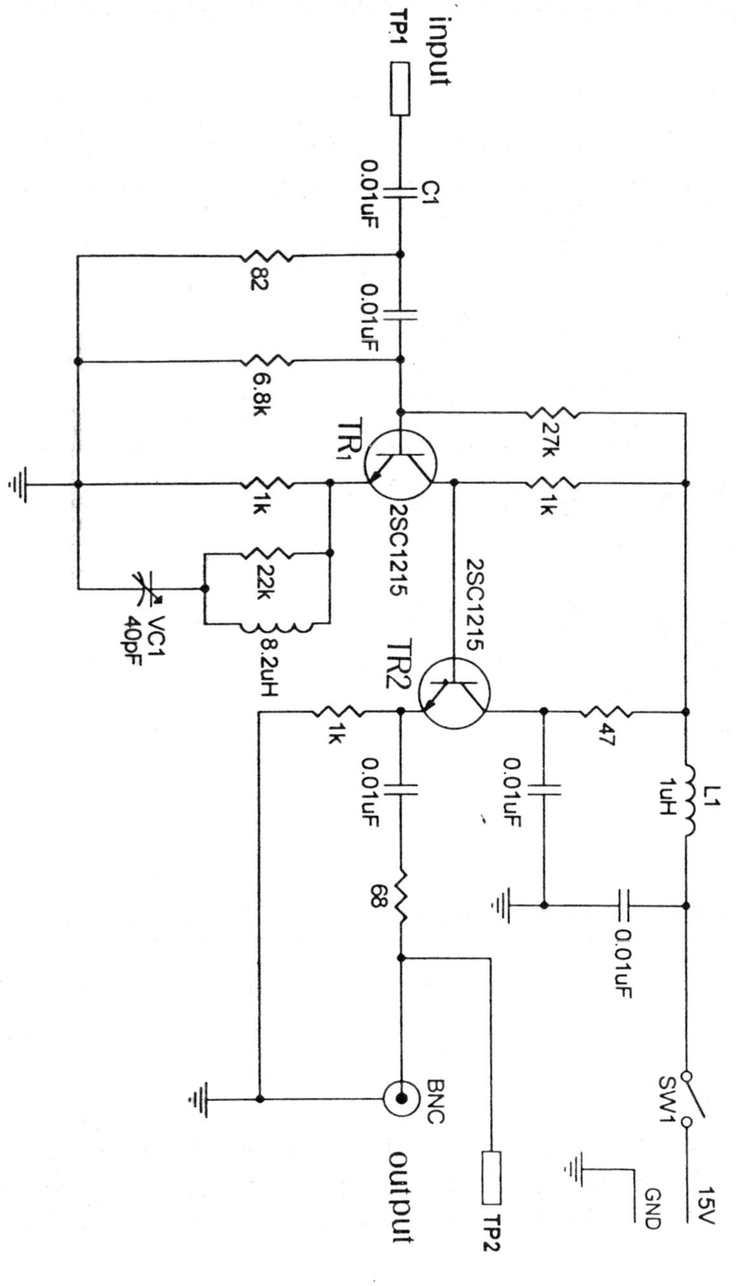
input
TP1
C1
0.01uF
82
0.01uF
6.8k
TR1
1k
2SC1215
22k
8.2uH
VC1
40pF
27k
1k
2SC1215
TR2
1k
0.01uF
68
47
0.01uF
L1
1uH
0.01uF
BNC
output
TP2
SW1
15V
GND

5. 조립제작

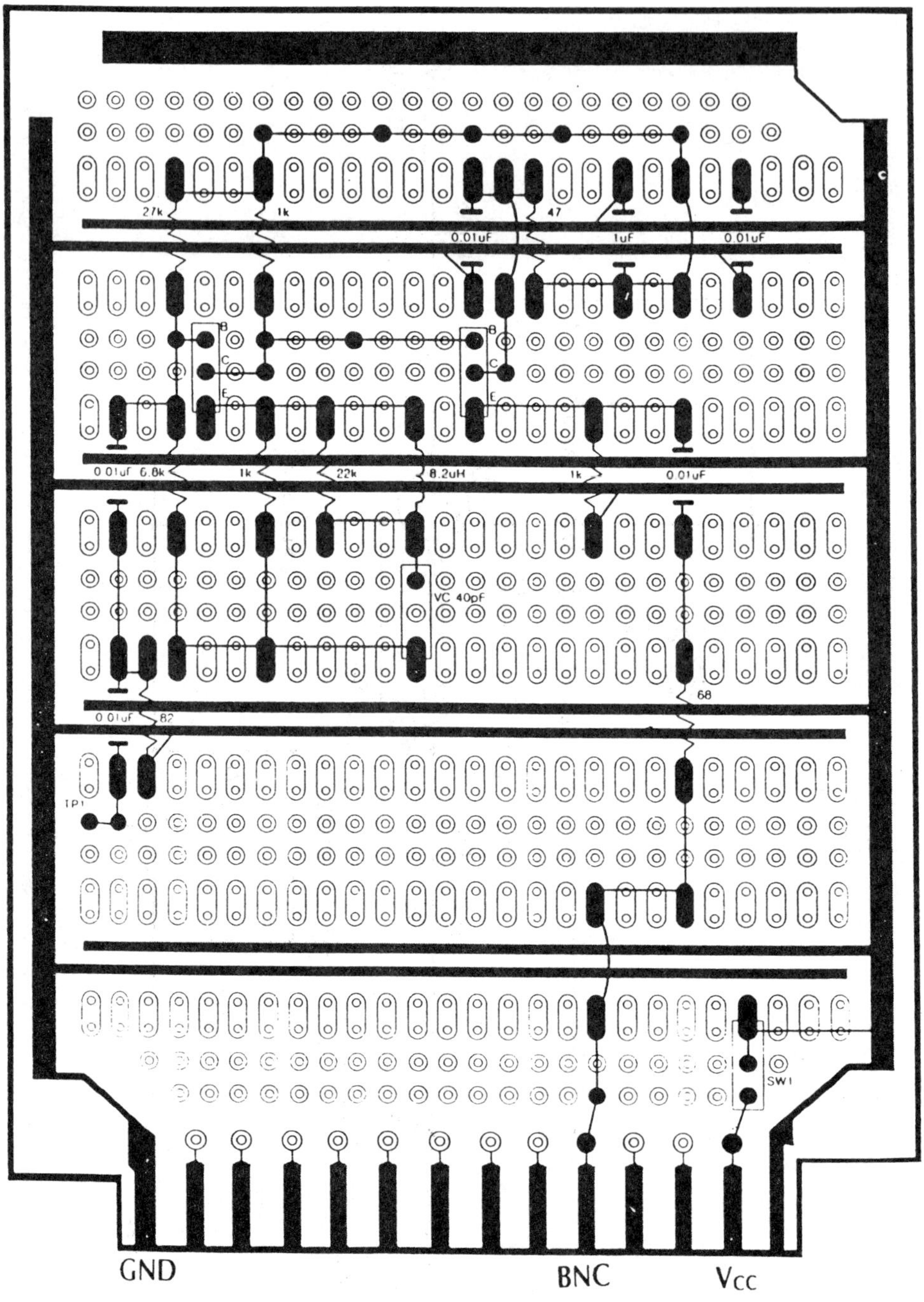
27k
1k
47
0.01uF
1uF
0.01uF
B
C
E
0.01uF 6.8k
1k
22k
8.2uH
1k
0.01uF
VC 40pF
68
0.01uF
82
TP1
SW1
GND
BNC
Vcc

정보통신 4-3	과제명	FM/IF동조증폭	답안지

200 . . . 교시 학년 반 학번: 성명:

1. 회로동작은 다음과 같이 하라.

1)신호발생기의 출력

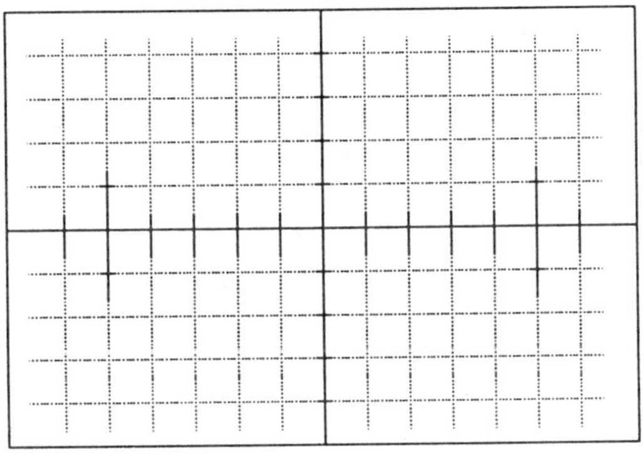

1. 주파수 ; Hz

2. 전압(V_{P-P}); mV

3. Volt/div=________

4. time/div=________

확 인

2. TP_2의 출력

가)스코프 측정(TP_2)

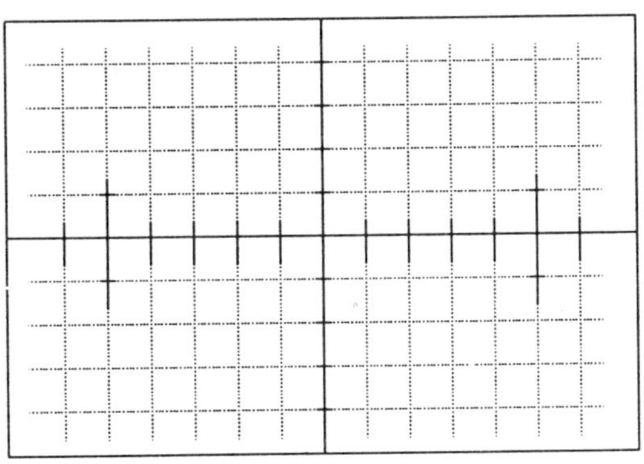

1. 주파수 ; Hz

2. 전압(V_{P-P}); mV

3. Volt/div=

4. time/div=

나)전압 증폭비

확 인

계 산 식;

계 산 ;

다)레벨메터 측정.

측 정 값;

3. 신호발생기의 출력을 9(11.5)㎒,-30dbm으로 조정하고 레벨메터로 측정하라.

측 정 값;

4. 주관식 단답형

회로에서 $L_1(1\mu H)$의 역할은 무엇인가?

실험실습과제

정보통신 4-4	과제명	주파수체배기

1. 요구 사항

(1) 회로 조립

① 50[Ω] 동축 케이블은 BNC 콘텍터와 조립하여 회로의 출력과 측정 장비를 직접 연결할 수 있도록 하시오. (동축 케이블은 불평형으로 제작하시오.)

② 전원 공급 및 입·출력단의 인출선은 여유가 있도록 하시오.

(2) 회로 동작

① 신호발생기의 출력을 500[㎑], 600[mVp-p]으로 조성하여 오실로스코프와 레벨메터로 측정하시오.

② 전원 스위치(SW1)을 ON 시킨다.

③ 신호발생기의 출력을 회로 입력단에 인가하고, VR1을 조절하여 출력 주파수가 입력의 2배 주파수가 되도록 하시오.

㉠ 오실로스코프를 이용하여 출력의 파형을 그리고 주기, 전압[Vp-p]을 쓰시오.

㉡ 레벨 메터를 이용 전압 레벨을 측정하고, 입력 레벨과 비교하시오.

㉢ 입·출력 전압에 의한 전압 이득을 구하는 식과 계산을 하시오.

④ 입력단의 R_2C_2 회로의 기능을 쓰시오.

⑤ R1값을 증가시키면 출력 레벨의 변화는 어떻게 되는가?

2. 재료목록

재 료 명	규 격	단 위	수 량	비 고
IC 및 소켓	MC1496	개	각1	
전해 콘덴서	0.1[μF], 25[V]	〃	4	
마일러 콘덴서	0.05[μF]	〃	1	
가변 저항	10[kΩ], 1/4[W]	〃	1	
저항	270[Ω], 1/4[W]	〃		
〃	300[Ω], 1/4[W]	〃	1	
〃	330[Ω], 1/4[W]	〃	1	
〃	1[kΩ], 1/4[W]	〃	3	

〃	10[kΩ], 1/4[W]	〃	2	
〃	6.8[kΩ], 1/4[W]	〃		
〃	3.9[kΩ], 1/4[W]	〃	2	
전원스위치	3핀 슬라이드형	〃	1	
만능기판	SYP-1108(콘넥터용)	장	1	
BNC 콘넥터	50[Ω] (장비에 연결)	개	2	케이블 조립용
배선	Ø0.3[㎜],, 3색 단선	m	2	
전원선	Ø0.5[㎜],적, 청, 흑	cm	각30	전원공급기연결용
동축케이블	50[Ω]	m	1	
터미널	1핀 포스트(측정용)	개	3	

3. 참고사항

(1) 신호발생기의 출력

① 오실로스코프로 측정한 파형의 주파수와 전압을 확인한다.

주파수 : 500[㎑]±10[%]　　　전압(p-p) : 600[㎷]+10[%]

② Time/div, Volt/div : 파형의 주파수와 전압이 파형과 일치하는지 확인 레벨 메터로 측정하고: 기준 레벨로 TP2의 출력 레벨 비교

(2) TP2의 출력

① 오실로스코프 측정

ⓐ 오실로스코프로 측정한 파형의 주파수와 전압을 확인한다.

주파수 : 1[㎒]+10[%]　　　전압(p-p) : 880[mV_{p-p}]±10[%]

ⓑ Time/div, Volt/div : 파형의 주파수와 전압이 파형과 일치하는지 확인

② 전압 이득 계산

계산식 : $20 \log_{10}$(출력전압/입력전압) = 3.3[dBm]±0.5[dBm]

계산 : 오실로스코프의 측정전압 사용여부 및 계산 확인

③ 레벨 메터 측정 (입력 레벨과 출력간 이득차이만 맞으면 정답처리)

입·출력간 이득 : 출력 레벨값 - 입력 레벨값 (1항 신호발생기 출력)

= 3.3[dBm]±[dBm]

(3) R_2C_2회로의 기능 : 고역(고주파)통과 필터(직류(DC)전압제거)

(4) R_1값를 증가시키면 출력레벨이 : 증가한다.

4. 회로도

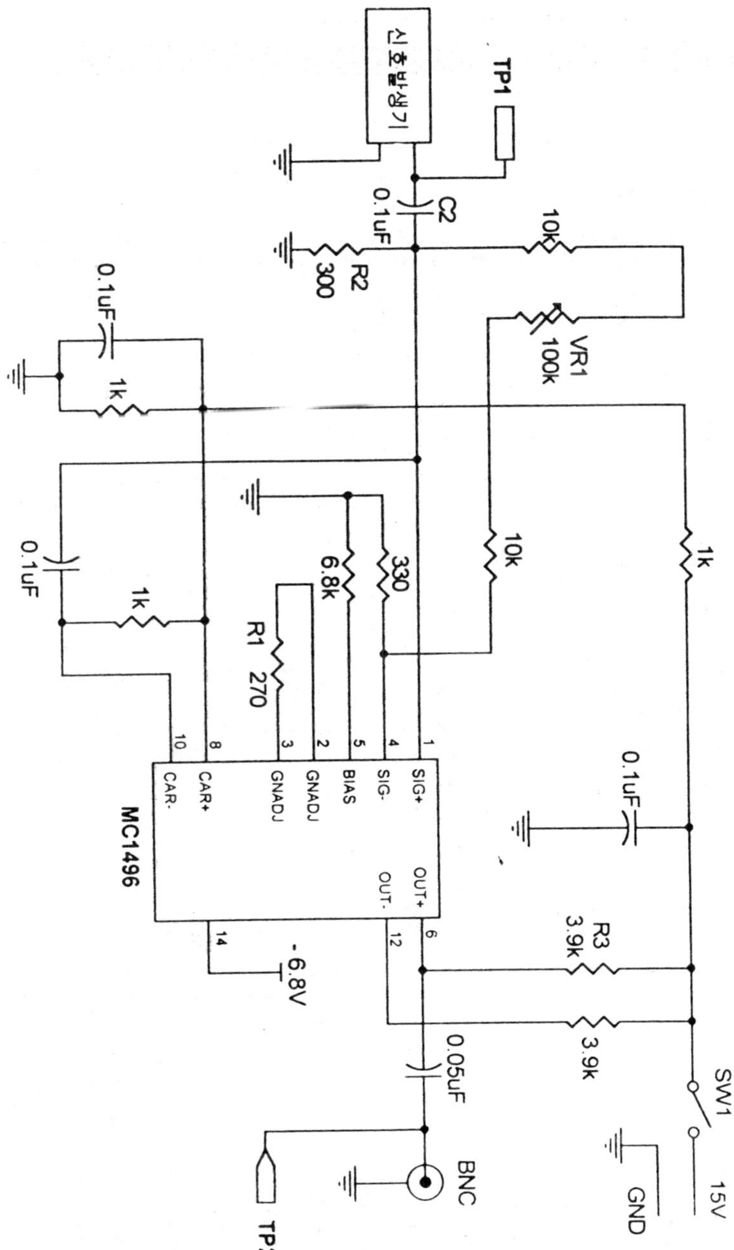
신호발생기
TP1
C2
0.1uF
R2
300
10k
VR1
100k
0.1uF
1k
0.1uF
1k
6.8k
330
10k
1k
R1
270
MC1496
SIG+
SIG-
BIAS
GNADJ
GNADJ
CAR+
CAR-
OUT+
OUT-
-6.8V
0.1uF
R3
3.9k
3.9k
0.05uF
SW1
15V
GND
BNC
TP2

5. 조립제작

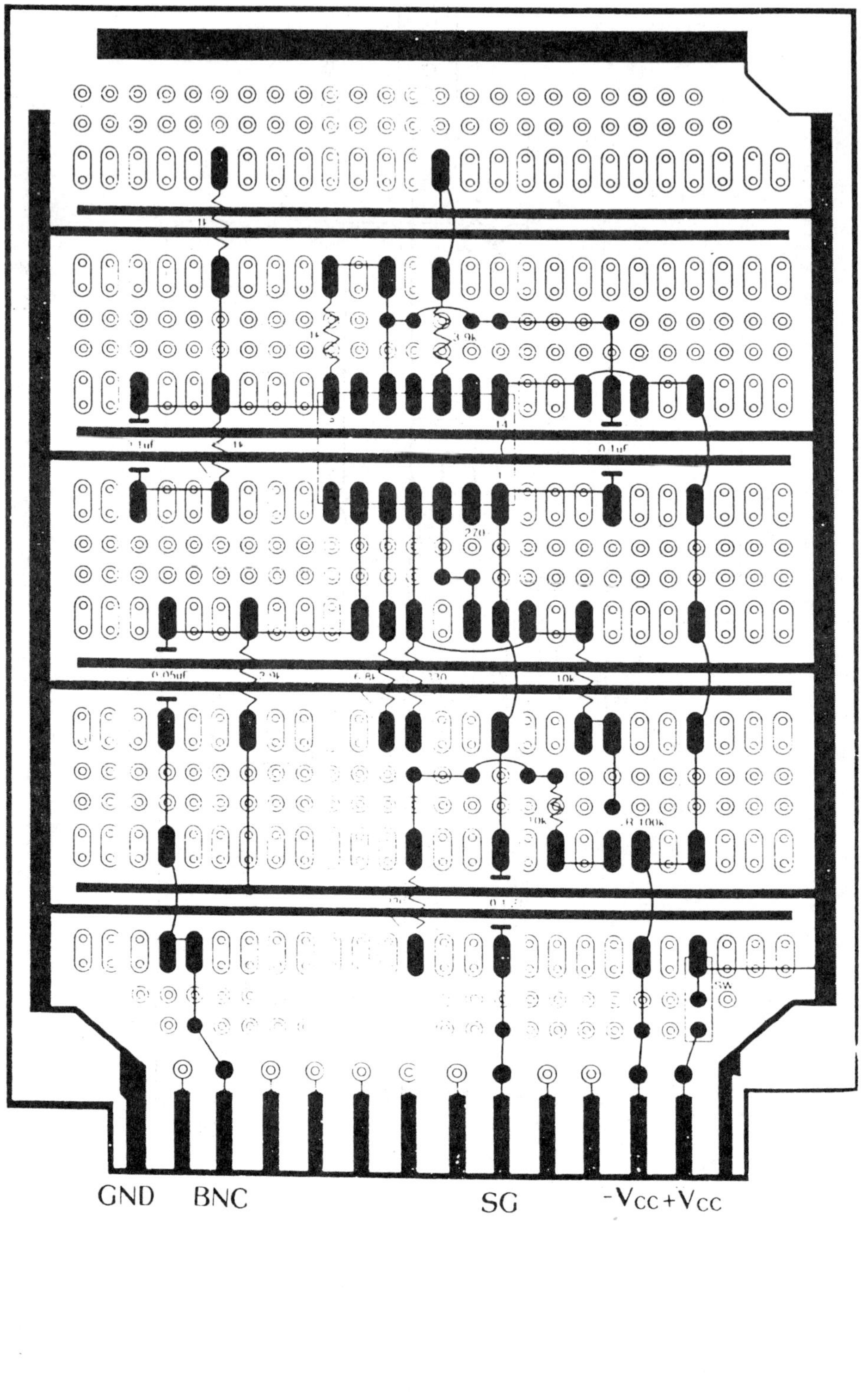

정보통신 4-4	과제명	주파수체배기	답안지

200 . . . 교시 학년 반 학번: 성명:

1. 신호발생기의 출력을 500㎑ -15dBm으로 조정하여 오실로스코프와 레벨메터로 레벨을 측정하여 파형과 값을 기록하라.
   (db meter 조정 => 300mv ~ 1.5V rms)
   T/div= V/div = T = f = V_{P-P}=

2. 제작한 회로에 전원을 연결하여 정상동작이 되로록한다.

3. 신호발생기의 출력을 제작한 회로에 입력으로 인가하고 가변저항(VR_1)을 조절하여 출력주파수가 입력의 2배주파수가 되도록 하라.

1) 오실로스코프로 출력의 파형을 측정하여 그리고 주기, 전압(mV_{P-P})을 기록하라.

TP_2의 출력

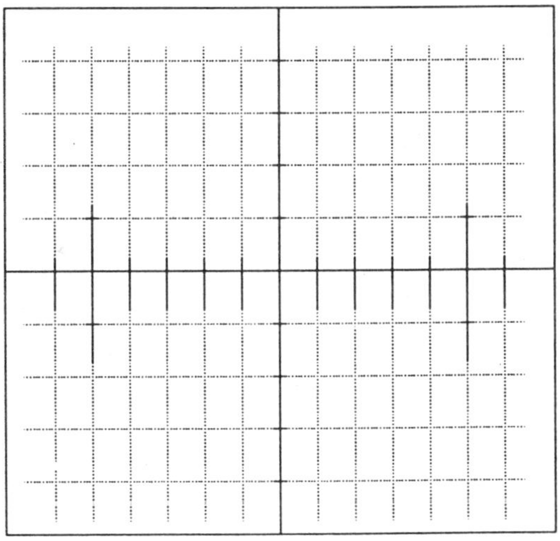

1. Volt/div=
2. time/div=
3. 주파수 ; Hz
4. 전압(V_{P-P}); mV

2) 레벨메터를 이용하여 전압레벨을 측정하여 답안지에 쓰고 입력레벨과 비교하시오.
   입력레벨; ________ dBm 출력레벨; ________ dBm

3) 입·출력 전압에 의한 전압증폭비를 구하시오.

$$증폭율 = \frac{출력}{입력} =$$

4) 이 회로에서 R값을 증가시키면 출력레벨의 변화는 어떻게 되는지 적어라.

실험실습과제

정보통신 4-5	과제명	주 파 수 변 복 조

@표준시간: 4시간 연장시간: 30분

1. 요구사항

(1) 조립제작

지급된 재료를 사용하여 도면을 보고 조립한다.

유의사항

1) 지급재료는 부품점검 시간에 검사하여 불량품 및 부족소자는 지급 받으시오.
2) 납땜은 냉납이나 산화납 그리고 납의과다 및 과소가 없도록 하시오.
3) 가변저항을 연결 시 중앙 탭을 정확히 확인하시오.
5) 조정이나 측정시 사용하는 계기는 정확하게 사용하여 오차가 적도록 하시오.
6) 저항, 콘덴서, 코일, 트랜지스터 등의 리드선은 적당한 길이로 히시오.
7) 저항의 색띠는 수직 또는 수평으로 통일하여 배치하시오.
8) 배선 및 점퍼선은 기판에 밀착시키고 안정되게 배선하시오.
9) 연장시간을 사용할 시는 10분 이내마다 총 득점에서 5점씩 감점한다.
10) 다음사항은 능력수준 이하 또는 채점제외 처리되어 실격이나 불합격 됩니다.
   가. 시험시간(표준시간+연장시간)이내 작업을 완료하지 못한 수검자
   나. 지급재료 이외의 재료를 사용한 작품
   다. 측정장비의 조작능력 상태가 현저히 미숙하거나, 장비의 훼손 우려가 있는 경우
11) 한 IC에 여러 게이트가 있을시 작업의 편의에 따라 게이트를 선택하여도 된다.
12) 회로 조립후 전원을 인가하기 전에 그라운드(GND)와 전압간에 쇼트검사를 하시오. (견출지로 표시하고 감독확인 받은후 전원 공급을 하시오.)
13) 회로에 이상이 있으면 수정하여 작업하시오.

(2) 동작측정

① 회로를 구성하고 VR1은 중간탭에 두고 VR2를 조정하여 TP1의 주파수가 약 100[㎑]가 되도록 조정하면 VR2 양단의 전압은 얼마인가.

② ①실행후 VR2를 조정하여 주파수를 감소하면 VR2의 전압은 어떻게 되는가. (측정후 TP의 주파수는 100[㎑]가 되도록 다시 VR를 조정한다,)

③ 신호 발생기를 오실로스코프에 연결하고 구형파의 주파수가 8[㎑] 출력전압이 5[V_{P-P}]가 되도록 조정하여 이때의 출력 파형을 그리시오.

④ ③의 회로 입력에 인가하고 TP에 오실로스코프를 연결하여 그 파형을 그리시오.(주파수 변조가 잘 표현되게 그릴 것)

⑤ TP2에 주파수 카운터를 연결하여 주파수를 측정하여 기록하시오. (측정값확인)

⑥ ③의 신호에서 주파수를 1[㎑]로 변경하여 입력에 인가하고 회로의 출력에 오실로스코프를 연결하여 파형을 측정하여 그리시오.(전압[V_{P-P}]과 주파수 계산하여 답하시오.)

3. 재료목록

번호	재 료 명	규 격	단위	수량	비 고
1	I C	XR2206	개	1	소켓포함(16핀)
2	〃	LM565	〃	1	
3	Diode	1N4148	〃	1	
7	저 항	270Ω	〃	1	
8	〃	680Ω	〃	2	
9	〃	4.7kΩ	〃	3	
10	〃	6.8kΩ	〃	2	
11	〃	10kΩ	〃	3	
4	콘덴서(마일러)	0.001μF	〃	3	
5	〃	0.0047μF		1	
6	〃	0.1μF	〃	2	
12	콘덴서(세라믹)	470pF	〃	1	
13	콘덴서(전해)	47μF	〃	2	
14	V R	50kΩ	〃	3	
15	만능기판	SYP-1108(콘넥터용)	〃	1	
16	터미날	1핀포스트(측정용)	〃	3	
17	배선	φ0.3㎜, 3색선	m	5	
18	전원선	φ0.5㎜, (적,청,흑)	cm	각30	전원공급기연결용
19	실납	φ1㎜, Sn60%	m	1	
20	견출지(찾음표)	2.3cm×3.1cm	장	5	

4. 참고사항

XR2206;

정확하고, 안정성이 높은 정보통신용 파형발생(사인파, 구형파, 삼각파, 램프파, 펄스파) 주파수변조 진폭변조를 할 수 있다.,

출력파형은 외부전압으로 층폭도 주파수, 변조도를 조정할 수 있고 동작주파수 범위는0.01Hz~1MHz이다.

입력신호(⑨핀)를주파수변조(FM)하여 출력(②핀)한다.

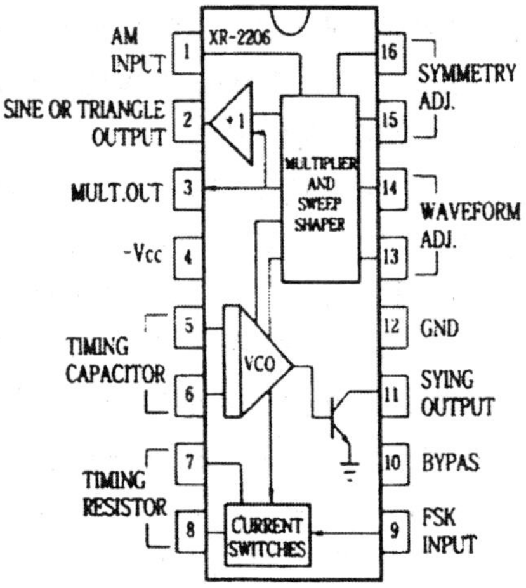

응용회로

①파형발생 ②Sweep ③AM/FM

④전압/주파수 변환 ⑤FSK ⑥PLL

LM565(PLL/phase locked loop);

1) FEATURES(특징)

①extreme stability of center frequency(200ppm/℃)

②wide range of operating voltage(±5to±12volts)with very small frequency drift(100ppm/%)

③very high linearity of demodulated output(0.2%)

④center frequency programming by means of a resistor, capacitor, voltage or current

⑤TTL and DTL compatible square-wave output

⑥reference output for connection of comparator in frequency discriminator

⑦bandpass, adjustable from<±1% to >±60%

⑧frequency adjustable over 10 to 1 rage with range capacitor

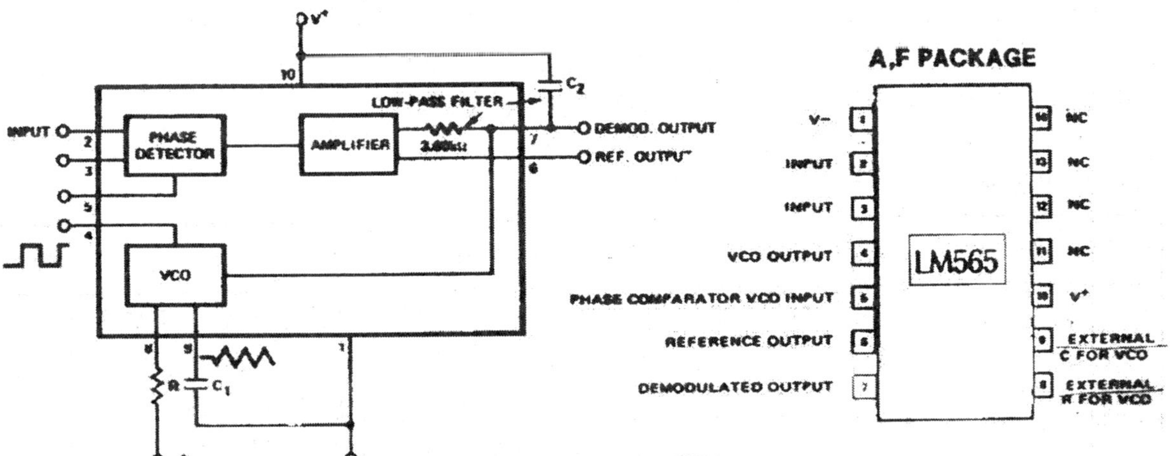

phase locked loop; LM565

2) APPLICATIONS(응용)

①frequency shift keying ②modems ③tone decoders ④SCA receivers

⑤wideband FM discriminators ⑥tracking filters ⑦signal restoration

⑧frequency multiplication & divisio

3) ABSOLUTE MAXIMUM RATINGS(정격)

①maximum operating voltage --- 26V ②storage temperature --- -65℃ to 150℃

③power dissipation ---300㎽

4) 주파수변조 신호복조의 동작

(1) LM 565는 주파수변조된 입력신호(②핀)를 PLL 방식으로 복조출력(⑦핀)한다.

(2) VCO의 자체 발진 주파수는 제어전압에 가변되고, C_1와 R의 시정수에 의해 발진 주파수의 가변 범위가 정해진다. ($f=1/2\pi R_1C$)

(3) PLL은 내장된 발진회로 출력이 복조출력으로 나오게 된다. FM 복조는 PLL을 사용할 경우 LPF(저역통과필터)를 통하여 원하는 변조입력 신호는 통과시키고 내부발진

신호는 제거해야 한다.

(4) LPF는 변조주파수가 높을수록 왜곡이 심하므로 입력 주파수의 범위에 따라 적절한 R, C값을 선택해야 한다.

5. 요구사항 정답

회로 동작은 다음과 같이 하시오.

1) 회로를 구성하고 VR1은 중간탭에 두고 VR2를 조정하여 TP1의 주파수가 약 100[㎑]가 되도록 조정하면 VR2 양단의 전압은 얼마인가.
2) 위1)실행후 VR2를 조정하여 주파수를 감소하면 VR2의 전압은 어떻게 되는가. (측정후 TP 주파수는 100[㎑]가 되도록 다시 VR2를 조정한다.)
3) 신호 발생기를 오실로스코프에 연결하고 구형파의 주파수가 8[㎑] 출력전압이 5V[p-p]가 되도록 조정하여 이때의 출력 파형을 그리시오.
4) 위3)의 신호를 회로 입력에 인가하고 TP1의 오실로스코프 파형을 그리시오.
5) TP2에 주파수 카운터를 연결하여 주파수를 측정하시오.
6) 출력에 오실로스코프를 연결한 후 파형을 측정하여 그리시오.

6. 채점 기준표

항목	세부항목	항 목 별 채 점 방 법	배점
조립 및 납땜	회로조립	시험시간(표준시간 - 연장시간)내에 작품을 완성 하였을 경우 10점, 미완성일 경우 채점대상에서 제외	20
	납 땜	냉납, 산화납, 납의 과다 및 과소가 없고 납땜부분이 둥글고 땜상태가 양호하면 5점 2개소 위반시마다 1점씩 감점.	10
배치 및 배선	TR등 삽입상태	조립상태가 균형 있고 안전하며 핀이 꼬이지 않았으면 5점, 1개소 위반시마다 1점 감점	5
	저항, 콘덴서 삽입상태	저항의 배치가 수직 또는 수평중 한가지로 배치하고 콘덴서 리드선이 치우침이 없으면 5점, 2개소 위반시마다 1점 감점	5
	배선 및 점퍼선	선이 기판에 밀착하고, 안정되게 배선하면 5점, 2개소 위반시마다 1점 감점.	5
동작 및 측정	신호발생기 출력	8 [㎒] ±10%, 5[V] ±10%이면 10점, 그 외 0점	10
	요구사항1,2) 답	상: 10점, 중: 5점, 하: 0점	10
	요구사항4) 파형	주파수변조 상태가 잘 표현되면 10점.	10
	요구사항5)의 답	100[㎑]±10% : 10점, 10% 벗어날 때마다 3점 감점.	10
	요구사항6)의 답	파형이 구형파에 가깝고 0.8[V(p-p)±10%, 1[㎑] ±10% 이면 15점, 10% 벗어날 때마다 4점 감점.	15

7. 회로도

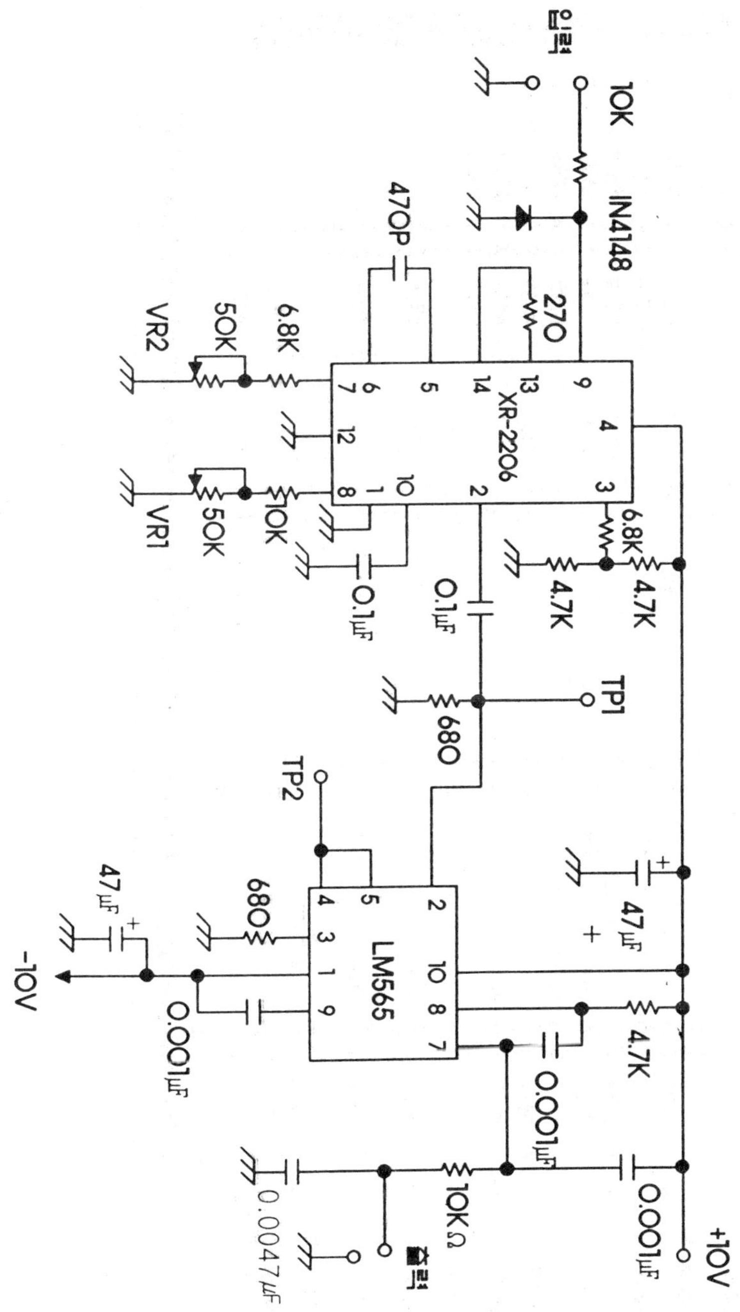

입력
10K
IN4148
470P
270
6.8K
50K
VR2
VR1
10K
XR-2206
6.8K
4.7K
4.7K
0.1㎌
0.1㎌
TP1
680
TP2
LM565
47㎌
680
47㎌
-10V
0.001㎌
4.7K
0.001㎌
0.001㎌
+10V
10KΩ
출력
0.0047㎌

8. 조립제작

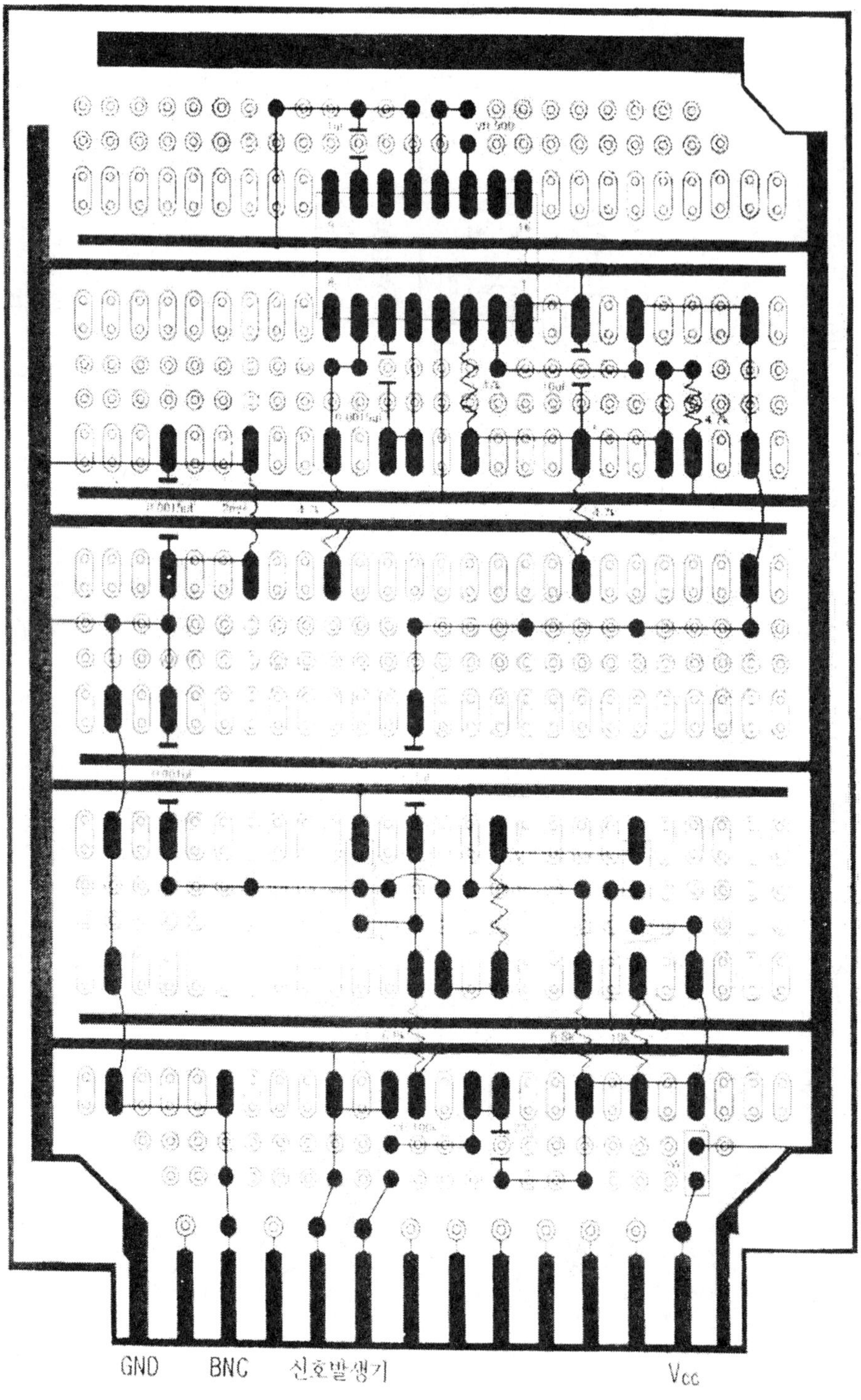

정보통신 4-5	과제명	주파수변복조	답안지

200 . . . 교시 학년 반 학번: 성명:

1. 회로를 구성하고 VR_1은 중간탭에 두고 VR_2를 조정하여 TP_1의 주파수가 약 100[㎑]가 되도록 조정하면 VR_2 양단의 전압은 얼마인가. 답 2.2(V)
2. ①실행후 VR_2를 조정하여 주파수를 감소하면 VR_2의 전압은 어떻게 되는가.
   답; 높아진다. (측정후 TP의 주파수는 100[㎑]가 되도록 다시 VR를 조정한다,)
3. 신호 발생기를 오실로스코프에 연결하고 구형파의 주파수가 8[㎑] 출력전압이 5[V_{P-P}]가 되도록 조정하여 이때의 출력파형(아래좌측)을 그리시오.

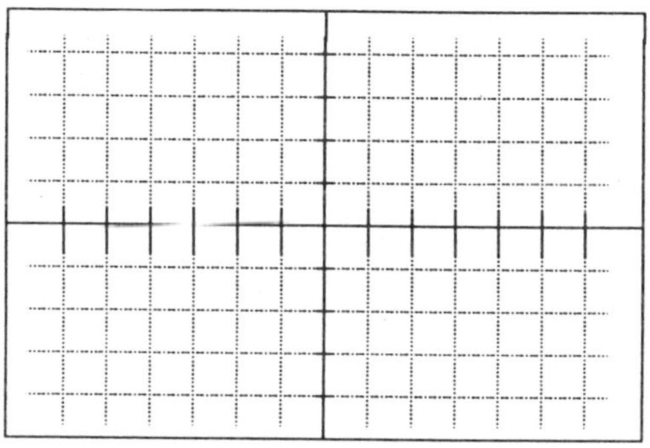

파형 3. prove 1;1 time/div= volt/div=

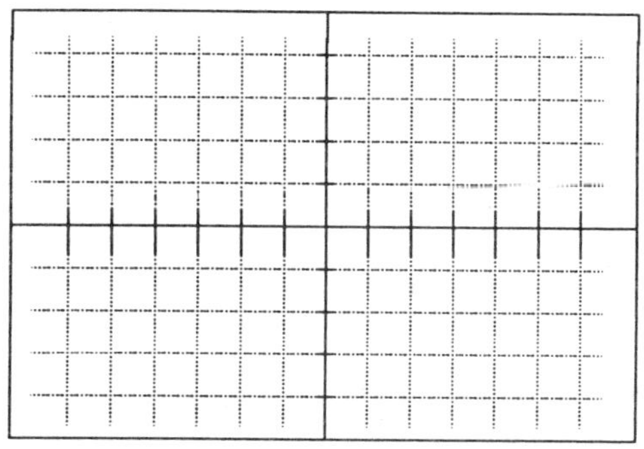

파형 4.. prove 1;1 time/div= volt/div=

4. ③의 회로 입력에 인가하고 TP에 오실로스코프를 연결하여 그 파형을 그리시오.
   (주파수 변조가 잘 표현되게(파형의 폭변화) 위우측에 그릴것)

5. TP2에 주파수 카운터를 연결하여 주파수를 측정하여 기록하시오. (측정값확인)
   답; 100KHZ

6. ③의 신호에서 주파수를 1[㎑]로 변경하여 입력에 인가하고 회로의 출력에 오실로스코프를 연결하여 파형을 측정하여 그리시오.(전압[V_{P-P}]과 주파수 계산하여 답하시오.)

파형그림

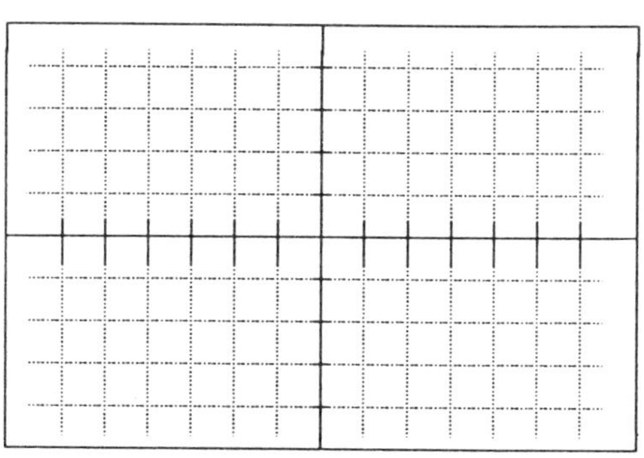

prove 1;1 time/div= volt/div=

주파수 계산

ⓐ 전압 ; [V_{P-P}]

ⓑTime/div ; [ms]

ⓒVolt/div ; [mV]

ⓓ 주파수 ; f = 1 / T =

= [㎑]

※ 입력파형과 같은 완전한 구형파가 아니라도 구형파에 가까운 파형을 만들도록 한다.

실험실습과제

정보통신 4-6	과제명	발진변조회로

1.요구 사항

(1) 회로 조립

① 지급된 재료를 사용하여 도면을 보고 조립한다.

② 50Ω 동축케이블을 BNC 콘넥터와 조립하여 조립된 회로의 출력과 측정장비를 직접 연결할 수 있도록 하시오. (동축케이블은 불평형으로 제작)

(2) 회로 동작은 다음과 같이 하시오.

① 전원 스위치 (SW1)을 ON 시키시오.

② 신호 발생기의 출력을 2[㎑], 12V(p-p)으로 조정하여 스코프로 확인하시오. (스코프의 출력을 확인 검사를 받으시오.)

③ 가변 저항 (VR1)을 조정하여 3V(p-p)로 하고 발진회로의 출력(TP1)을 측정하여 파형, 주파수, 전압(p-p), 레벨(dBm)을 기록하시오. (스코프, 주파수 카운터 및 레벨메터의 출력을 감독위원에게 확인 검사를 받으시오.)

④ 가변저항 100[㏀]을 조절하여 TP2의 변조출력이 60% 변조가 되게 가변저항을 조절하고 스코프의 출력을 답안지에 쓰시오.
(Vmax, Vmin 계산식을 쓰고 스코프의 출력을 확인 검사를 받으시오.)

⑤ 가변 저항 (VR1)을 조정하여 6V(p-p)로 하고 레벨메터로 측정하여 ②항과 비교하시오. (②항에 대한 ⑤항의 전압이득(dBm)을 구하는 식과 계산을 하고 레벨메터의 레벨차이와 비교하여 답안지에 쓰시오.)

⑤ 회로에서 TR1, TR2의 역할을 쓰시오.

⑥ 회로에서 R2, R3의 역할을 쓰시오.

2. 유의사항

(1) 지급재료는 부품점검 시간에 검사하여 불량품 및 부족소자는 지급 받으시오.

(2) 납땜은 냉납이나 산화납 그리고 납의과다 및 과소가 없도록 하시오.

(3) 트랜지스터의 접속시는 에미터, 베이스, 컬렉터를 정확이 확인하시오.

(4) 동축케이블은 불평형으로 연결하시오.
(즉, 심선은 신호선, 외피부는 접지선에, 계측기와 연결부는 콘넥터(BNC)를 연결한다.)

(5) 조정이나 측정시 사용하는 계기는 정확하게 사용하여 오차가 적도록 하시오.

(6) 저항, 콘덴서, 코일, 트랜지스터 등의 리드선은 적당한 길이로 하시오.

(7) 저항의 색띠는 수직 또는 수평으로 통일하여 배치하시오.

(8) 배선 및 점퍼선은 기판에 밀착시키고 안정되게 배선하시오.

(9) 연장시간을 사용할 시는 10분 이내마다 총 득점에서 5점씩 감점한다.

(10) 다음은 능력수준 이하 또는 채점제외 대상으로 처리되어 실격이나 불합격 됩니다.
① 시험시간(표준시간+연장시간)이내 작업을 완료하지 못한 수검자
② 지급재료 이외의 재료를 사용한 작품
③ 측정장비의 조작능력 상태가 현저히 미숙하거나, 장비의 훼손 우려가 있는 경우

(11) 한 IC에 여러 게이트가 있을시 작업의 편의에 따라 게이트를 선택하여도 된다.

(12) 회로 조립후 전원을 인가하기 전에 그라운드(GND)와 전압간에 쇼트검사를 하시오. (견출지로 표시하고 감독위원에게 확인 후 전원 공급을 하시오.)

(13) 회로에 이상이 있으면 수정하여 작업하시오.

3. 재료 목록

번호	재료명	규 격	단위	수량	비 고
1	IC	XR2206	개	1	소켓포함(16핀)
2	TR	NPN 2N4401	〃	2	
3	Inductor	2mH, 1W	〃	1	
4	전해콘덴서	22[μF], 25V	〃	1	
5	〃	10[μF], 25V	〃	1	
6	〃	1[μF], 25V	〃	1	
7	마일러 콘덴서	0.1[μF], 25V	〃	1	
8	〃	0.0015[μF], 25V	〃	1	
9	〃	0.001[μF], 25V	〃	2	
10	저항	47[kΩ], 1/4[W]	〃	1	
11	〃	15[kΩ], 1/4[W]	〃	1	
12	〃	10[kΩ], 1/4[W]	〃	2	
13	〃	4.7[kΩ], 1/4[W]	〃	3	
14	〃	680[Ω],1/4[W]	〃	1	
15	가변저항	100[kΩ]	〃	1	
16	〃	500[kΩ]	〃	1	
17	전원스위치	3핀 슬라이드형	개	1	
18	만능기판	SYP-1108, 콘넥터용	장	1	
19	BNC 콘넥터	50Ω(장비에 연결)	개	1	케이블조립용
20	배선	φ0.3㎜, 3색선	m	3	

21	전원선	ϕ0.5㎜, (적,청,흑)	cm	각30	전원공급기연결용
22	동축케이블	50Ω	m	1	
23	실납	ϕ1㎜, Sn60%	m	1	
24	터미널	1핀 포스트(측정용)	개	3	
25	견출지(찾음표)	2.3cm×3.1cm	장	5	

4. 참고사항

XR2206은 진폭변조에 필요한 반송파를 발생공급(TP1)한다.

VR500Ω은 출력크기 조정하며 반송파 주파수는 C1과 R1으로 결정한다.

신호(발생기)의 크기는 VR(100kΩ)으로 조정하여, 4.8V(12Vx 6.8K/(6.8K+10K)) 바이어스 전압이 걸려있는 TR1 베이스에 입력된다. 입력신호(2㎑)는 4.8V직류 전압에 중첩되어, TR1 에미터 저항(10kΩ)으로 TR2 콜렉터에 공급된다.

TR2(베이스)는 XR2206에서 공급되는 반송파신호에 의해 스위칭동작이 이루어져 진폭변조가 되고, 변조파는 LC병열 공진회로(C: 0.0015μH, L: 2mH)에서 공진주파수(f=1/2π√LC=91.9㎑)신호만 통과(TP2)되고 나머지는 제거된다.

(1) 신호발생기 출력

오실로스코프로 측정한 파형의 주파수와 전압을 확인한다.

주파수 : 2kHz±10% 전압 : 12V±10%

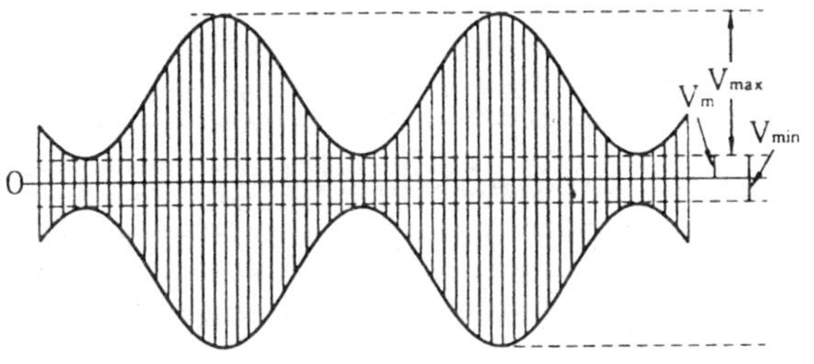

(2) 발진회로 출력(TP1)

주파수 : 100kHz±10%(f = 1/(R1 · C1) = 1/(10×1000×0.001×0.000001)

전압 $(p-p)$: 3 v_{p-p}±10%

(3) 변조 출력

60% 변조 파형 · 계산식 $m = \frac{E_{max} - E_{min}}{E_{max} - E_{min}} \times 100$ = (60±3)%

(4) 레벨측정(TP1)

① 계산식: $20 \log_{10} \frac{6V}{3V} = 20 \log_{10} 2 ≒ 6[dBm]$ ② 레벨메터: B-A≒ 6[dBm]

(5) TR1과 TR2의 역할

① TR1: 변조(AM), 신호파 증폭 ② TR2 : 반송파증폭, 진폭변조(스위칭)

(6) R2,R3의 역할: 분압 Bias용 전압

(7) VR100kΩ; 입력신호의 크기조절하여 변조도를 조정한다.

5. 채점기준

항 목	세부항목	항 목 별 채 점 방 법	배점
조립 및 납땜	회로조립	시험시간(표준시간+연장시간)내에 작품을 완성하였을 경우 10점, 미완성일 경우 채점대상에서 제외	10
	케이블조립	동축케이블이 BNC콘넥터와 기판에 부착된 상태에 따라 상 : 10점, 중 : 5점, 하 : 3점	10
	납 땜	냉납, 산화납, 납의 과다 및 과소가 없고 납땜부분이 둥글고 땜상태가 양호하면 5점 2개소 위반시마다 1점씩 감점.	5
배치 및 배선	TR등 삽입상태	조립상태가 균형 있고 안전하며 핀이 꼬이지 않았으 면 5점, 1개소 위반시마다 1점 감점	5
	저항,콘덴서 삽입상태	저항의 배치가 수직 또는 수평중 한가지로 배치하고 콘덴서 리드선이 치우침이 없으면 5점, 2개소 위반시마다 1점감점	5
	배선 및 점퍼선	선이 기판에 밀착하고, 안정되게 배선하면 5점, 2개소 위반시마다 1점 감점.	5
동작 및 측정	신호발생기 출력	200Hz ±10%, 4.5V±10%이면 10점, 그 외 0점	10
	발진회로 (TP1)의 출력	파형이 사인파이고 140kHz±10%이면 10점, 출력주파 수가 10%씩 벗어날 때마다 2점씩 감점, 사인파가 찌그러지거나 불규칙 적이면 5점 감점, 그외 사인파로 볼 수 없는 경우 0점	10
	변조출력 (TP2)	가변 저항의 조정으로 변조파형의 변조도가 변하면 10점 그외 0점	10
		최대변조: 변조도가 40%이상이면 10점, 그 외 5%씩 미달 될 때마다 3점씩 감점, 파형 및 계산 과정이 틀리면 0점	10
		25%변조: 파형과 계산과정이 맞고 결과가(25%±3%)이면 10점, 25%에서 5%씩 벗어날 때마다 5점 감점, 파형 및 계산 과정이 틀리면 0점	10
회로 이해	VR(100kΩ) 역활	상 : 10점, 중 :5점, 하 : 0점	10

6. 회로도

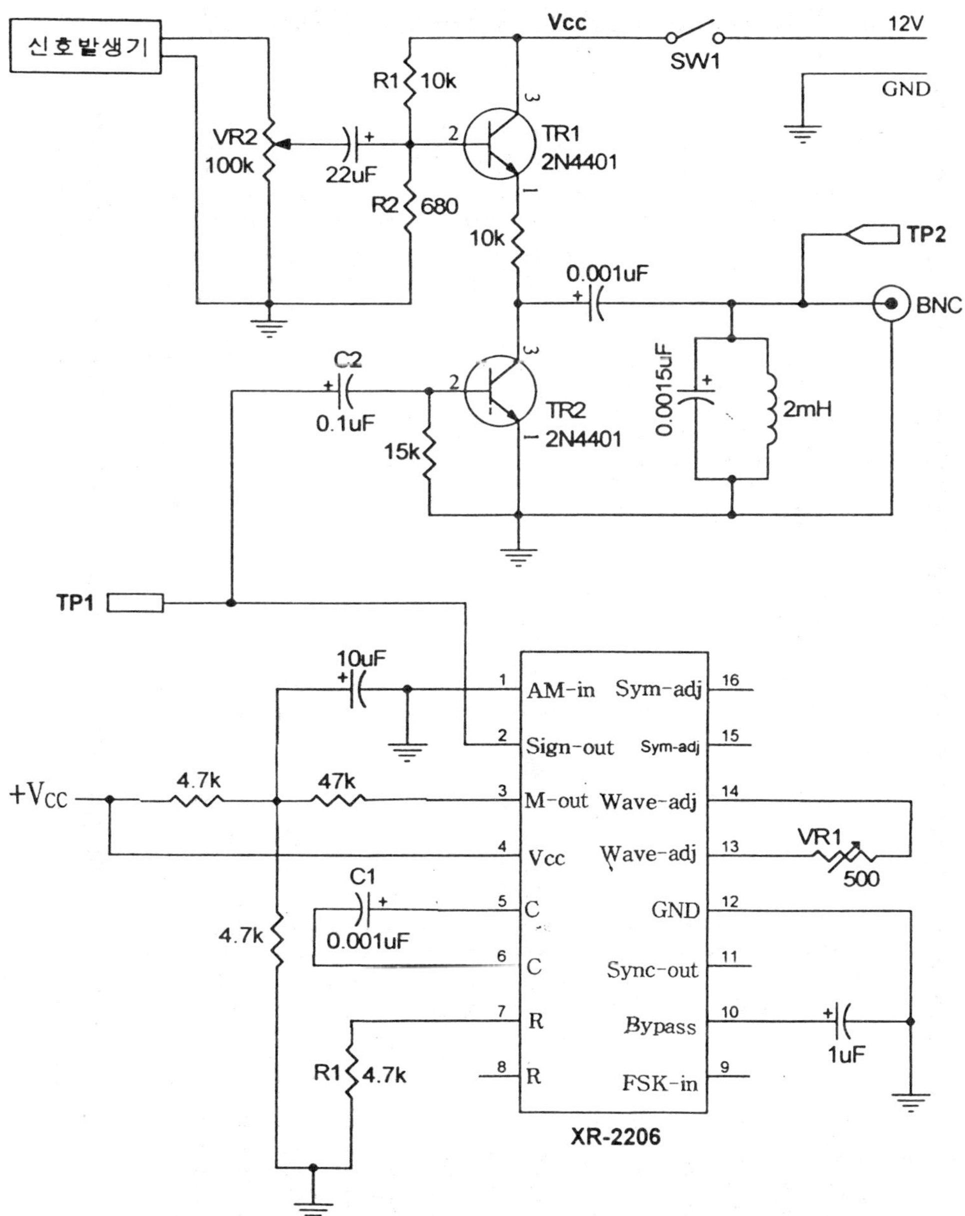

신호발생기
Vcc
SW1
12V
GND
R1 10k
VR2 100k
22uF
R2 680
TR1 2N4401
10k
0.001uF
TP2
BNC
C2
0.1uF
15k
TR2 2N4401
0.0015uF
2mH
TP1
10uF
+VCC
4.7k
47k
C1
0.001uF
4.7k
R1 4.7k
AM-in
Sign-out
M-out
Vcc
C
C
R
R
Sym-adj
Sym-adj
Wave-adj
Wave-adj
GND
Sync-out
Bypass
FSK-in
VR1
500
1uF
XR-2206

7. 조립제작

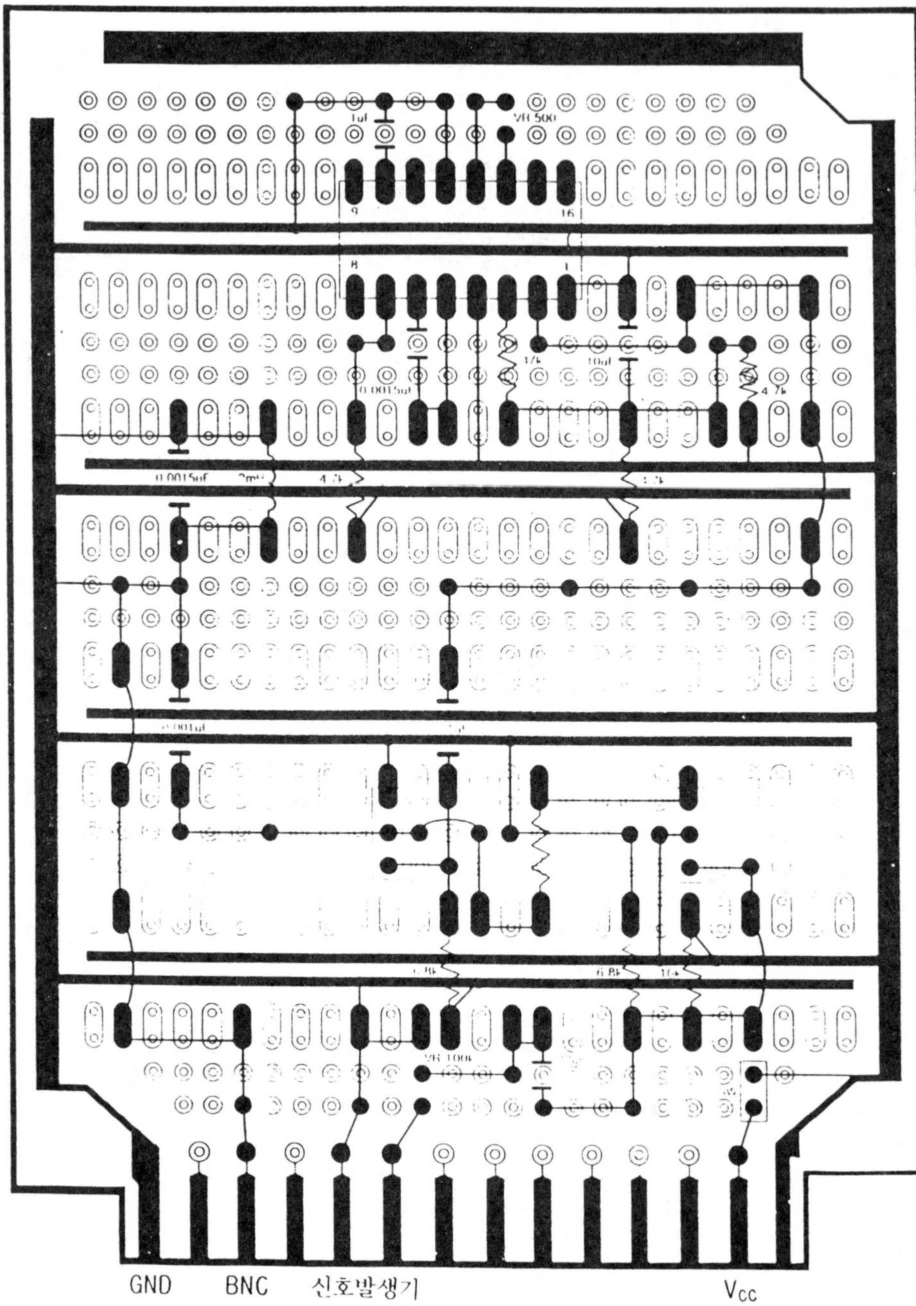

정보통신 4-6	과제명	발진변조회로	답안지

200 . . . 교시 학년 반 학번: 성명:

1. 발진회로의 출력(TP_1)을 측정하여 파형, 주파수, 전압(p-p)를 기록하시오.(파형그림)

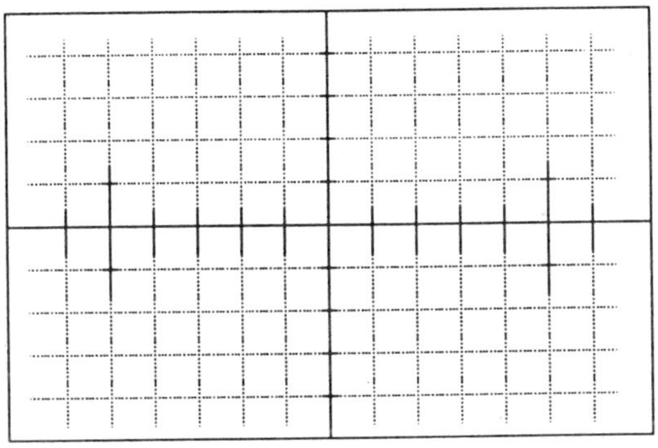

Prove배율= :

time/div = volt/div =

주기 T = 주파수 f =

전압(V_{P-P})=

2 .신호발생기(SG)의 출력을 200Hz 4.5V(p-p)로 조정하여 스코프로 확인 하시오.
3. 가변저항 100kΩ을 조정하여 TP_2의 변조출력이 변동 하는지 확인하고,

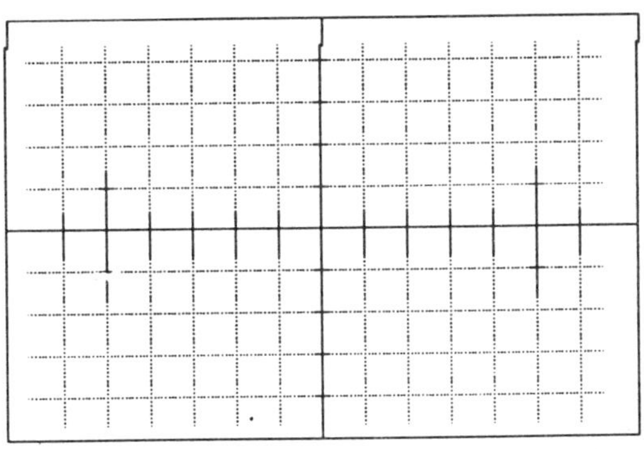

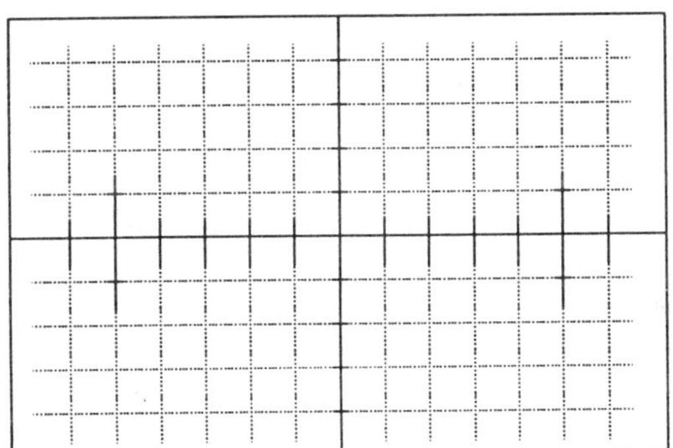

SG; time/div= s volt/div= v **TP_2; time/div= s volt/div= v**

1)최대변조가 되도록 가변저항을 조정하여 변조도를 쓰시오.

V_{man} = V_{min} =

$$m = \frac{V_{man}-V_{min}}{V_{man}-V_{min}} \times 100 =$$

2)60%(또는15%) 변조가 되게 가변저항을 조정하고 스코프의 출력을 답안지에 쓰시오.

V_{man} = V_{min} =

$$m = \frac{V_{man}-V_{min}}{V_{man}-V_{min}} \times 100 =$$

3)회로에서 TR_1과 TR_2의 역할을 쓰시오.

실험실습과제

정보통신 4-7	과제명	DATA전송

1. 요구사항

(1) 측정기 조작작업

검정장에 비치된 신호발생기(함수신호발생기)와 주파수 카운터, 오실로스코프를 연결접속하고, 시험위원이 지정하는 신호(정현파, 구형파, 삼각파 등)를 발생시킨후 그 신호파형을 오실로스코프를 이용하여 측정한다.

(2) 조립동작측정

① IC는 가급적 중앙에 배치하고, 전원 공급(power supply) 및 입・출력단, 측정점의 인출선은 여유가 있도록 하여 시험측정이 용이하도록 하시오.

② 회로의 조립이 완료되면 전원(+ 5V)을 인가하고 측정점(TP1)의 출력파형을 그리고 주파수, 전압(P-P), 듀티 사이클(duty cycle), Dim을 기록하시오.

(3) 측정점 (TP2)의 출력을 측정하여 파형, 전압(P-P)를 기록하시오.

2. 유의사항

(1) 동종목의 실기시험은 분리복합형(필답형과 작업형)으로 시행되며, 모든 과정에 응시하여야 채점 대상이 됩니다.

(2) 시험시간은 회로조립과 측정시험을 포함한 시간이므로 가급적 회로 조립은 1시간 30분 이내, 측정시험은 30분 이내에 작업이 이루어지도록 시간안배에 유의하시오.

(3) 지참 공구가 미비하여 수검받을 수 없다고 시험위원 전원의 의견 일치가 되면 실격 퇴장됩니다.

(4) 측정기는 0점 조정 또는 기준 조정(REF)을 시행한 후, 낮은 값부터 조정하여 측정기에 무리가 가지 않도록 하고, 필요한 조정자와 단사외에는 조정하지 말며, 각 계기를 접속 연결시 임피던스 정합에 유의하시오.

(5) IC 및 모든 부품은 기판 전체에 조화있게 안배시키고, 저항색띠가 동일방향이 되도록 하며, 측정시험시 떨어지지 않도록 견고하게 부착시키시오.

(6) 납땜시 납의 과다, 과소, 산화납, 냉납에 유의하고, 동박면 5구멍마다 납땜하시오.

(7) 배선(점퍼링 포함)은 동박면에 밀착시키고, 직선배선을 원칙으로 합니다.

(8) 요구사항 (1)의 발생주파수, 신호의 크기 등은 시험위원이 지정하므로 이를 기록하고 작업하며, 오실로스코프의 좌표와 파형형태는 수검자 임의대로 조정하여 나타낼수 있으나 가가 조정자의 Dimension과 요구하는 파형을 기록하시오.

(9) 다음 사항의 경우 동종목의 능력 수준 이하로 인정되어 실격으로 처리되거나 채점 대상에서 제외됩니다.

① 시험시간(표준시간 + 연장시간)을 초과하는 경우
② 회로조립작품이 미완성이거나 불완전하여 전혀 동작이 되지 않는 경우
③ 조립작품을 제출하지 않았거나, 1개의 작업이라도 포기하는 경우
④ 측정장비의 조작능력 상태가 현저히 미숙하거나, 훼손 우려가 있는 경우

(10) 연장시간을 적용시에는 매 10분 이내 마다 총득점에서 2점씩 감점합니다.

3. 재료목록

번호	재료명	규격	단위	수량	비고
1	IC 및 소켓	NE555, 8핀	개	1	각소켈포함
2	IC 및 소켓	MAX232, 16핀,	〃	2	
3	IC 만능기판	SYP-1108, 콘넥터용	〃	1	
4	LED	적색	〃	1	
5	저 항	10[kΩ], 1/4[W]	〃	1	
6	〃	2.2[kΩ], 1/4[W]	〃	1	
7	〃	330[Ω],1/4[W]	〃	1	
8	세라믹 콘덴서	0.01μF		1	
9	〃	0.0047μF	〃	1	
10	전해 콘덴서	22μF, 16V	〃	8	
11	실땜납	1.0mm, SN 60%	m	0.5	
12	배선	0.4mm, 단선	〃	2	
13	건전지	6V, 4DM	개	1	

4. 참고사항

1. IC555;

타이머IC, 출력주파수 계산

$$f_r = \frac{1.44}{(R_1 + 2R_2)\, C_{ext}} \ [\text{Hz}]$$

2. MAX232; 디지털데이터를 선로잡음, 손실, 왜곡을 보상하고 전송한다.

555 비안정 멀티 바이브레이터

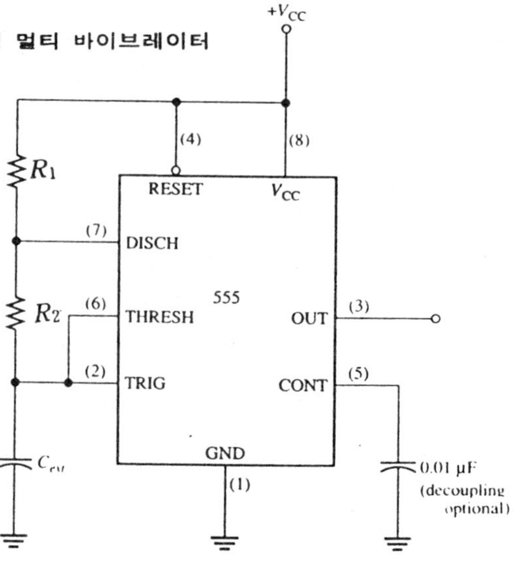

3. 구성;

신호발생(IC555)TP1⇒

⇒ 데이터전송(MAX232)

⇒데이터수신(MAX232)

⇒출력TP2

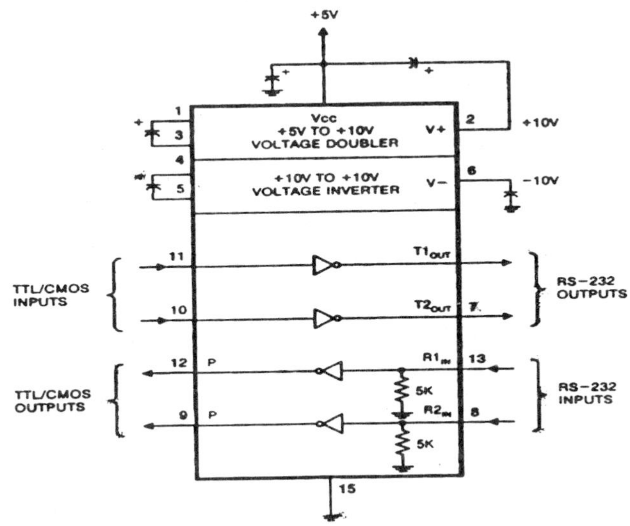

4. 측정값;

TP1 전압4.8Vp-p,

주파수약20㎑

Duty cycle = 10%

TP2 전압4.8Vp-p.

5. 채점기준표

항목	세부항목	배점	항목별 채점기준
회로조립	부품배열 및 조립상태	4	기판상 부품의 위치, 배열, 조립상태가 상:4점, 중:2점, 하:0점 단, 회로 동작이 전혀 되지 않는 경우 채점 대상에서 제외
	배선 및 납땜	6	**배선 및 납땜 상태가 상:6점, 중:3점, 하:0점 **점퍼링이 동박면에 밀착되어 있지 않은 경우와 전원선, 측정점의 인출선이 적합하지 않은 경우 위의 득점에서 1개소당 1점씩 감점
회로동작	요구사항 1	5	실제 출력파형과 그림이 같고 요구사항의 정답일 경우:5점 정답에 유사할 경우:3점, 전혀 다른 경우:0점
	요구사항 2	5	실제 출력파형과 그림이 같고 요구사항의 정답일 경우:5점 정답에 유사할 경우:3점, 전혀 다른 경우:0점
측정기 조작 (요구 사항3)	신호 발생기 조작	4	조작능력이 상:4점, 중:2점, 하:0점
	주파수 카운터 조작	2	조작능력이 상:2점, 중:1점, 하:0점
	오실로스코프 조작	4	조작능력이 상:4점, 중:2점, 하:0점

5. 회로도

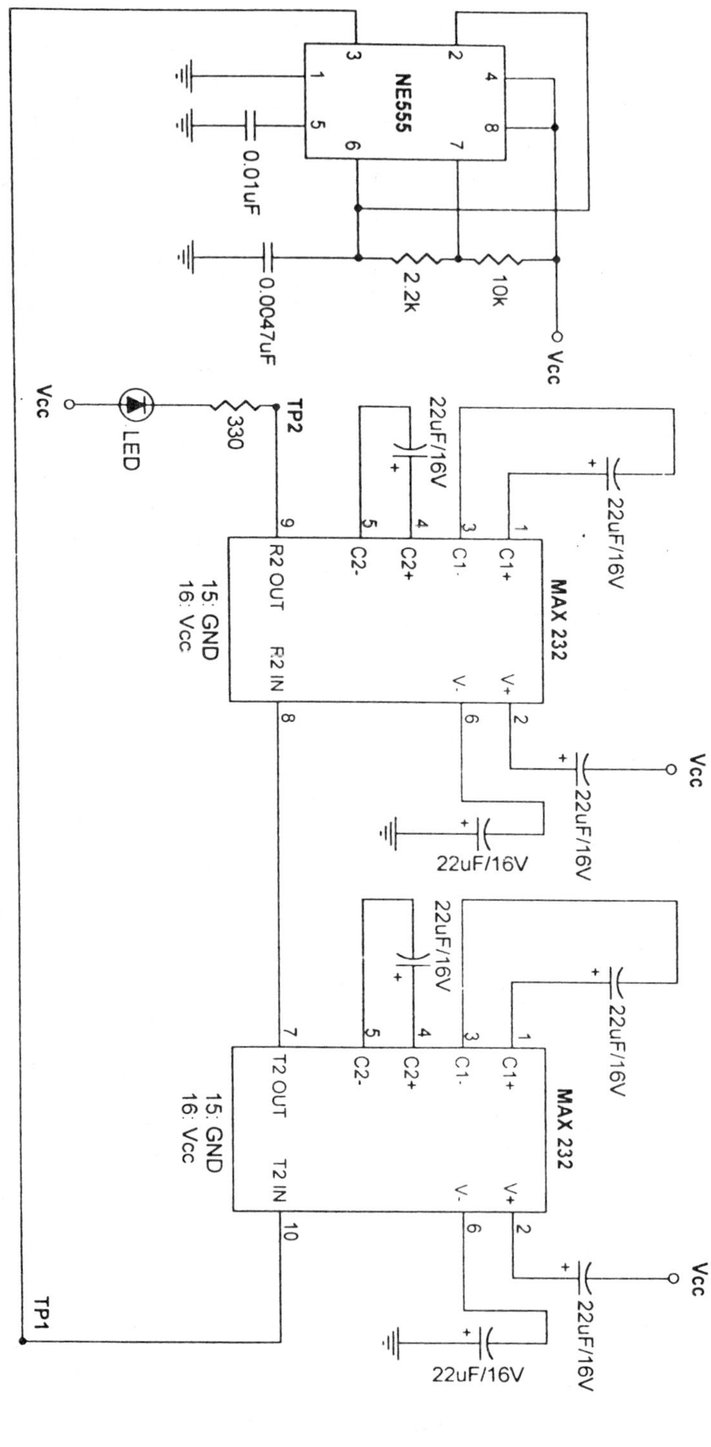
NE555
0.01uF
0.0047uF
2.2k
10k
Vcc
TP2
330
LED
22uF/16V
MAX 232
C1+
C1-
C2+
C2-
V+
V-
R2 OUT
R2 IN
T2 OUT
T2 IN
15: GND
16: Vcc
TP1

6. 조립제작

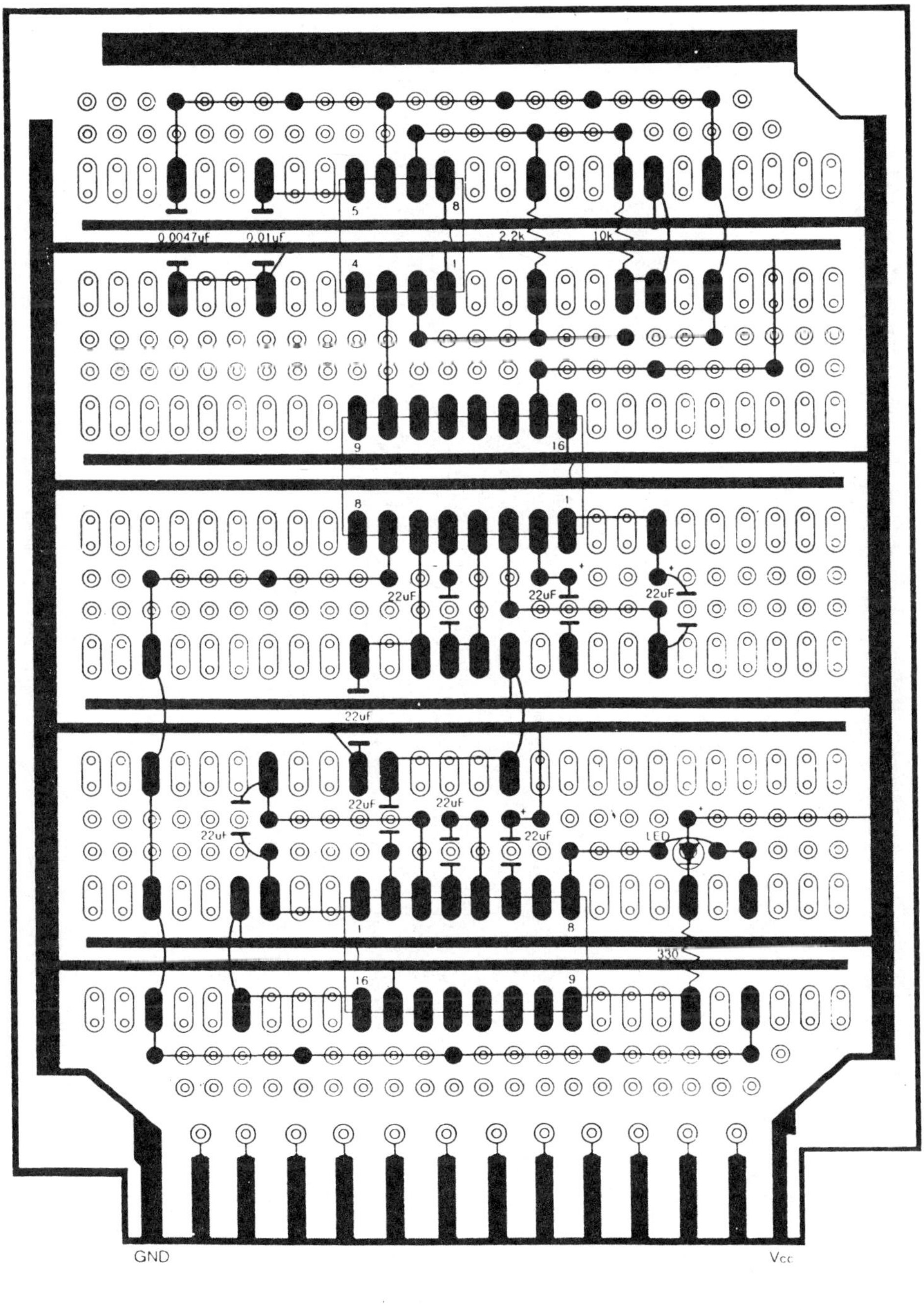

정보통신 5-7	과제명	DATA전송	답안지

200 . . . 교시 학년 반 학번: 성명:

1.측정기 조작작업

신호발생기(Function Generator)와 주파수카운터, 오실로스코프를 연결 접속하고, 지정하는 신호(정현파, 구형파, 삼각파 등)를 발생 시킨후 그 신호파형을 오실로스코프를 이용하여 측정한다.

2.회로조립 및 동작시험

1) IC는 가급적 중앙에 배치하고, 전원공급 및 입출력단, 측정점의 인출선은 여유가 있도록 하여 시험측정이 용이 하도록 한다.

2) 회로의 조립이 완료되면 전원(+5V)을 인가하고 측정점(TP_1)의 출력파형을 그리고, 주파수, 전압($V_{P=P}$), 듀티사이클(duty cycle) time.을 기록하라.

TP_1파형

2)TP_1측정값

주파수;

전압;

듀티사이클;

Time/div; Volt/div;

3)측정점(TP_2)의 출력을 측정하여 파형, 전압(V_{P-P})을 기록하라.

TP_2파형

3)TP_1측정값

전압;

주파수;

time/div;

Volt/div;

실험실습과제

정보통신 4-8	과제명	DSB변복조기

표준시간: 4시간 , 연장시간:30분

1. 요구사항

(1) 회로 조립

1)지급된 재료를 사용하여 도면을 보고 조립하시오.

2) 50Ω 동축케이블을 BNC 콘넥터와 조립하여 조립된 회로의 출력(TP_3)과 측정장비를 직접 연결 할 수 있도록 하시오. (동축케이블은 불평형으로 제작)

(2) 회로 동작은 다음과 같이 하시오.

1) 신호발생기의 출력(정현파)을 1[㎑], 200[mV_{P-P}]가 되도록 스코프의 주파수 카운터로 측정하여 답안지에 기록하시오.
(스코프, 주파수카운터의 출력을 감독위원에게 확인 검사를 받으시오.)

2) 신호발생기의 출력을 1[㎒] , 1[V_{P-P}]가 되도록 스코프와 주파수 카운터를 확인하고 레벨메터 값이 몇 [dBm]인가 측정하여 답안지에 기록하시오.
(출력을 감독위원에게 확인검사를 받는다.)

3) 1)항의 출력을 TP_1, 2)항을 출력을 TP_2에 입력으로 인가하고, VR1을 조정하여 출력(TP_3)이 100% AM파형이 되도록 하고 SW1을 ON하여 TP_4가 1[㎑]의 정편파이면 회로가 정상동작을 하므로 이 경우만 다음 측정을 진행하시오. (VRI를 조정하여 TP_3의 변조율의 변화가 30~100%로 안될 경우 TP_1의 전압레벨을 조정하고, 약간의 출력리플(TP_4)은 허용함) (출력을 감독위원에게 확인검사를 받는다.)

4) TP_3의 변조출력(변조율)이 50%가 되도록 VR_1을 조정하여 스코프로 측정하여 측정값 및 변조율을 답안지에 기록하시오.
(스코프의 출력을 감독위원에게 확인 검사를 받은 다음 계산식을 쓰시오.)

5) 변조율이 100[%]가 되도록 VR_1을 조정하고, SW_1을 ON하여 TP_4의 복조출력을 다음과 같이 측정하여 측성값을 답안지에 기록하시오.
(TP_4 출력을 감독위원에게 확인검사를 받는다.)

① 스코프를 이용하여 출력의 파형을 그리고 주기, 전압[V_{P-P}]을 답안지에 쓰시오.
(Volt/div, time/div를 기입).

6) 상기의 회로는 어떤 검파 방식을 사용하고 있는가?

2. 수검자 유의사항

1) 요구사항을 자세히 읽고 감독위원의 지시에 따르시오.
2) 계산은 소수점 셋째 자리에서 반올림하시오.
3) 지급재료는 부품점검 시간에 검사하여 불량품 및 부족소자는 지급 받으시오.
4) 납땜은 냉납이나 산화납 그리고 납의 과다 및 과소가 없도록 하시오.

5) 트랜지스터의 접속 시는 에미터, 베이스, 컬렉터를 정확히 확인하시오.
6) 동축케이블은 불평형으로 연결하시오. (즉, 심선은 신호선, 외피부는 접지선과 연결하고 계측기와 연결부는 콘넥터(BNC)를 연결한다.)
7) 부품면에서 동박면으로 가는 점퍼나 푸품위를 가로지르는 점퍼를 피하고 배선 및 점퍼를 기판에 밀착시키고 안정되게 하시오.
8) 조정이나 측정시 사용하는 계기는 정확하게 사용하여 오차가 적도록 하시오.
9) 저항, 콘덴서, 코일, 트랜지스터 등의 리드선은 적당한 길이로 하시오.
10) 저항의 색띠는 수직 또는 수평으로 통일하여 배치하시오.
11) 배선 및 점퍼선은 기판에 밀착시키고 안정되게 배선하시오.
12) 연장시간을 사용할 수는 매 10분 이내마다 총 득점에서 5점씩 감점한다.
13) 다음 사항은 동종목의 능력 수준 이하 또는 채점제외 대항으로 처리되어 실격이나 불합격됩니다.
  가. 시험시간(표준시간+연장시간)이내 작업을 완료하지 못한 수검자
  나. 지급재료 이외의 재료를 사용한 작품
  다. 측정장비의 조작능력 상태가 현저히 미숙하거나, 장비의 훼손 우려가 있는 경우 (회로동작에 대한 측정을 못하는 경우)
  라. 부정행위를 한 수검자
14) 한 IC에 여러 게이트가 있을 시 작업의 편의에 따라 게이트를 선택하여도 된다.
15) 회로조립후 전원을 인가하기 전에 그라운드(GND)와 전압간에 쇼트검사를 하시오. (견출지로 표시하고 감독위원에게 확인 후 전원공급을 하시오.)
16) 측정기의 출력을 답안지에 그리거나, 측정값을 기록할 경우에는 반드시 감독위원에게 확인을 받도록 하시오. (측정값을 모르거나 틀리게 적는 경우 관련항목 0점)
17) 회로에 이상이 있으면 수정하여 작업하시오.

3. 지급재료목

일련번호	재 료 명	규 격	단 위	수 량	비 고
1	IC	MC1596	개	1	보안, 소켓포함(14핀)
2	다이오드	IN914	개	1	
3	저 항	100[Ω], 1/4[W]	개	1	오차±1%
4	“	2[kΩ], 1/4[W]	개	1	오차±1%
5	“	4.7[kΩ], 1/4[W]	개	2	오차±1%
6	“	10[kΩ], 1/4[W]	개	4	오차±1%
7	“	15[kΩ], 1/4[W]	개	2	오차±1%

8	"	18[kΩ], 1/4[W]	개	1	오차±1%
9	"	100[kΩ], 1/4[W]	개	2	오차±1%
10	가변저항(B형)	500[Ω]	개	1	
11	마일러콘덴서	0.001[μF], 100[V]	개	1	
12	마일러콘덴서	0.01[μF], 100[V]	개	1	
13	세라믹콘덴서	0.1[μF], 100[V]	개	10	
14	스위치	3핀슬라이드형	개	1	
15	전원스위치	3핀슬라이드형	개	1	
16	만능기판	SYP-1108	장	1	콘넥터용
17	BNC콘넥터	50[Ω](장비연결)	개	1	케이블 조립용
18	배선	φ0.3[mm], 3색단선	m	2	
19	전원선	φ0.5[mm], 적, 청	cm	각 30	전원공급기연결용
20	동축케이블	50[Ω]	cm	50	
21	실납	φ1[m], Sn 60%	m	1	
22	터미날	1핀포스터(측정용)	개	5	
23	견출지(찾음표)	2.3[cm]×3.1[cm]	장	8	
24					

4. 참고사항

1. 신호발생기 출력은 오실로스코프로 측정한 파형의 주파수와 전압을 확인한다.
   TP1파형: 1[kHz]±20[Hz], 200[mV_{P-P}]±5[mV_{P-P}]이면 10점 (레벨메터; -23dB)
   (주파수는 주파수카운터로 측정하지 않으면 5점 감점)
   TP2파형: 1[MHz]±20[kHz], 1[V_{P-P}]±0.1[V_{P-P}]이면 5점, 레벨메터를 제대로 사용하면 5점
   Time/div, Volt/div : 파형의 주파수와 전압이 파형과 일치하는지 확인

2. TP3의 출력
   (1) 오실로스코프 TP3의 출력(최소 피변조파)을 측정한 파형의 Vmax, Vmin, 계산식을 구한다. - Vmax : 측정값 - Vmin : 측정값
   변조율 = (Vmax-Vmin)/(Vmax+Vmin)×100[%]=50[%]
   변조율이 최소일 때 45[%] - 55[%]이면 10점 그외 0점 (계산식이 틀리면 0점으로 함)

3. TP4의 측정
   복조출력: 1[kHz]±100[Hz]이고, 정현파의 리플이 100%이하인 경우 25점. 주파수는

맞고 정현파의 리플이 30%이하인 경우 15점, 그 외 정현파로 볼 수 없는 경우 0점

4. 전압이득계산: 전압이득(dB)=20log 출력전압/입력전압 (=20log100/200=-6dB)

5. 복조방식: 비동기 검파회로, 포락선검파회로, 다이오드검파회로

5. 채점기준표

주요 항목	세부항목	항목 번호	항목별채점방법	배점
조립	회로조립	1	시험시간(표준시간+연장시간)내에 작품을 완성하였을 경우 5점 미완성일 경우 채점대상에서 제외	5
	케이블조립	2	동축케이블 BNC콘넥터와 기판에 부착된 상태에 따라 상 : 10점, 중 : 5점, 하 : 0점	10
배치 및 배선	TR등 삽입상태	3	조립상태가 균형 있고 안전하며 핀이 꼬이지 않았으면 5점, 1개소 위반시마다 1점씩 감점	5
	저항 및 코일, 콘덴서 삽입상태	4	저항의 배치가 수직 또는 수평중 한가지로 배치하고 콘덴서 리드선이 치우침이 없으면 5점, 1개소 위반시마다 1점 감점	5
	배선 및 점퍼선	5	선이 기판에 밀착하고, 안정되게 배선하면 5점, 2개소 위반시마다 1점씩 감점 특히 심한 점퍼선만 감점	5
동작 및 측정	신호발생기 출력TR_1	6	1[㎑]±20[Hz], 200[mV_{P-P}]±5[mV_{P-P}]이면 10점, 그 외 0점(주파수카운터로 주파수측정 하지 않으면 5점 감점)	10
	신호발생기 출력 TR_2	7	1[㎒]±20[㎑], 1[V_{P-P}]±0.1[V_{P-P}]이면 5점, 그 외 0점	5
			레벨미터의 측정을 제대로 하면 5점	5
	피변조기출력 TR_3	8	변조율이 45[%] - 55[%]이면 10점, 그 외 0점 (계산식이 틀리면 0점으로 함)	10
	복조기 출력 측정TP_4	9	1[㎑]±100[Hz]이고 정현파이면 25점(리플이 10%이내), 주파수가 맞고 복조가 불안한 경우 15점(리플이 30% 이내), 그 외 정현파로 볼 수 없는 경우 0점	25
회로 이해		10	비동기 검파회로(다이오드 검파회로) 맞으면10점, 틀리면 10점	10
납땜		11	냉납, 산화납, 납의 과다 및 과소가 없고 납땜부분이 둥글고 땜상태가 양호하면 5점, 3개소마다 1점씩 감점	5

6. 회로도

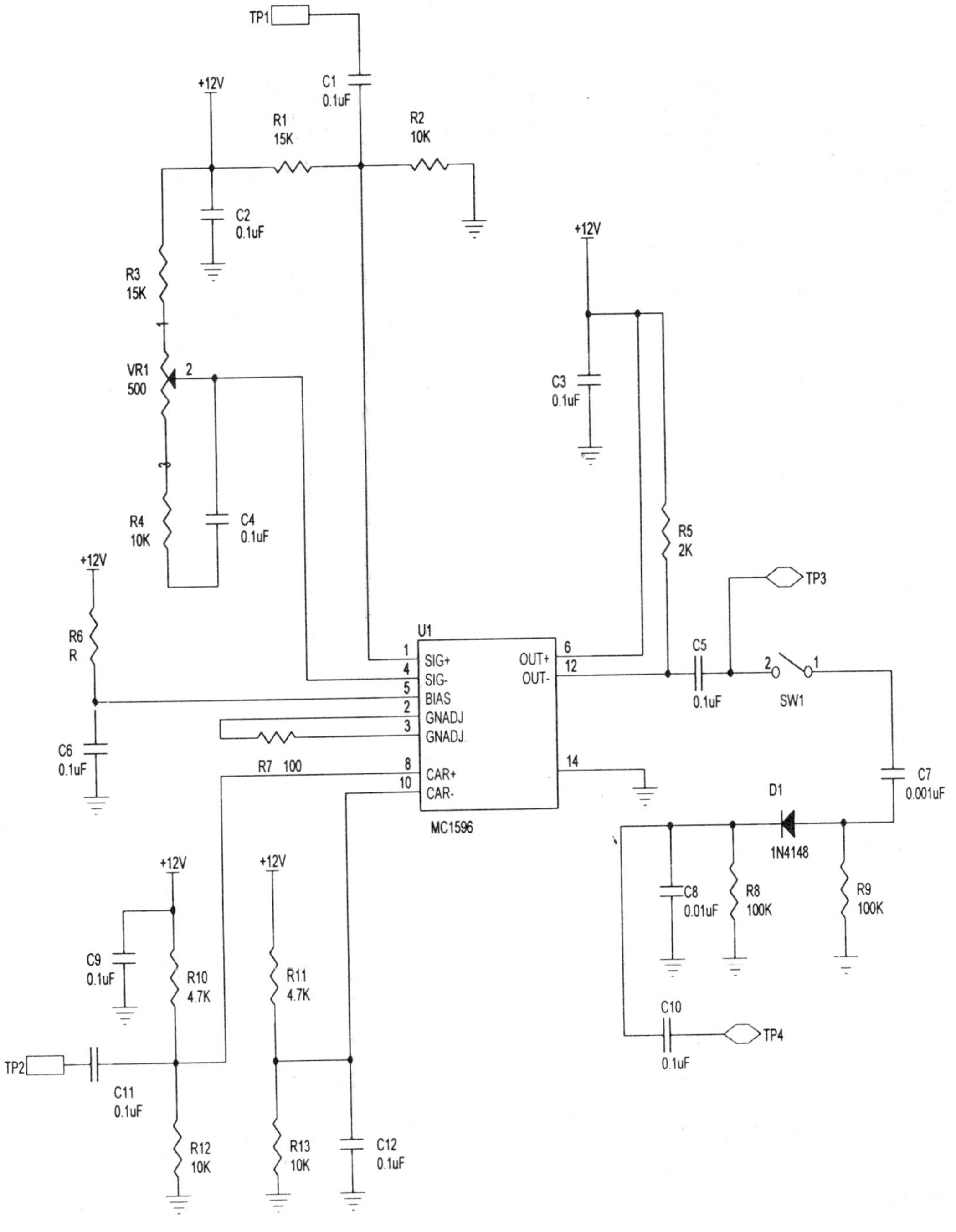
TP1
C1
0.1uF
+12V
R1
15K
R2
10K
C2
0.1uF
R3
15K
VR1
500
2
C4
0.1uF
R4
10K
+12V
C3
0.1uF
R5
2K
TP3
+12V
R6
R
C6
0.1uF
U1
1 SIG+
4 SIG-
5 BIAS
2 GNADJ
3 GNADJ.
8 CAR+
10 CAR-
OUT+ 6
OUT- 12
14
MC1596
R7 100
C5
0.1uF
SW1
C7
0.001uF
D1
1N4148
C8
0.01uF
R8
100K
R9
100K
C10
0.1uF
TP4
+12V
+12V
C9
0.1uF
R10
4.7K
R11
4.7K
TP2
C11
0.1uF
R12
10K
R13
10K
C12
0.1uF

7. 조립제작

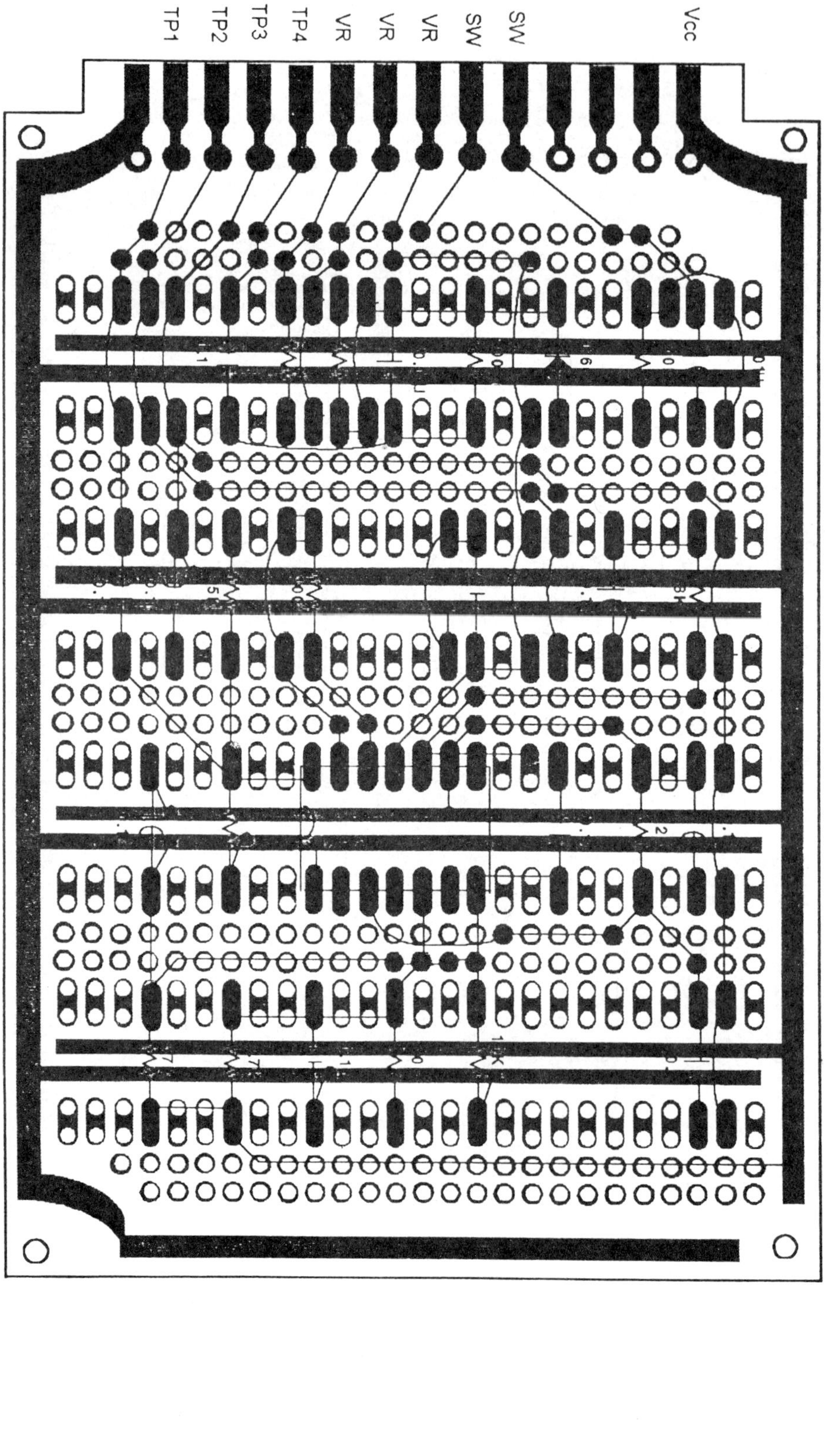

정보통신 5-8	과제명	DSB변복조기	답안지

200 . . . 교시 학년 반 학번: 성명:

1. 신호발생기의 출력(TP_1)을 [1[㎑], 200[mV_{p-p}]가 되도록 스코프와 주파수 카운터, 레벨메터로 측정하여 기록하시오. (감독위원확인받을것)

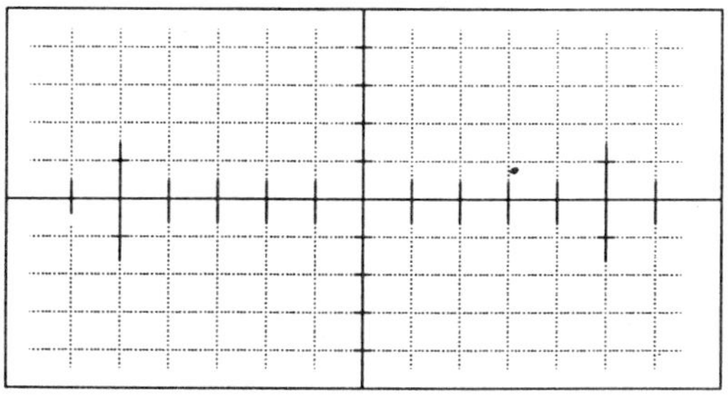

Prove :

time/div = volt/div =

주기T = 주파수f =

전압(V_{P-P})=

레벨메터(dB)=

2 .신호발생기의 출력을 1[㎒], 1[Vp-p]로 조정하여 측정 확인하여 기록하시오.

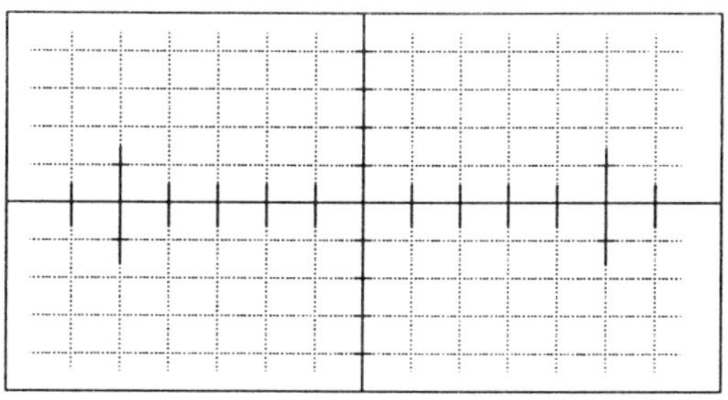

Prove :

time/div = volt/div =

주기T = 주파수f =

전압(V_{P-P})=

레벨메터(dB)=

3 .변조율이 50% 되도록 VR1을 조정하여 변조출력(T3)의 측정값, 변조율을 기록하시오

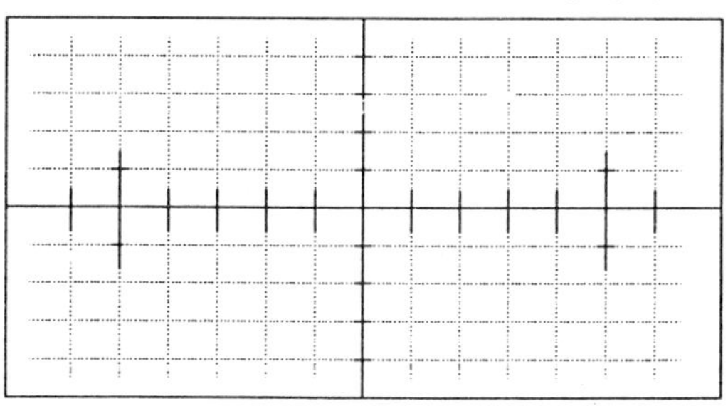

Prove :

time/div = volt/div =

V_{MAX} = V_{IMIN} =

계산식 =

4 .변조율이 100% 되도록 (VR_1조정, SW_1ON) 복조출력(TP4)의 파형, 주기 전압[V_{P-P}]을 측정하여 기록하시오

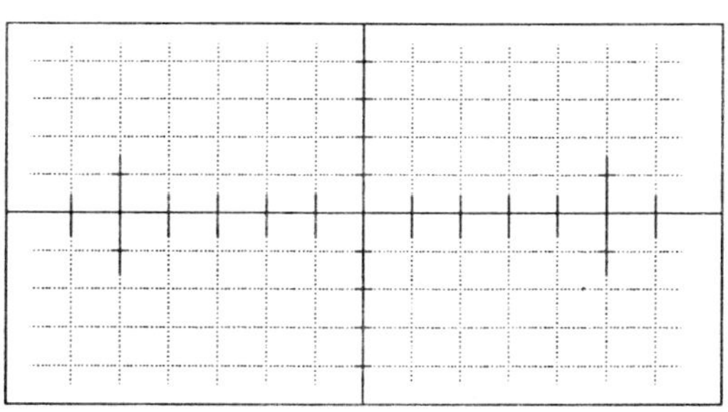

Prove :

time/div = volt/div =

주기T = 주파수f =

전압(V_{P-P})=

레벨메터(dB)=

5. 검파방식을 적어시오.

정보통신실습

2015년 2월 25일 2판 4쇄 발행

저 자 전자 · 통신연구회
발행인 남 승 우

발행처 도서출판 상尙 학學 당堂

서울시 동작구 사낭로9가길 6(사당동)
TEL : 02) 595-1692 ~ 4
FAX : 02) 595-1394
E-mail : namdoo6@unitel.co.kr
신고 : 2-155호 (1968. 11. 29)

정가 17,000원

ISBN 89-85437-02-X 93560